新航行技术导论

主编　韩松臣
参编　王世锦　李　炜

科学出版社
北　京

内 容 简 介

本书主要介绍新一代航行系统技术，包括：含有地空通信的航空电信网组网技术；用于航班、航行情报和气象等信息共享的广域信息管理技术；用于飞机从起飞、巡航、着陆和场面滑行等全过程导航的全球导航卫星系统，以及自由航路运行和连续下降/连续爬升对飞行性能的提升；用于空地监视的广播式自动相关监视系统，以及基于它的机载间隔与冲突规避系统、地面安全网；具有空域组织与管理、需求与容量平衡、机场运行、交通同步、冲突管理、空域用户操作和空管服务管理七大职能的航空运行管理系统，全方位展现未来航空运行场景。本书力求简洁，起到引导之用。

本书可作为高等学校航空类专业高年级本科生、研究生的教材，也可作为相关工程技术人员的参考书。

图书在版编目（CIP）数据

新航行技术导论 / 韩松臣主编. —北京：科学出版社，2024.3
ISBN 978-7-03-077645-7

Ⅰ. ①新…　Ⅱ. ①韩…　Ⅲ. ①航空–技术　Ⅳ. ①V1

中国国家版本馆 CIP 数据核字（2024）第 004387 号

责任编辑：余　江　张丽花 / 责任校对：王　瑞
责任印制：师艳茹 / 封面设计：马晓敏

科学出版社 出版
北京东黄城根北街 16 号
邮政编码：100717
http://www.sciencep.com

三河市骏杰印刷有限公司印刷
科学出版社发行　各地新华书店经销

*

2024 年 3 月第　一　版　开本：787×1092　1/16
2024 年 3 月第一次印刷　印张：14　1/4
字数：338 000

定价：69.00 元

（如有印装质量问题，我社负责调换）

序

我国航空运输业正处于高速发展阶段，航空运输总量在2019年底之前连续多年呈大幅度增长趋势，但由通信、导航、监视和运行管理设施设备组成的航行系统相对落后，像监视雷达等系统还是第二次世界大战时期的产物，价格昂贵，并且性能与民用航空的空地协同特征明显不符。航行系统的发展并没有跟上航空运输需求的发展，其结果就是航班延误现象严重，飞行事故及其征候时有发生，严重阻碍了航空运输业的持续发展。

随着现代数字通信技术和卫星导航技术的发展，涌现出一系列新的航行系统技术。各个国家和地区纷纷提出了各自的航行系统发展计划，如美国的下一代航行系统计划、欧洲的单一欧洲天空空中交通管理研究计划，我国也适时地提出了中国新一代空中交通管理系统计划。国际民航组织在总结世界各国、各地区的发展技术和经验的基础上，形成了航空系统组块升级计划，并将其纳入《全球空中航行计划》之中，旨在推动全球一体化、无间隙的空中交通管理系统的发展。

《新航行技术导论》是一本全面、系统介绍新航行系统技术的教材，具有三个明显的特色。①在内容架构的设计上，作者以新航行系统在通信、导航、监视和航空运行管理的主要特征为主线，内容涵盖了航空系统组块升级计划的全部内容，体现了该书的系统性和全面性。②在全书内容的组织上，作者总结了团队在空域组织与管理、场面交通监视与引导、基于航迹运行、航路网络化运行、航班恢复、机场协同决策和无人机融合空域运行等领域的研究成果，并在广域信息管理、协同环境下的航班与流量信息、基于性能导航、连续爬升/连续下降运行、无人机管理等领域得到了行业研究团队或研究者的材料支持，特别是在多模态空中交通安全预警系统、虚拟机场和智能机长等领域推出了本学科、团队的最新研究成果，该书具有创新性和前瞻性。③在内容深度的把握上，作者立足新工科的教学理念，内容力求简洁，起到导论的引导之用，并通过课程作业充分发挥学生的自学能力及网络科技和教育资源的效力，因此该书具备易读性和引导性。

目前，国家高度重视交通运输工程学科，并大力促进交通与载运学科的融合发展，实施交通强国的战略。《新航行技术导论》的出版，将有利于加快民航创新型人才的培养，推动新航行技术在我国的应用，促进航空工业与航空运输业的融合发展，进一步提高我国的航空安全和效率，对推进我国航空系统和技术的升级换代意义重大。

陈志杰

2023年10月28日

序

前　言

随着经济、社会的不断发展，人们对民用航空的需求显得日趋旺盛。然而，现有航行系统已经无法支撑空中交通流量的进一步增长，航班延误成了无法根治的顽疾，飞行事故和一些不安全事件时有发生，这些现象说明航空业的发展遇到了技术“瓶颈”。这些“瓶颈”有的源于相对固化的运行模式，有的源于技术的落后。例如，航空通信还是沿用语音或者电报的形式，地空通信尚无法支持天气等影响运行和安全的实时信息的获得。面对一些极端天气、空域占用等特殊情况，飞行缺乏灵活性，航班只能按照事先制定的飞行计划航行。为了便于管制员的管制指挥，飞机只能沿着一些地基导航台划设的航路航线航行，大量空域资源无法得到充分利用，航路航线上还时常会出现阻塞的状态，航班也无法按照最为经济、高效的航迹飞行，产生了许多不必要的燃油消耗和污染物排放。源于战争的非合作式监视雷达还在为协同合作的航班提供监视，成本高昂且精度不足，为了保障安全，管制员不得不在航班之间保留足够的安全间隔和余量，导致空域容量下降。同时，现有监视手段对地形或人工障碍物的感知能力不足，使得飞机可控飞行撞地事件仍时有发生。

自 20 世纪 80 年代起，国际民航组织就开始联合科技和工业界着手解决这些问题，并于 90 年代末提出了基于卫星通信和卫星导航技术的新航行系统方案，但出于对 GPS 卫星导航服务不确定性的忌惮，其进展缓慢。2013 年国际民航组织参考相关科技的最新进展提出了航空系统组块升级计划，为全球一体化航行技术的发展指明了方向。作者自 1998 年进入民航教学、科研领域工作，恰逢《全球空中航行计划》正式颁布之际，便从此一直关注着新航行系统相关概念和技术的发展，并通过一些基金和科研项目的研究，在空域规划设计、相关监视、场面引导与控制、冲突管理、基于航迹运行、空域灵活使用、机场协同管理、网络化运行等航行新技术领域进行了一些研究和探索。

在北斗卫星导航系统进入全网运行之际，我国在新航行系统建设领域迎来了新的发展机遇。纵观相关领域出版的书籍，尚鲜有全面介绍国际民航新概念、新技术等发展方向的教材，因此作者在多年研究的基础上总结相关领域的研究，介绍新航行技术及系统，鉴于航行新概念、新技术内容太过丰富，受篇幅限制，本书不能一一详述。本书立足于新航行技术导论，秉承新工科的教育教学理念，对每一项新概念、新技术起到引导之用，学生可以借助强大的互联网资源，进一步掌握相关领域的全面且系统深入的知识。

在本书出版之际，作者向北京航空航天大学的罗喜伶教授、南京航空航天大学的张军峰和孙樊荣老师、中国民用航空局空中交通管理局技术中心齐鸣团队、中国民航局第二研究所张建平团队等对本书编写提供的支持表示由衷的感谢！

希望本书能够抛砖引玉，吸引更多的航空工业和航行管理领域的科研人员参与到新航行技术的研究与探索之中，共同推进航行新技术的发展和应用，为提高我国民用航空的安全和效率做出贡献。

虽然作者得到许多行业友人的鼎力支持，但是碍于许多航行新技术还在发展之中，以及作者知识的局限性，有不当之处，敬请读者谅解。

作　者

2023 年 9 月

目　录

第 1 章　概　　论

航空运行除了需要飞机和机组之外，还需要通信、导航、监视系统，以及管制指挥人员、飞行和管制规则、空域资源等作为保障。航行系统也就是包括以上各个方面的一个十分复杂的系统。

1.1　传统航行系统及其局限

传统航行系统所使用的通信手段最被大家熟知的是影视作品中出现的管制员与飞行员通信的话筒，即 VHF(甚高频)在 118～136.975MHz 的无线电通信。受电台放置和通信范围等因素限制，VHF 在远离海岸的海洋上空无法使用，海洋上航行语音通信采用 HF(高频)无线电通信。除此之外，还有在航行相关部门、单位之间(航空公司、机场和空中交通管理部门)传递与飞行计划相关信息的数字通信手段 AFTN(航空固定电信网)，包括领航计划报、起飞报、落地报、延误报、返航报、备降报等多种报文。国际航班的相关业务则通过 SITA(国际航空电信协会)数据网传输信息，SITA 数据网还提供航空卫星电话等业务。VHF/HF 和卫星电话主要是通过语音通信保持飞机与地面管制部门或航空公司的联系；而 AFTN、SITA 则是以电报的形式通过数字通信方式保持民航空中交通管理部门之间或空中交通管理部门与航空公司之间的业务联系。另外，SSR(二次监视雷达，简称二次雷达)也是一种通信手段，它除了传递飞机标识和高度等监视信息外，还可以传递一些特殊信息，例如，7500 表示飞机被劫机，7600 表示航空无线电通信中断，7700 表示飞机遭遇危急情况。此外，有线电话也是一种辅助通信方式，主要用于相邻扇区或席位之间的协调。

传统航行系统主要使用的地面导航设备包括 VOR(甚高频全向信标)、DME(测距仪)、NDB(无方向性信标)、ILS(仪表着陆系统)/MLS(微波着陆系统)；机载导航设备主要有 INS/IRS(惯性导航系统/惯性参考系统)、罗兰表、气压高度表/无线电高度表等。传统的 NDB 导航台就像灯塔一样为飞机提供航向引导，飞机只能向台或背台飞行，台与台之间的航迹自然形成了传统的航路。VOR 除了能够为飞机指引航向之外，还能提供航道偏离数据，便于飞机的自主导航。DME 用于测量飞机与导航台之间的距离，在早期没有雷达的程序管制方式中，飞行员的位置报告是管制员掌握空中交通态势最主要的信息来源。ILS 俗称盲降系统，用于飞机的精密进近(进场飞行)和着陆引导，它的作用是由地面发射的两束无线电信号提供航向面和下滑面的指引，两个面相交形成一条由飞机指向跑道端口的虚拟路径(又称下滑道)，引导飞机沿着正确方向平稳地降低高度，最终实现安全着陆。出于安全考虑，飞机总是迎风起降，通常一条跑道的两端需要各装备一套 ILS。而仅需装备一套 MLS 即可以为一条跑道的不同起降方向提供飞行引导，还可以同时为多条跑道提供飞行引导。高度表为管制员和飞行员提供飞机高度信息，民航航班普遍装备气压高度表，而军航的飞机一般使用无线电高度表。其他机载导航设备主要用于飞机的自主导航或领航。

传统航行系统所使用的主要监视手段包括 PSR(一次监视雷达，简称一次雷达)和 SSR，而在没有雷达覆盖的区域通常使用程序管制。在程序管制中，机长的位置报告是管制员掌握空中交通态势的主要手段。一次雷达发射电磁波对目标进行照射并接收其回波，由此获得目标至电磁波发射点的距离、方位角等信息。由于一次雷达的回波质量受飞机的有效反射面积影响(受飞机与雷达之间的相对姿态影响)会出现漏警或虚警问题，也会对隐身飞机视而不见。SSR 是一种采用“问答”通信方式获取机载导航信息的主动监视手段，民航早期主要使用 SSR 的 A/C 模式获取飞机的 SSR 应答机编码(解决“你是谁”的问题)，并获取飞机的高度信息。无论是 PSR 还是 SSR，都是军事战争的产物，用于空地协同的民航领域都显得既昂贵又低效。

目前，我国的空域主要由空军管辖，民航的主要航路和机场终端区交由民航管制部门进行管理。空中交通管理部门负责空域的划设，并提供包括空中交通管制服务(区域管制服务、进近管制服务或机场管制服务)、飞行情报服务、空中交通通告服务和告警服务，以达到在管制区域内防止飞机之间、飞机与障碍物之间碰撞，保持和促进空中交通流的有序运行。机场终端区通常设有标准进离场程序、等待航线、起落航线等程序飞行航线。由于各机场的飞行流量和管制条件各不相同，不同的空域采用不同的管制体制，分别是雷达管制、程序管制(一些地区在过渡过程中实施了雷达监控下的程序管制)。在不同管制体制的空域中，飞机间保持不同的垂直、纵向和侧向间隔。飞机按照《中华人民共和国飞行基本规则》在机场终端区和民航航路空域和航线上飞行。

传统航行系统无时无刻不为民航飞机的飞行安全运行提供着保障作用，可谓功勋卓著。然而，随着空中交通需求的不断增长，该系统已成为民航进一步发展的“瓶颈”：

(1) 空中交通管理和航空公司部门之间，以及空中交通管理部门、航空公司与飞机之间的地地、地空通信手段的落后，制约着飞行安全性和民航生产效率的进一步提高。

(2) 由于缺乏较高水平的自动处理冲突检测和解脱的辅助系统，为了保持飞机彼此之间的间隔安全，飞机就必须沿着 ATS(空中交通服务)航路来制定飞行计划，导致飞机无法使用最经济的大圆航路、经济的径直飞行航线和满足飞机飞行性能的最佳飞行剖面。这种状况限制了先进机载设备能力的发挥，同时也导致航空公司的飞行成本提高。

(3) 由于空域的所属国和空中交通管理体制的不同，空域不合理的条块划分严重阻碍了空域的最佳利用，也限制了民航业的发展。

(4) 空中交通管理部门缺乏用于监视、预测和使空中交通流量最优化管理的手段，有碍现有空域资源的合理使用。

(5) 由于缺乏支持飞机和车辆的自动化 SMGCS(场面活动引导与控制系统)，在高峰期间，许多大机场在近似阻塞的条件下运行，导致机场的使用效率降低。

此外，传统航行系统陆基导航和监视设备的高成本，客观上延缓了全球空中交通一体化、现代化的进程，造成机载设备庞杂、飞机的有效载荷下降等不利影响。

1.2　新航行系统建设的推进进程

根据 1983 年前后的预测，世界空中旅客运输的年均增长率超过 6%，而传统的民用航空通信、导航、监视和空中交通管理系统存在着明显的缺陷和局限性，无法适应日益增长的空中交通流量和新型飞机航速航程扩展的需要。人们认识到现有航行系统对民用航空的支持已经达到其极限。如果不升级航行系统，航空业面临的问题将日益严重，容量远远无法满足需求，延误变得常态化，新问题不断涌现，甚至影响航空安全。如何适应 21 世纪全球民用航空的需求，已成为航空界 20 世纪末研究的重大课题。

国际民航组织(ICAO)中的一些有识之士认为，航天和计算机技术的突破性进展，为建立全球新型的航行系统提供了技术基础。为此，ICAO 于 1983 年底成立了一个未来空中航行系统(FANS)委员会。FANS 委员会的任务是研究和评估包括卫星通信与导航等新技术的应用，为民用航空航行系统的未来发展提出建议。FANS 委员会经过近 5 年的努力，于 1988 年 5 月在 FANS 第 4 次会议上提交了一份总结报告，建议国际民航组织采纳主要基于卫星技术的全球新通信、导航、监视/空中交通管理系统(CNS/ATM 系统)。同时 FANS 委员会进一步认识到，由于 CNS/ATM 系统众多组成部分之间是紧密联系和相互依赖的，所以 CNS/ATM 系统是一个全球一体化的系统。世界上一些发达地区或国家会很快采用先进的机载设备和基于卫星的飞行程序，而另外一些欠发达的地区或国家会继续沿用传统的设备和程序，建立全球一体化的系统将是一件困难的事情，协调和组织问题会随着新方案的出现而产生。于是 FANS 委员会在其最终报告中向 ICAO 理事会建议，应成立一个新的委员会，就发展和过渡规划的整体监督与协调提出咨询意见，确保未来新 CNS/ATM 系统在全球范围内，以最有效益的方式，以及在各航行系统之间和不同地理区域之间取得平衡发展的途径下实现。

ICAO 认为，各个地区或国家未来在建设 CNS/ATM 系统的过程中，若不加以协调会形成彼此各不相同的规划，同时产生大量重复性的工作，并且建成的系统兼容性不足、缺乏互用性，甚至会在一些地区或国家出现过于追求容量和效率而忽视航空安全的情况。1989 年 7 月，ICAO 理事会接受了 FANS 委员会的建议，成立了未来航行系统发展与过渡规划监督和协调(简称 FANS Ⅱ)委员会，负责制定 FANS 系统的实施计划和过渡安排。

1991 年 9 月，来自 85 个国家、13 个国际组织的 450 位代表聚集在加拿大蒙特利尔 ICAO 总部，参加第 10 次航行会议，会议的议题是考虑和审批由 FANS 委员会提出的未来 CNS/ATM 系统方案，以更好地满足 21 世纪民用航空界的需要。CNS/ATM 是 ICAO 提出的一个发展视角，它需要民用航空各相关部门充分合作来满足国际航空运输的未来需要，该方案在此次会议上获得一致通过。第 10 次航行会议所达成的对 CNS/ATM 系统的普遍认可标志着国际民用航空一个新时代的开始，为在全世界范围与新系统的规划和实施有关的许多活动铺平道路。FANS 的未来 CNS/ATM 系统方案于 1992 年 10 月得到 ICAO 第 29 届大会批准。

1993 年 10 月，FANS Ⅱ委员会在其第 4 次会议上宣布完成了历史使命，从而全球转入实施未来航行系统的阶段，同时，FANS Ⅱ委员会认为既然 CNS/ATM 系统已进入实施阶段，就不再是“未来”的系统，所以将其改称为“国际民航组织的CNS/ATM系统”，简称“新航行系统”。此次会议公布了两个典范性文件：一是《新航行系统总论》，二是带有时间进程的《新航行系统全球过渡协调计划》，用以指导今后实施阶段的工作。它们作为附录包括在FANS Ⅱ委员会第4次会议的报告(Doc 9623)中。同时，FANS Ⅱ委员会认识到，与新系统有关的技术的实施和新系统预期的效益不可能在一夜之间完成，而是需要在一段时间内渐进发展，这与不同的国家和地区现有的航行基础设施以及航空界整体需求有关。

1995年5月，成立了CNS/ATM系统实施委员会，该委员会是指导新航行系统实施的ICAO最高机构。其任务是审议实施新航行系统全球和地区的过渡协调计划以及监督协调新系统在全球各国、各国际组织和工业界的实施和推进。

1996年，ICAO理事会认为CNS/ATM系统已经成熟，因此需要制定一个包括各个发展阶段和可能技术解决方案更加具体的计划，同时把重点放在地区实施上。为此，ICAO对全球协调计划进行了修改，使其成为一项“动态”文件，它包括技术、运行、经济、环境、财政、法律和制度等内容，并为地区规划小组和各国在实施与融资策略方面提供实际指导或建议。这一经过修改的文件现称为《CNS/ATM系统全球空中航行计划》(Doc 9750)，它是作为一项指导新航行(CNS/ATM)系统实施的战略性文件而编制的。Doc 9750于1998年正式发布，它是新航行(CNS/ATM)系统计划首次以独立文件的形式对外发布。按照约定，该文件每三年进行一次更新。

2005年，国际民航组织正式发布《全球空中交通管理运行概念》(Doc 9854)，文件给出了ATM运行概念和运行概念组件，向人们全面展示了所有航空用户和各个飞行阶段的未来全球一致的运行前景，以及其在航空安全、经济性、可持续性等领域的优势。这标志着空中航行系统规划由技术驱动向绩效驱动的转变。

2012年11月，在ICAO的第12次航行会议上通过了第四版《CNS/ATM系统全球空中航行计划》草案。第四版草案最显著的特点就是纳入航空系统组块升级(ASBU)计划。航空系统组块升级计划阐明了技术和运行改进之间的关系，促进实施部署进程，构成了全球空中航行系统升级的工作框架。为了发挥航空系统组块升级的作用，《CNS/ATM系统全球空中航行计划》中还包括相关的技术路线图，为规划实施工作提供技术支持。第四版的《CNS/ATM系统全球空中航行计划》(Doc 9750)于2013年正式发布，2016年第五版的《CNS/ATM系统全球空中航行计划》(Doc 9750)吸纳了航空系统组件升级文件的更新内容，同时应各成员方的要求，保持了结构的稳定性。

1.3 《CNS/ATM系统全球空中航行计划》及其实施目标

《CNS/ATM系统全球空中航行计划》(Doc 9750)是一份空中航行系统升级规划的指导性文件，图1-1为新版《CNS/ATM系统全球空中航行计划》定位示意图，从中可以看出全球计划在国际民航组织规划框架中的位置。空中航行系统升级规划一般可分为四个层级：概念层、战略层、战术层及实现层。

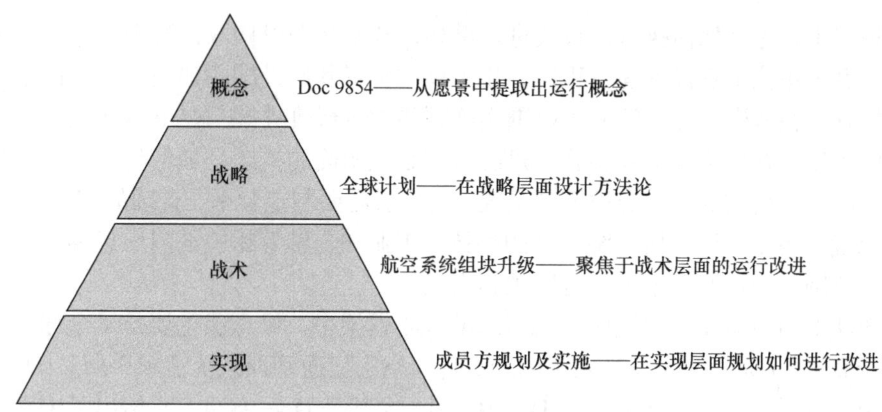

图 1-1　Doc 9750 的定位示意图

概念层是对新航行系统的愿景及设想，详见 ICAO 的《全球空中交通管理运行概念》(Doc 9854)、《空中交通管理系统需求手册》(Doc 9882)、《空中航行系统全球性能手册》(Doc 9883)等。它包括未来需要什么样的空中航行系统、各种航空用户对未来航行系统的需求和期待、未来航行系统应具备的能力等。概念层不涉及具体的政策和技术，同一个运行概念可以由不同的政策和技术来实现。

战略层主要涉及实施策略。国际民航组织要考虑的是全球所有国家航行系统升级问题，它探讨如何最大限度地指导所有成员方的情况，确保各个地区和成员方之间空中航行系统的互用性，主要是对空域用户界面透明，确保相邻系统和程序能够相互衔接。战略层还需要在效率与安全之间寻求平衡，利用国际民航组织现有的制度和政策框架，确保航空系统升级在各个地区和成员方顺利实施。空中交通管理系统的发展必须是渐进的。在新技术支持下，可以应用更先进的手段，如无纸进程单。现实是，过渡和一体化问题是空中交通管理系统设计者面对的最困难的问题。仅用几年时间就解决从一个系统转到另一个系统的问题是不切实际的。由于两个系统必须同时运行，长过渡期会在实现新系统取代现行系统过程中带来较重的负担，而因为存在着不同的航行系统能力水平，长过渡期还会在混合设备环境下增加飞机的负担，同样，在具有不同空中交通管理自动化水平的空中交通管理部门之间存在交换信息的需求。因而，必须考虑前期投资决策中飞机运营者获得相应适当的效益问题。

战术层主要是考虑如何通过具体可行的运行改进，从当前的航行系统过渡到所设想的未来航行系统。战术层的内容包括采用什么技术、程序、政策等来实现运行概念(或运行概念组件)，时间节点是如何安排的。同一个运行概念，可能需要多个运行改进，通过数个步骤逐步实现。在空中交通管理系统渐进的实施中，对未来系统的设计必须是易懂的、可管理的和改善成本效益的，以保证随时满足用户的需求，并使系统满足安全、容量、效率、规则和环境的最高要求。空中交通管理系统必须适用于广泛的用户和各种水平的机载电子设备。提供给飞行员和管制员的信息和指派的任务必须与他们管理和管制的责任，以及人类本身的特性和能力相一致。随着对人的因素认识的改善，系统设计中对人的因素的测试设备将逐渐被采用，将使空中交通管理系统设计过程变得更容易。

实现层主要考虑如何执行运行改进。例如，技术从哪里获取，哪个部门负责制定相关政策，哪个单位负责设计运行程序，哪个单位负责基础设施的建设施工，由谁来提供资金和拨款，在哪个地点、区域和范围实施哪些的运行改进等。在 ICAO 范围内，新航行技术的规划正在以不同程度实施。过渡时期必须明确的概念是如何将有关部分综合成全球一致的和无缝隙的空中交通管理系统。实现层需要制定公平、合理的实施规则(详见 1.4 节)以确保各个地区、所有缔约国的科技、工业和金融等相关部门愿意参与进来，使得在全球范围内的过渡实施工作得以顺利完成。

从图 1-1 可以看出，在国际民航组织的规划框架中，概念层主要是《全球空中交通管理运行概念》(Doc 9854)及其两个辅助文件《空中交通管理系统需求手册》(Doc 9882)和《空中航行系统全球性能手册》(Doc 9883)。尤其是 Doc 9854，它给出了未来空中航行系统的愿景，描绘了未来空中航行系统的运行概念。这三个文件是制定新版《CNS/ATM 系统全球空中航行计划》的依据，是实施航空系统组块升级的指导思想。战略层、战术层和实现层的思想多源自 ICAO 的《CNS/ATM 系统全球空中航行计划》(Doc 9750)和《新航行系统全球过渡协调计划》(Doc 9623)。

《CNS/ATM 系统全球空中航行计划》的主要目标是使飞机运营者能够满足其计划的离场和到达时间，并且在最小的限制和不危害安全的情况下坚持其优选的飞行剖面。为实现这一目标，必须以国际一致性的 ATC 标准和程序全面开发新的 CNS/ATM 系统技术。从飞机运营者的角度，是以最少的航空电子设备装备飞机，实现国际性的运行。此外，ATS 的改善不可能由一个国家实现，而必须在相邻区域内实施。所以，对扩大延伸空中交通管理的区域，必须寻求提供空中交通管理的区域方案。未来空中交通管理系统的目标就是改进现有系统的缺陷，包括：

(1) 为适应用户优选的飞行剖面提供更大的灵活性和有效性。

(2) 改善现有的安全水平。

(3) 适应各种类型的飞机和机场能力。

(4) 完善向用户提供的信息，包括气象条件、交通状况和设备可用性。

(5) 根据空中交通管理的规定和程序组织空域。

(6) 增加用户参与空中交通管理中的决断，包括空地以计算机对话方式协商飞行计划。

(7) 增加容量满足空中交通的未来需求。

值得注意的是，第四版的《CNS/ATM 系统全球空中航行计划》(Doc 9750)在新纳入航空系统组块升级计划中将航行系统需要改进的四大组成部分(通信、导航、监视/空中交通管理)修改为四个绩效改进领域：机场运行、全球互用的系统和数据、最佳容量和灵活飞行、高效飞行轨迹。用“机场运行”替代了“门到门”的空中交通管理，这样做的好处是更加突出机场运行环节性能提升的迫切性，缺点是容易忽略对其他空中交通管理环节的性能提升；用“全球互用的系统和数据”替代了“通信”，一度忽略了对通信基础设施(通信卫星、VHF、SSR)等的相关表述，更多地突出全球航空信息管理的内容(2019 年版《CNS/ATM 系统全球空中航行计划》进行了修正，重拾了对通信基础设施的相关表述；用“最佳容量和灵活飞行”替代了“导航”，更加突出了导航新概念和新技术对空域容量和飞行灵活性的提升；用“高效飞行轨迹”替代了“监视”，突出提升监视技术使得飞行轨迹可以更加高效，但也把“安全”监视的内容强加到了“高效”上。实际上，四个绩效改进领域没有发生本质的变化，只是更加突出了提升的绩效。

为了让读者更好地把握新航行系统技术发展的来龙去脉，本书沿用传统的通信、导航、监视和空中交通管理四大领域划分。同时，为了配合“交通与载运工程”的学科大融合，服务于飞行器控制与信息工程专业，本书将“空中交通管理”变更为“航空运行管理”，力求从不同航空运行主体的视角全面展示航空运行领域的进步。

1.4　新航行系统实施和运行的规则

根据《国际民航公约》第 44 条发展国际航行的原则和技术，促进国际航空运输的规划和发展，以保证全世界国际民用航空安全有序地增长，国际民航组织在继续履行其授权中，认识到现用陆基航行系统的局限性，提出了以应用卫星技术为特征的通信、导航、监视/空中交通管理(CNS/ATM)方案。国际民航组织认为，为使国际民用航空健康发展，应尽早启用新系统。

新的 CNS/ATM 系统的实施和运行，应坚持下列规则。

(1) 普遍应用性：无歧视的普遍应用性原则，应指导 CNS/ATM 系统提供所有空中航行服务的规定。

(2) 缔约国的主权、权利和责任：根据《国际民航公约》第 28 条，各缔约国承允实施和运行 CNS/ATM 系统时，不侵犯或限制本国在空中航行管制、颁布和实施安全规定方面的主权、权利或责任。各国在通信协调和管制，以及必要时增强卫星导航服务的权利，应得到保护。

(3) 国际民航组织的责任和作用：根据《国际民航公约》第 37 条，国际民航组织将继续履行制定和修改指导 CNS/ATM 系统的标准、建议措施和程序的职责。为了使所有涉及空中航行安全、有序和效率的事项获得可行的最高程度的一致性，国际民航组织将根据国际民航组织地区空中航行计划和 CNS/ATM 系统全球协调计划，协调和监督全球 CNS/ATM 系统的实施。此外，国际民航组织将为各国在实施中技术、资金、管理、法律和合作等方面提供协助或给予便利。国际民航组织为支持国际民用航空在通信与导航方面协调和使用频谱的作用，应继续得到承认。

(4) 技术合作：为使新系统在全球协调、和谐地实施并尽早给各国、使用者和提供者带来效益，国际民航组织承认在实施和有效运行 CNS/ATM 系统中，需要进行技术合作。为此，国际民航组织将在协调 CNS/ATM 系统实施的技术合作安排中发挥中心作用。国际民航组织也邀请能这样做的国家，在实施的技术、资金、管理、法律和合作方面提供协助。

(5) 组织安排和实施：CNS/ATM 系统应尽可能地使用现有的组织结构，必要时可做出修改，并根据现行机构安排和法律规定运行。在实施 CNS/ATM 系统时，在适当的地方，应充分利用系统合理化、一体化和协调化的优点。实施应以渐进的方式进行，以便充分灵活地适应现行和将来的服务。应该认识到，全球协调的实施，即各缔约国、空域使用者和服务提供者，特别是通过地区空中航行计划和实施小组完全参与，是实现CNS/ATM 系统全部效益的关键。有关的组织安排，不应禁止服务提供者之间根据国际民航组织的有关标准、建议措施和程序而进行的竞争。

(6) 全球导航卫星系统：应作为一种渐进的发展，从现用的全球导航卫星系统，包括美国的全球定位系统(GPS)和俄罗斯的全球轨道导航卫星系统(GLONASS)，向一个综合的全球卫星导航系统过渡，各缔约国可对该系统涉及本国民用航空使用方面实施有效的控制。国际民航组织将与各缔约国、空域使用者和服务提供者磋商，继续探讨获得一个由国际控制的、民用全球导航卫星系统的可行性方案。

(7) 空域组织和使用：空域应合理规划，以提供高效的服务。实施 CNS/ATM 系统，应在保留或改善目前安全水平的同时，克服现有系统的局限性，满足正在发展的全球空中交通的需求和使用者对高效、经济的要求。尽管实施 CNS/ATM 系统不要求对现行的飞行情报区组织做出改变，各国还是要通过完善设施和服务来获得进一步的效率和经济效益的提升。

(8) 服务的连续性和质量：CNS/ATM 系统服务的连续可用性应得到保证，包括有效的安排，使不可避免的系统故障或失效的运行影响减小到最低程度和获得高效的服务恢复。系统服务的质量应符合国际民航组织系统完整性的标准，并给予所要求的优先权、安全和防止干扰。

(9)费用回收：为了在所有使用者之间获得合理的费用分配，在提供 CNS/ATM 服务中所带来的任何费用回收，应符合《国际民航公约》第 15 条并依据《理事会致各缔约国关于机场和空中航行服务费用的声明》(Doc 9082)中提出的原则，包括不应禁止或阻拦使用星基安全服务。

公平、合理的实施规则可以确保各个地区，缔约国，科技、工业和金融等相关部门都愿意参与进来，使得在全球范围内的过渡实施工作得以顺利完成。

本章小结

航行系统包括通信、导航、监视和空中交通管理等系统。本章一方面介绍了传统航行系统的组成及其缺陷，弥补航行系统的缺陷是发展全球一体化新航行系统的根本动力；另一方面介绍了新航行系统的实施目标、推进进程和实施规则等。

思 考 题

1. 简述传统航行系统的组成。
2. 列出传统航行系统的缺陷。
3. 简述新航行系统的实施目标。
4. 国际民航组织文件 Doc 9750 的内容是什么？ASBU 计划出现在 Doc 9750 第几版之中？

5. 国际民航组织文件的哪部文件，向人们全面展示了所有航空用户和各个飞行阶段的未来全球一致的运行前景？
6. 建立全球无间隙的一体化空中交通管理系统，会不会影响缔约国在空域安全管理和空中交通管制方面的主权、权利？

第 2 章　通 信 系 统

2.1　引　　言

未来一段时间，民航通信系统的主要特征是可以实现在航空用户之间语音和数据信息的交换，并用以支持导航和监视系统的功能实现。20 世纪末，在新航行系统(CNS/ATM)方案形成之时就提出了通信系统领域的四个主要特征，这些特征现在来看仍然是合理和准确的。这些特征如下：

(1) 至少在世界上大部分地区具有卫星数据和话音通信能力。初期短波通信可能还得保留在极区使用，直至在该地区可以使用卫星通信为止。

(2) VHF 话音和数据通信将继续在一些陆地和机场区域使用。

(3) 在高密度空域，SSR S 模式数据链路将用于空中交通服务。

(4) 在终端用户之间通过不同的地空和地面通信链路进行的数字化数据分组交换由 ATN(航空电信网)提供。

鉴于现行航行系统无法适应航空交通流量增长的需求，其主要问题是不能有效地将飞机、地面系统连接成一个综合的整体。要将飞机、地面系统构成一个整体，首先要解决一个信息交换和信息共享的问题，这就需要在地空、空空、地面建立数字通信网络。目前，地面的数字通信网络已经较为成熟，所以解决上述问题的关键是需要在飞机和地面之间、飞机与飞机之间建立一种高效的无线数字通信网，可以实时地传输各种信息，从而实现不同的应用和业务。地面与飞机之间可以采用 SATCOM(卫星通信)、HF/VHF 数据链、SSR S 模式数据链三种方式进行通信。

数据链是通过数据链服务商(Data Link Service Provider，DSP)提供的传输网络，在地面用户和飞机之间传送数字信息的空地通信方式的总称。链路是指一条无源的点到点的物理线路段，中间没有任何变换的节点，又称物理链路。数据链是指在一条线路上传输数据时，除必须具备的物理线路外，还必须有一些必要的规程来控制这些数据的传输，把实现这些规程的硬件和软件加到链路上，就构成了数据链。数据链就像一条数字管道，可以在它上面进行数据通信。与传统的通信系统相比，CNS/ATM 中的通信系统的主要特点就是以数据通信为主，这种特点对通信提出了更高的要求，并要求采取先进的技术手段更好地使用数据链，以使数据资源能够被所有航空用户共享。

在 CNS/ATM 中，在 AMSS(航空移动卫星服务)、VHF/HF 通信和 SSR S 模式数据链的基础上，逐步建设全球范围的 ATN。数据链(空地数字通信)的引入使机载设备与处理数字信号传输的网络连接起来，这样，机载数据链设备可以与飞机上其他一些基于计算机的系统进行互连，如 AIMS(Aircraft Integrated Monitoring System)、FMS(Flight Management System)、CMC(Central Maintenance Computer)，这些系统可通过数据链发送和接收信息，无须机组人员干预。

在ASBU中，ATN将让全球民航广域信息管理系统(SWIM)成为现实，通过FF-ICE(协作环境下的飞行和流量信息)、DAIM(数字化的航行情报管理)和AMET(高级气象信息管理)等能力的提升，让航班信息、航行情报信息、气象信息等航空相关信息的交互更为实时和高效，也会改变一些运行管理模式，本章将分别进行介绍。

在空地通信系统中，航务管理通信(AOC)将以数据通信为主，空中交通服务(ATS)也将采用语音通信和数据通信并重的方式，以便最大限度地减少话音通信所产生的管制工作负荷，航空旅客通信将变得像在Wi-Fi环境中一样，可使用任何社交软件进行数字化的语音或数字交换。

2.2 卫星通信

2.2.1 卫星通信系统的组成及原理

1. 卫星通信的基本概念

自1957年苏联发射第一颗人造地球卫星以来，人造卫星即被广泛应用于通信、广播、电视等领域。卫星通信，简单地说，就是地球上(包括地面、水面和低层大气中)通信的终端用户之间利用人造卫星作无线电通信中继站而进行的通信。图2-1所示为卫星通信示意图。

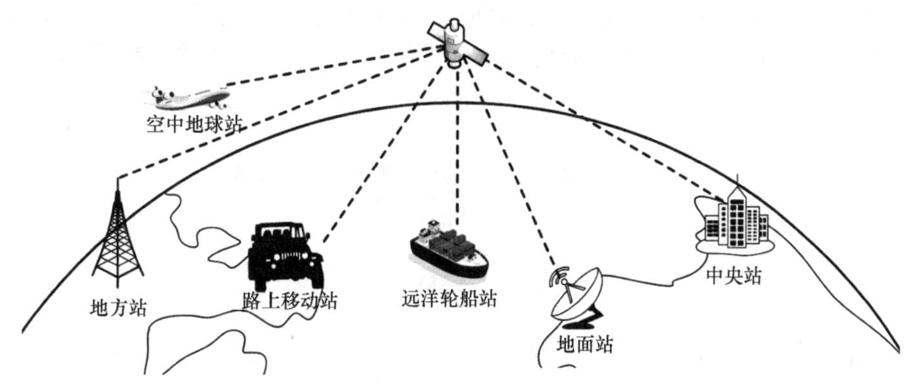

图2-1　卫星通信示意图

卫星在空中起中继站的作用，即把地球站发上来的电磁波放大后再传送到另一地球站。地球站则是卫星系统与地面公众网的接口，地面用户通过地球站出入卫星系统形成链路。

2. 卫星通信系统的组成

利用卫星进行通信，除应有通信卫星和地球站(及其通信业务控制中心)以外，为了保证通信的正常进行，还需要对卫星进行跟踪测量并对卫星在轨道上的位置及姿态进行监视和控制，完成这一功能的就是跟踪遥测及指令系统。为了对卫星的通信性能及参数进行通信业务开通前和开通后的监测与管理，还需要监控管理系统。所以，卫星通信系统通常是由通信卫星、地球站、跟踪遥测及指令系统、监控管理系统等四大部分组成的，如图 2-2 所示。

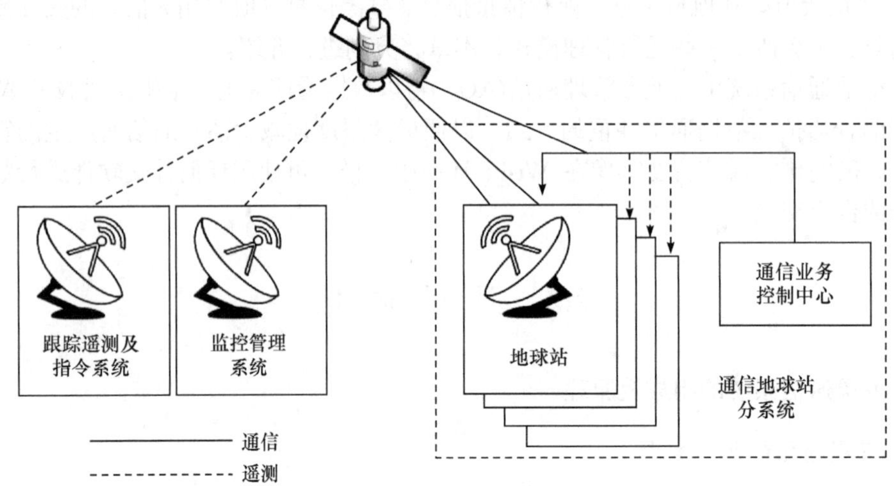

图 2-2　卫星通信系统的组成

3. 基本工作原理

为了便于了解卫星通信的基本工作原理，这里以多路电话信号的传输为例加以说明。如图 2-3 所示，经市内通信线路送来的电话信号，在地球站 A 的终端设备内进行多路复用(频分多址或时分多址)，成为多路电话的基带信号，在发射设备的调制器(数字的或模

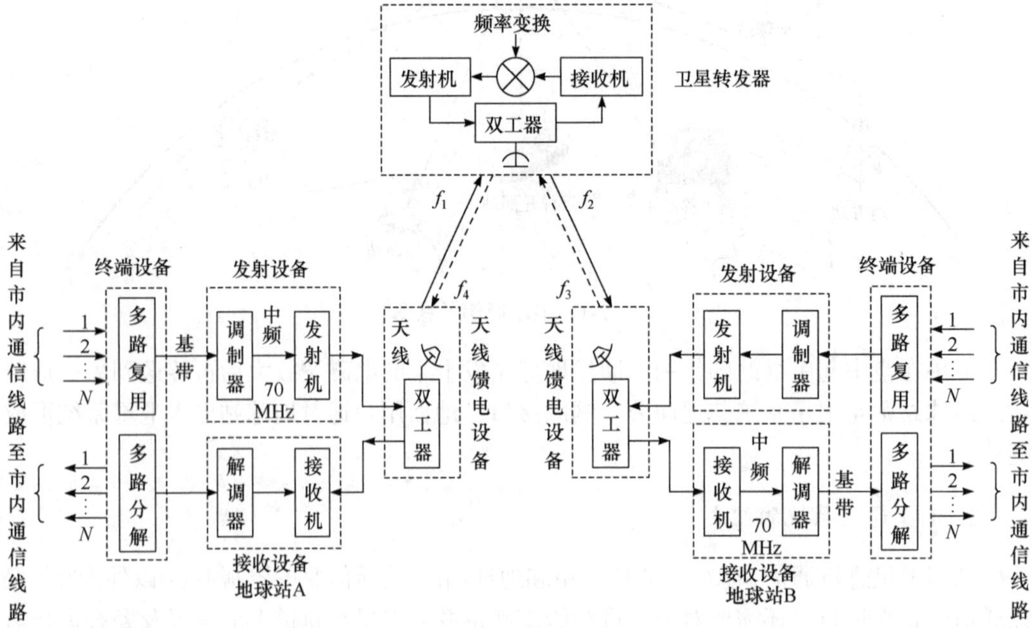

图 2-3　卫星通信的基本工作原理

拟的)中对中频载波进行调制，然后变换为载波频率 f_1 的射频信号，再经功率放大器、双工器和天线发送到卫星。这一信号经过大气层和宇宙空间，信号强度将受到很大的衰减，并引入一定的噪声，最后到达卫星。在卫星转发器中，首先将载波频率 f_1 的上行信号经接收机降噪和放大，然后变换为载波频率较低的下行频率 f_2 的信号，再经功率放大，由天线发向接收端地球站。

由卫星转发器发向地球站的载波频率 f_2 的信号，同样要经过宇宙空间和大气层，也要受到很大的衰减，最后到达接收端地球站 B。由于卫星发射功率较小，天线增益较低，所以接收端地球站必须用增益很高的天线和噪声非常低的接收机才能进行正常接收，接收端地球站 B 收到的信号经双工器，并通过接收设备将载波频率 f_2 的信号变换为中频信号并进行放大，然后经解调器进行解调，恢复为基带信号。最后经终端设备进行多路分解，并经市内通信线路，送到用户终端。这样就完成了单向的通信过程。

由地球站 B 向地球站 A 传送多路电话信号时，与上述过程类似，不同的是地球站 B 的上行频率用另一频率 f_3，而 $f_3 \neq f_1$，下行频率用 $f_4(f_4 \neq f_2)$，以免上、下行信号相互干扰。

4. 运动轨道

卫星的运动轨迹称为运动轨道，它所在的平面称为轨道平面。通信卫星的轨道按轨道倾角分为赤道轨道、倾斜轨道、极地轨道。如果卫星的轨道平面在赤道平面内，该卫星运动轨道称为赤道轨道；如果轨道平面与赤道平面有一定的夹角，则称为倾斜轨道；如果轨道平面通过地球的两极附近，则称为极地轨道。卫星轨道平面与赤道平面的夹角，称为轨道倾角。

卫星的运动轨道可以是圆形，也可以是椭圆形，但是，不论轨道形状如何，卫星的运动总是服从万有引力定律的。如果把它看成是受中心力作用的质点运动，根据万有引力定律，卫星所受到的中心质点地球的引力为

$$F = G\frac{Mm}{R^2} = \mu\frac{m}{R^2} \tag{2-1}$$

式中，G 为万有引力常数；M 为中心质点(地球)的质量；m 为运动质点(卫星)的质量；R 为地球质心与卫星间的距离；$\mu = GM$ 为开普勒常量。

当卫星围绕地球做匀速圆周运动时，它所受到的对地球的向心力就是上述万有引力，因此有

$$\frac{mv^2}{R} = G\frac{Mm}{R^2} = \mu\frac{m}{R^2} \tag{2-2}$$

式中，v 为卫星在轨道上的切线速度。从式(2-2)不难看出，卫星的转速只与轨道高度 R 有关，轨道越高，转速越慢，自转周期越长。当卫星围绕地球在赤道平面内，且其运行方向与地球自转方向相同，轨道高度为 35786km 时，其运行周期恰好等同于地球的自转周期 23h 56min 4.09s。这时在地球上某点观察卫星，它是静止不动的，呈相对静止状态，通常把这种轨道称为静止轨道。利用静止卫星作中继站组成的通信系统称为静止卫星通信系统，或地球同步卫星通信系统。

作为通信用的卫星，不一定都使用静止卫星。根据使用目的和发射条件的不同，

可以有不同的高度和不同形状的运动轨道。按照轨道高度的不同，可以把卫星分为以下三种。

(1) 低轨道卫星：$h \leqslant 5000$km，周期为 2～4h。

(2) 中高度卫星：5000km $< h \leqslant$ 20000km，周期为 4～12h。

(3) 高轨道卫星：$h >$ 20000km，周期>12h。

5. 卫星通信的特点

卫星通信与其他通信手段相比，具有以下特点。

(1) 通信距离远，且费用与通信距离无关。利用静止卫星进行通信，其最大通信距离可达 18000km 左右。

(2) 覆盖面积大，可进行多址通信，易于组网。相对于微波接力通信，卫星通信系统的地球站既装有发射机也装有接收机，相互间可以同时通信，为通信网络的组网提供了可能。实际上，从卫星上看到的地球区域可达到全球表面积的 42.4%。理论上，只需三颗卫星适当配置，就可建立除地球两极附近地区以外的全球不间断通信，可以为地面、水上、空中的地球站甚至是个人终端用户提供通信服务。

(3) 卫星通信频带宽，通信容量大，能传送的业务类型多。目前，一颗卫星上可设置数十个转发器，卫星通信容量越来越大，传输的业务类型越来越多样化。目前的卫星容量已达数以万计的双向数据或信号传输。

(4) 卫星通信线路稳定、质量好、可靠性及系统运转率高。卫星通信的电波在大气层以外的空中自由传播，几乎不受气象因素变化的影响，通信质量好。显然，相对于微波和有线中继传播的通信方式，卫星通信系统有很高的通信可靠性。

(5) 可以自发自收，有利于监测。由于地球站以卫星为中继站，卫星将系统内所有地球站发来的信号转发回地面，因此进入地球站接收机的信号中，包含本站发出的信号，从而可以监视信息是否正确传输以及传输质量的优劣，有利于卫星通信系统(网)的监测控制。

正是由于卫星通信有上述突出的优点，其在诞生之后这数十年间得到了迅速的发展，目前已成为一种最主要的现代化、全球化信息通信手段。

当然，卫星通信也存在一些缺点和问题。

(1) 卫星通信需要有高可靠、长寿命的通信卫星。实现卫星通信必须有高可靠、长寿命的通信卫星，然而，做到这一点并不容易。因为一个通信卫星内要装数以万计的电子元件和机械零件，如果在这些元件中有一个出了故障，就可能引起整个卫星失效，维修和替换装在卫星内部的元器件几乎是不可能的。因此，人们在制造和装配通信卫星时，不得不做大量的寿命和可靠性试验。由于受到元件寿命等的限制，目前通信卫星的寿命一般都在 10～15 年。

(2) 静止卫星的发射与控制技术比较复杂。人们总希望能尽量提高卫星的传输容量，以满足急剧增长的通信业务的需要。要增加卫星的传输容量，就必须增加卫星的设备和转发器的发射功率，这势必引起整个卫星体积和重量的增加。而实际上发射卫星的运载工具能力有限，因此卫星重量和体积受到了严格限制。为了补救这个缺点，地球站必须采用有效面积很大的高增益天线、大功率发射机、高灵敏度接收机，这样会使地球站变得很庞大。

(3) 地球高纬度地区通信效果不好，并且两极地区为通信盲区。

(4) 受日凌和星蚀现象影响，信号传输会中断。当卫星处在太阳和地球之间，并在一条直线上时，地面站的天线在对准卫星接收信号的同时，也会因对准太阳，受到太阳的辐射干扰，从而造成每天有几分钟的通信中断，这种现象称为日凌中断。另外，当卫星进入地球的阴影区时，还会出现星蚀现象。

(5) 电波的传播时延较大且存在回波干扰。利用静止卫星进行通信时，信号由发端地球站经卫星转发到接收端地球站，单程传输时间约为 0.27s。当进行双向通信时，就是 0.54s。如果进行通话，会给人带来一种不自然的感觉。与此同时，如果不采取回波抵消器等特殊措施，还会产生回波干扰，使发话者在 0.54s 以后，又听到反馈回来的自己讲话的回音，造成干扰。

正因为利用静止卫星通信存在上述一些缺点和问题，所以近年来一些国家又开始研究利用多颗低轨道移动卫星组网，以实现全球范围内的通信。

2.2.2　INMARSAT 卫星通信系统

国际海事卫星组织(International Maritime Satellite Organization，INMARSAT)是一个提供全球范围内移动通信的政府间合作的组织。INMARSAT 成立于 1979 年，中国是创始成员国之一，其作用是通过卫星为在世界各地航行的船舶提供全球通信服务。由于 INMARSAT 已经将通信服务范围扩大到空中的飞机以及陆地移动车辆等的商用及遇险移动通信服务，后改名为国际移动卫星组织，其名称仍为 INMARSAT。INMARSAT 支持航空用户服务，包括驾驶舱话音、数据、自动位置与状态报告、直拨旅客电话等。

INMARSAT 系统能提供的业务主要包括电话、电报、用电话电路进行数据传输(2.4Kbit/s)，用电话和电报电路的遇险呼救，应急、安全通信、船至海岸的单向高速数据(56Kbit/s)。

INMARSAT 卫星通信系统由空间站、地面站和移动终端组成。

1. 空间站

INMARSAT 通信系统的空间站由四颗工作卫星和在轨道上随时启用的四颗备用卫星组成。每颗卫星位于距离地球赤道上空约 35700km 的同步轨道上，与地球自转同步，与地球表面保持相对固定的位置，并保持连续通信。

每颗卫星可覆盖地球表面约 1/3 的面积，覆盖区内地球上的卫星终端的天线与所覆盖的卫星处于视距范围内，如图 2-4 所示。

这样 INMARSAT 空间段除了静止卫星覆盖不到的南北纬 70°以上的极区外，几乎可提供全球性的通信服务区。

2. 地面站

地面站通常属于 INMARSAT 签约者并由其进行管理。在多数国家，INMARSAT 签

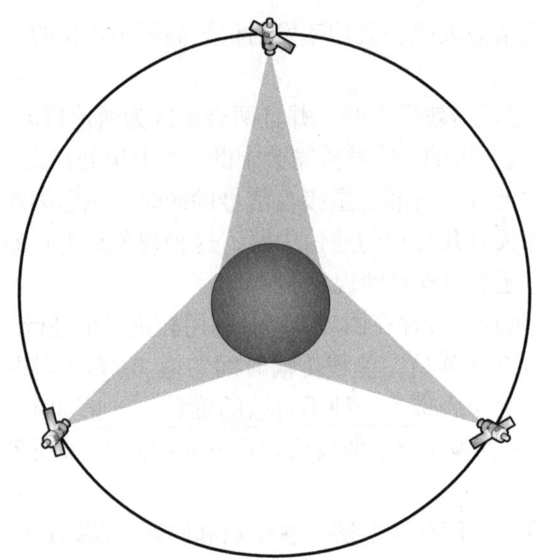

图 2-4 INMARSAT-A 系统卫星覆盖区

约者都是国家电信管理机构，在一些国家也存在签约者是私人公司的情况。我国北京 INMARSAT 地面站由交通运输部通信中心管理经营。地面站(LES)既是卫星系统与地面陆地电信网络的接口，又是一个控制和接入中心。

3. 移动终端

INMARSAT 开发了多种不同类型的业务系统，提供以下不同类型的移动终端：INMARSAT-A、B、M、C、Aero、Mini-M，以及 INMARSAT-D、E 和未来的手持终端。

INMARSAT-Aero 为航行在世界各地的飞机提供双向语音和数据服务，包括高质量语音、数据包信息、传真和电路模式数据，不仅提供个人通信，更主要用于空中交通管理，将飞机的导航定位信息及时传给地面，并推出 ADS，对飞机的过境航行实现综合监控和管理。

基于 INMARSAT 的 AMSS 采用 FDMA(频分多址)方式工作，可同时为多架飞机提供通信服务，所有飞机共享 2.4Kbit/s 和 10.5Kbit/s 的带宽。AMSS 无须耗资巨大的地面系统就能提供包括洋区和沙漠地带的全球通信服务(南北极除外)。

2.2.3 低轨道卫星通信

早期卫星移动通信一直是由地球静止轨道卫星来实现的，其业务主要由 INMARSAT 提供。由于人们对移动通信的要求越来越高，地球静止轨道卫星也越来越不适应竞争的要求，并且明显地暴露出它的终端笨重、成本高、费用昂贵、容量不足、通信时延大等缺陷。因此，低轨道、轻小型通信卫星越来越受到了人们的重视。

研制轻小型卫星，周期短、成本低、效益高，特别是它不需要大型运载工具，而且还可“一箭多星”。一颗低轨道卫星是不能进行远距离实时通信的，要解决远距离甚至全球范围的实时通信，唯一的办法就是利用多颗低轨道卫星组网。目前已经产生了一些低轨道移动卫星的系统。

铱星系统是美国摩托罗拉公司设计、开发的全球移动通信系统。卫星离地球表面高度较低，约为765km。铱星系统运行在6条轨道上，每条轨道上均匀分布着11颗卫星，组成一个完整的星座，如图 2-5 所示。它是世界上第一个大型低轨卫星通信系统，也是全球最大的无线通信网络。1998年5月，卫星部署任务全部完成，11月1日，正式开通了全球通信业务。用户用手持话机直接接通卫星进行通信，而无须现在的移动通信基站就可以进行全球范围内的通信。

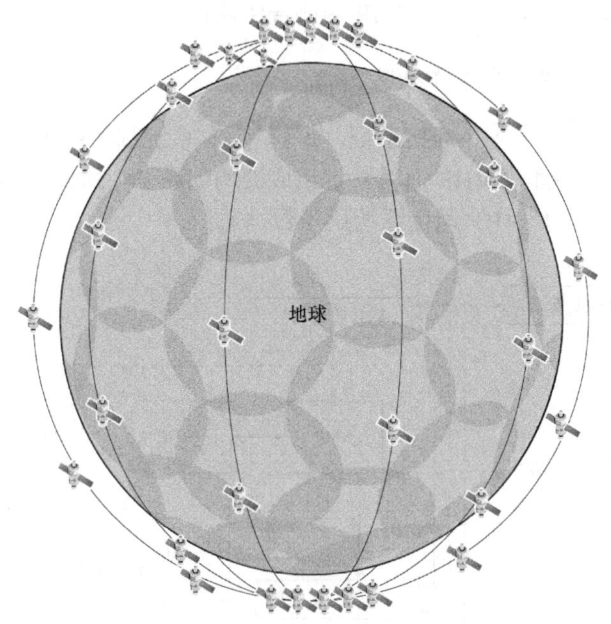

图 2-5 铱星轨道与覆盖区域图

由于卫星离地球表面较近，每颗卫星能覆盖的地球表面就比静止卫星的覆盖区要小得多，但仍比地面上移动通信基站能覆盖的面积大得多，从而使系统中卫星的覆盖区能布满整个地球的表面。这时，卫星与移动通信的用户之间的最大通信距离不会超过2315km。这样的距离，就可以使用小天线、小功率、重量轻的移动电话机，通过卫星直接通话。低轨道卫星为覆盖全球(包括南北极)的航空通信提供了一种可行的方案。

2.3 VHF/HF 数据链

2.3.1 VHF 数据链路

1. 现阶段 VHF 概况

VHF 通信是目前全世界主要的航空移动通信工具，其通信方式主要有语音通信和数字通信两种。VHF 的使用有一定的频段范围，《国际民航公约》附件 10《航空电信》规定：民用航空所使用的 VHF 的范围为 117.975～136MHz。这个频段是国际无线电联盟专门为民航准备的。频段的低端只限于完成 VOR/ILS 功能的信号传输，此频带的大部分其余频段用于空中交通管制(ATC)、飞机位置报告等。

VHF 无线电波的有效作用距离较短，只在目视范围之内传播，因此，VHF 地空通信只能在地面台覆盖的区域内进行，在不同地方，VHF 可以重复使用。在所有航空移动通信方式中，VHF 电台数量最多，成本也最低。

在世界各国已经建成较完善的 VHF 数据通信网，中国的 VHF 数据通信频率为 131.450MHz。在新航行系统中，飞机与地面之间的地空通信将越来越多地使用数据通信(包括语音通信)，推荐使用 VoIP(基于 IP 的语音传输)。

2. 机载 VHF 通信组成及工作原理

飞机上一般装有三套 VHF 通信系统，每套 VHF 系统都是由天线、调谐控制面板和 VHF 收发机三部分组成的。VHF 通信系统组成架构如图 2-6 所示。前两套 VHF 通信系统用于语音通信，第三套 VHF 通信系统用于数据通信。

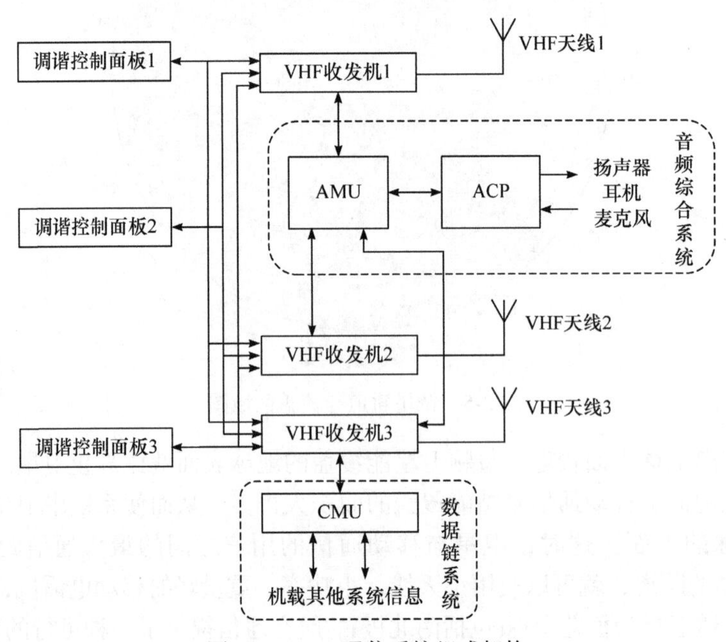

图 2-6　VHF 通信系统组成架构

VHF 收发机的载波频率及工作模式由调谐控制面板设定，设定的工作频率及工作模式通过数据总线送至 VHF 收发机。

VHF 收发机根据 ACP(音频控制面板)上的 PTT(即按即通)按钮来控制系统发射和接收。当按下 PTT 按钮时，VHF 收发机处于发射状态，麦克风音频和 PTT 信号经 AMU(音频管理单元)送到收发机，音频信号经由收发机调制后转换成射频信号并通过天线发射。当松开 PTT 按钮时，系统处于接收状态，射频信号经天线接收后，经收发机解调检出音频信号送至 AMU，在驾驶舱能够通过耳机或扬声器听到地面或者其他飞机的话音。

第三套 VHF 通信系统主要用于数据通信(详见飞机通信寻址与报告系统(ACARS))。当调谐控制面板上选择频率显示为“DATA”时，第三套 VHF 通信系统用于传输数据链信息，此时 VHF 的频率由数据链系统的 CMU(通信管理组件)控制，接收地面上传的报文或者将 CMU 传输的数据经过调制后由天线发射出去。

3. 飞机通信寻址与报告系统

20 世纪 70 年代，美国 ARINC 公司开发了一种 VHF 地空数据链通信监视系统，命名为 ACARS，即飞机通信寻址与报告系统，该系统于 1978 年开始投入使用，这是最早的一种 VHF 地空数据链。目前，该系统在包括中国在内的很多国家使用，其主要应用于航空公司的航务管理通信，近年来也开始用于空中交通服务通信。

ACARS 在飞机和航空公司的地面计算机系统之间发送航务管理通信(AOC)报文，在飞机和拥有空管计算机的地面系统之间发送 ATC 报文，在飞机和其相关部门之间发送有关航空服务的电报。

使用 ACARS，航空公司的相关部门(如运行控制部门、机务维修部门等)可及时获取(飞机自动下发或地面发送相关的请求信息)日常数据，如飞机起飞报告、着陆报告、航油数据、发动机性能参数数据。若没有或不使用 ACARS，这些数据只能在飞机着陆或延迟一段时间之后取得。

1) ACARS 的组成

ACARS 网络由三部分组成，即机载系统、为 ACARS 提供服务的地面网络和航空公司地面运行系统或 ATC 设施，如图 2-7 所示。

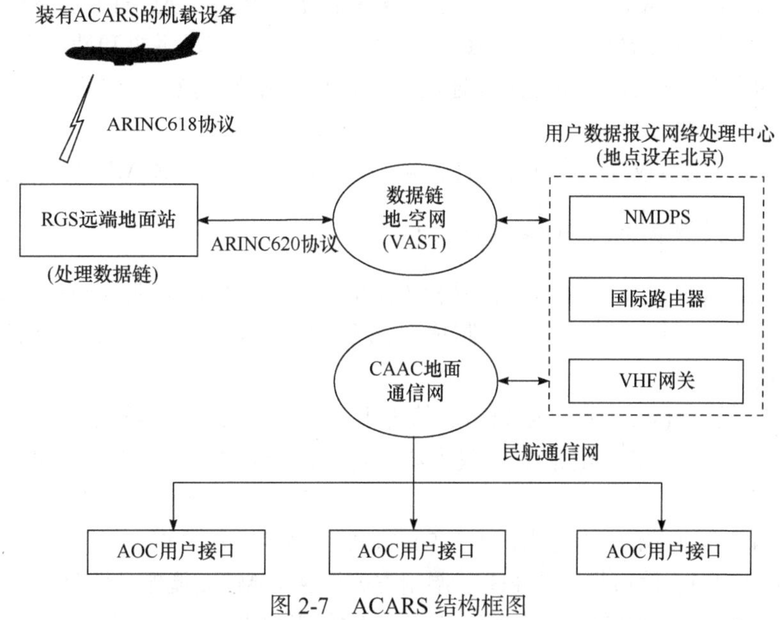

图 2-7 ACARS 结构框图

(1) 机载系统。

机载系统由 ACARS 管理单元(MU)和控制部件(CU)组成。MU 通过 VHF 收发机接收地空数据报文，并控制对地空报文的回复；控制部件是机组与机载 ACARS 交互的界面，由显示屏和机载打印机组成。

ACARS 和飞机上的其他计算机系统相连，链接到 DFDAU(数字化飞行数据采集单元)，可以获得 DFDAU 收集的机载数据，如航行数据、导航数据、机械仪表数据等，并将其转换成 ACARS 可用的数据形式；连接到飞行管理计算机(FMC)，可以通过 FMC 更改飞行计划，预测风数据、起飞数据和位置报告，这些数据均可通过 ACARS 网络发送到地面。

ACARS 使用飞机上的 VHF 通信系统(通常为第三个 VHF 信道)发送和接收数据。此 VHF 通信信道通常由 ACARS 专用。ACARS 管理部件负责控制和它相关的 VHF 通信系统。

(2) 为 ACARS 提供服务的地面网络。

为 ACARS 提供服务的地面网络一般是商用网络，在美国，它由航空无线电公司(ARINC)提供的。该商用网络远距离传输可以采用卫星、VHF 和 HF 混合组网。我国为 ACARS 提供服务的地面网络是由空管局的数据公司提供的，飞机通过设立在各地的 RGS(远端地面站)接入地面网络，我国 VHF 数据网络的用户接入频率是 131.450MHz。

(3) 航空公司地面运行系统或 ATC 设施。

航空公司地面运行系统或 ATC 设施通过地面线路连接至为 ACARS 提供服务的地面网络。在航空公司，计算机系统处理这些报文，并将处理过的报文发送到相应部门(运控、工程、维护、顾客服务等)。在 ATC 设施中，由 ATC 系统处理这些报文为 ATC 服务。来自各部门的报文(如请求相应的飞机数据)遵循相同的路径送往指定的飞机，只不过方向相反而已。

2) ACARS 的优缺点

航空公司使用ACARS有巨大优点。随着越来越多的装备了ACARS的飞机交付使用，ACARS 设备的优点逐渐显现出来。ACARS 会继续发展以满足飞机和地面之间日益增长的信息交换的需要。ACARS 能通过和地面人员之间的数据交换，减轻飞行人员的工作负荷并提供一些告警服务。

ACARS 运行成本较高，受经济条件影响，各个航空公司对 ACARS 的使用各不相同。

4. 新一代航空甚高频(VHF)数据链技术

现有的 ACARS 通信速度慢，技术较为陈旧，不能适应航空业发展的需要。随着无线数据通信技术的发展，新的数据调制技术、无线信道分配技术和无线网络技术不断得到实现和应用。

新甚高频数据链(VDL)将是以数据通信为主，数据与话音兼容的系统。目前，《国际民航公约》附件 10《航空电信》已载入新一代甚高频数据链(VDL)的标准和建议措施(SARP)草案。

目前有四种实现 VDL 的方式，即 VDL 方式 1～VDL 方式 4。

(1) VDL 方式 1：信道带宽 25kHz，调制方式用 AM-MSK(调幅-最窄移频键控)，信道速率为 2400bit/s。采用面向比特协议，透明传输分组数据。空地之间用可交换的虚电路连接方式，可提供 ATN 服务，并能与 ATN 的其他子网交互操作。分组数据错误率要求达到 10^{-6}，可用性应达到 99.9%。机载设备包括 VHF 收发机和数据处理、执行协议的微机，地面设备包括若干覆盖航路的 VHF 远端地面站和一个网管数据处理中心，每个 RGS 包括 VHF 收发机和执行协议的微机。飞机与地面通信时仍采用单频半双工方式。航路中的 RGS 可指配同一频率，终端区 RGS 使用的频率根据信号的负荷而定，若通信量很少，终端区 RGS 可与航路中的 RGS 用相同的频率。通信时，RGS 收到飞机的信息要先通过地面通信网送到网管中心，待网管中心处理后再通过地面通信网分送至有关地面用户。地面用户发送的信息也要通过地面通信网送到网管中心，处理后再通过地面通信网送至离飞机最近的 RGS，最终转发到飞机。

(2) VDL 方式 2：这种方式与 VDL 方式 1 类似，只是将调制方式改为差分 8 相相移键控(D8PSK)，速率为 31.5Kbit/s。VDL 方式 2 是一种过渡性的方案，FAA 计划将其用于初期的 ATS(空中交通服务)数据链应用。

(3) VDL 方式 3：以 VDL 方式 2 为基础，并做了重大的改进。调制方式和传输速率与 VDL 方式 2 一样，调制方式为 D8PSK，速率为 31.5Kbit/s。VDL 方式 3 话音编码为 4.8Kbit/s，话音通信端到端的等待时间为 250ms。上行链路与下行链路使用同一频率。信道带宽为 25kHz，媒体访问采用时分多址(TDMA)方式。每 120ms 为一帧，每帧分为 4 个 30ms 的时隙，每个时隙形成独立的双向空地链路，可以通话，也可以传输数据。这样，原来的 25kHz 信道相当于分成了 4 个信道，可以任意组合，同时通话和传输数据。每个时隙又分为 2 个独立的“子信道猝发(Subchannel Burst)”：一个是管理子信道，另一个是话音/数据子信道。管理子信道传送信令和电路初始化信息，话音/数据子信道传送用户信息。

总结 VDL 方式 3 的特点如下。

① 可以同时提供话音和数据通信。

② 由于采用数字话音，话音通信的阻塞最小，同时可以进行话音通信的加密。数字话音增加了话音通信的容量，减小了信道负载，同时提供了电路自动管理功能，信道切换方便。话音通信可以进行优先权管理。

③ 支持数据消息长度和容量的请求，以及数据消息优先权管理。

(4) VDL 方式 4：由瑞典等一些欧洲国家提出，并一直由 EUROCONTROL(欧洲航行安全组织)、欧洲民航设备组织等积极推动。VDL 方式 4 数据链，是采用自组织式时分多路和超长帧技术支持实时和大容量数据通信业务的需求。自组织时分多址甚高频数据链(STDMA/VDL 方式 4)是不同于 VDL 方式 2 和 VDL 方式 3 的技术，是一种支持 CNS/ATM，提供空空、空地、广播通信、GNSS 导航、次级导航、广播式自动相关监视(ADS-B)，ATN 和非 ATN 通信等功能的新一代航行数据链技术。

VDL 方式 4 是一种时分的 VHF 数据链，既可以用于广播式应用(如 ADS-B)，也可以用于点对点通信的应用，如 CPDLC(管制员-飞行员数据链通信)。VDL 方式 4 最显著的特点体现在它可以高效地进行重复短消息的交换。

2.3.2　HF 数据链路

1. 高频通信概述

HF 是当前广泛使用的超视距航空通信手段，由于信道传播特性的多变性，其通信质量较差，曾一度不被重视。通信和 DSP 技术的高速发展，以及 HF 自适应电台和高性能 MODEM 技术的出现，为 HF 话音和数据通信带来生机。与卫星通信相比，HF 安装较方便，费用较低，在部分飞机上有较大优势。另外，在极地地区和搜索救援方面，AMSS 通信难以取代 HF 通信。

20 世纪 90 年代之前，超视距航空通信的唯一手段是 HF 电台，在边远地区、VHF 不能覆盖的地区和越洋航线，使用 HF 电台与地面用单边带通话，航空移动通信用的 HF 频带是 2～30MHz。

HF 信息的传播主要依靠电波传播，靠电离层反射，因此不受视线范围的限制，从发射点开始向外主要分为地波覆盖区、天波覆盖区、地波与天波之间的通信盲区。传播方式如图 2-8 所示。

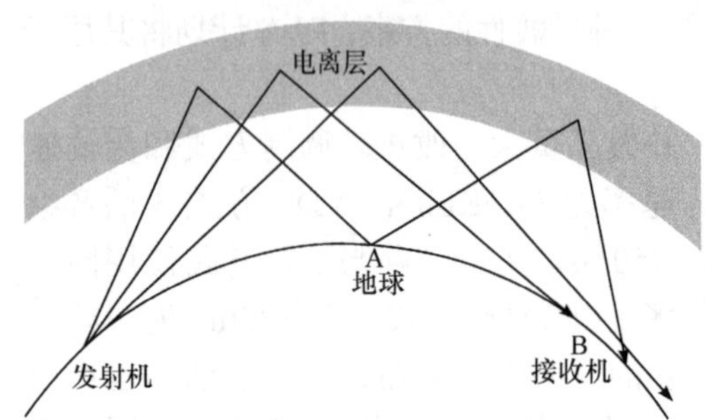

图 2-8　HF 电波传播示意图

HF 电波传播存在的弊端为：HF 地波传播损耗较大且受地形影响，在天波覆盖范围内，通信质量会衰弱并受多径效应的影响，在天波与地波覆盖区之间存在通信盲区。

HF 通信靠电离层的反射传播，但电离层很不稳定，信号易衰减、干扰严重，加上信道拥挤，因此 HF 通信可靠性较差。目前，HF 语音通信只能在越洋航线和边远地区使用。

由于高频(HF)空地通信系统是空地通信系统实现超视距航空移动通信的主要而又经济的手段，虽然 HF 话音通信存在许多弊端，曾经面临淘汰的危险，但近几年来，随着高频数据链(HFDL)技术的发展，应用了许多新技术，如昼夜换频、季节换频、双频冗余、自适应选频接收和先进的数字处理技术等，提高了通信的连通性、可靠性，使得 HF 空地数据链重新应用于新航行系统并成为航空电信网中空地通信中的一员。

HF 数据链支持飞机使用短波(航路)业务频率上的数据通信，使用面向比特的规程，符合 OSI 模式，其功能设计是作为 ATN 的子网络。试验显示它比目前短波话音通信有较高的稳定性和可用性。HF 数据链用于跨越极地、越洋飞行，以覆盖卫星、VHF 无法涵盖的地区。HF 数据系统的机载设备比卫星系统更加经济实惠。HF 数据链主要用于长距离飞行的大型客机。

2. 高频通信系统的组成及原理

高频通信系统由 HF 天线、天线调谐耦合器、HF 收发机、ACP(含音频管理单元)和耳麦组成，如图 2-9 所示。HF 收发机根据 PTT(即按即通)按钮的状态来控制系统发射还是接收，调谐控制面板通过数据总线向 HF 收发机发送所选工作频率和工作方式。

当机组人员按下 PTT 按钮时，HF 收发机处于发射状态，收发机将 AMU(音频管理单元)通过麦克风输入的音频进行调制，经由天线调谐耦合器送到天线并发射给其他飞机或地面站。当机组人员松开 PTT 按钮时，HF 收发机处于接收状态，由天线接收射频信号，

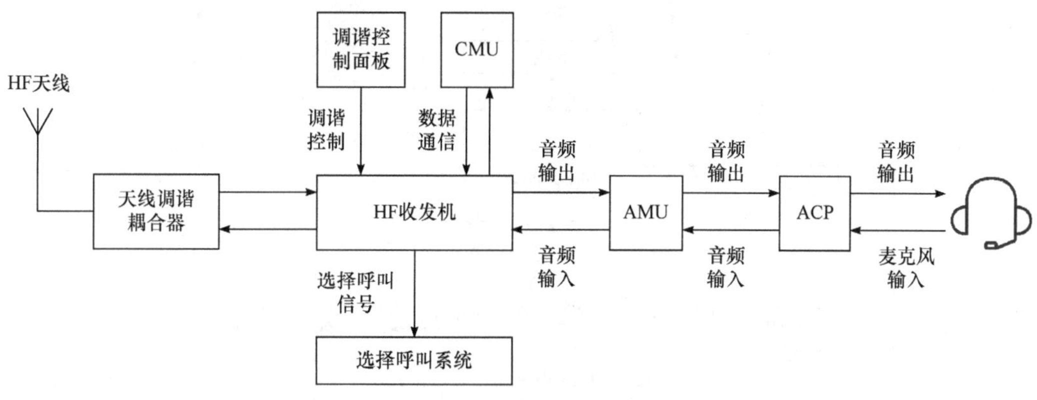

图 2-9　高频通信系统的组成

经由天线调谐耦合器发送至 HF 收发机，HF 收发机对射频信号进行解调得到音频信号，通过 AMU 送往耳麦输出语音，供机组使用。

当调谐控制面板将 HF 通信系统设置为数据通信模式时，数据链 CMU(通信管理组件)收集机载数据信息，根据数据链规范形成空地报文，经由 HF 收发机、天线发射出射频信号。同时数据链 CMU 也接收地面通过 HF 数据链发送至机载系统的报文，并在机载终端进行显示。

2.4　SSR S 模式数据链

2.4.1　传统二次雷达

二次雷达也是一种和一次雷达一样常用的民航监视设备。与一次雷达通过探测目标反射的电磁波信号进行定位的方式不同的是，二次雷达是通过地面询问、机载应答机回复这样一种无线电“询问-应答”方式获取飞机位置信息的一种监视设备。

1. 系统组成及其工作原理

空管二次雷达组成的方框图如图 2-10 所示。

编码器：它是整个雷达的中心，由定时部分和编码部分组成。定时部分产生整机的定时脉冲以控制全机的节拍，也可以由一次雷达的同步信号来控制。编码部分要完成两个作用，即产生各种询问模式的 P1、P3 脉冲和决定发射方式(模式间的交替比例)。它们分别被分到发射机、天线开关、接收机和译码器。送到发射机的编码信号用来调制发射脉冲送到接收机的信号；送到译码器的信号用来控制译码器的工作，例如，当信号为高度询问时，应打开高度译码器使之工作。当信号为识别询问时，应打开被动或主动译码器使之工作等。

发射机：它的主要作用是根据询问模式产生载波频率为 1030MHz 的脉冲发射信号，经由环行器送到天线。

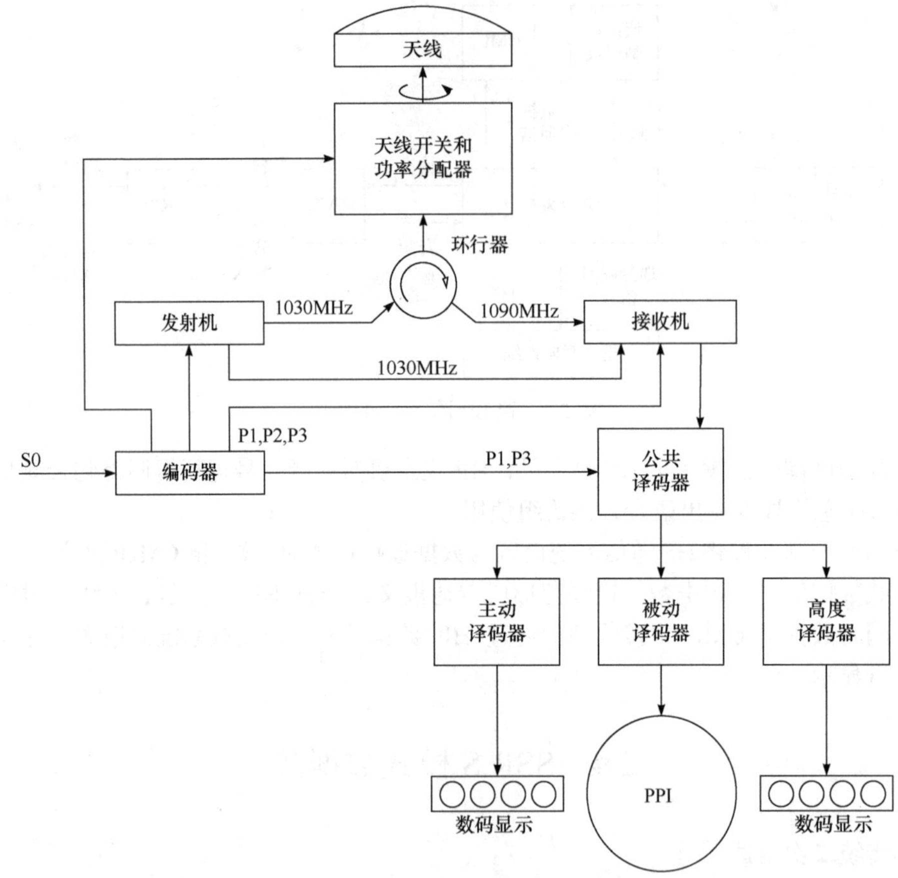

图 2-10　空管二次雷达组成的方框图

环行器：它主要是使发射机和接收机能合用一个天线，并使发射机和接收机互相隔离。

天线开关和功率分配器：天线开关的作用是借编码器来的信号控制天线波瓣的形成。功率分配器是将发射机送来的信号分到天线的各个振子中。

天线：它是整个雷达的前端，由它向空间发射询问信号，也由它来接收应答器的应答信号。当和一次雷达配合工作时，可装在一次雷达的顶部随一次雷达天线一起转动。单独工作时，则由自己的随动系统转动。

接收机：它的作用是将接收到的高频(1090MHz)应答信号转换成视频脉冲送到译码器中。

译码器：它由公共译码器、被动译码器、主动译码器和高度译码器组成。

公共译码器将接收机送来的视频信号变成数字脉冲(称为量化)。由于接收机送来的视频信号有噪声，其信号是不规则的，经量化后，变成幅度一样的脉冲(数字脉冲)，如图 2-11 所示。将编码器送来的 P1、P3 脉冲译出其模式，并传送控制脉冲到被动(主动)译码器和高度译码器去控制它们的工作。

被动译码器的作用是根据调度人员事先预置好的识别码送去与接收到的回答码比较，如果二者符合则在显示器上显示。

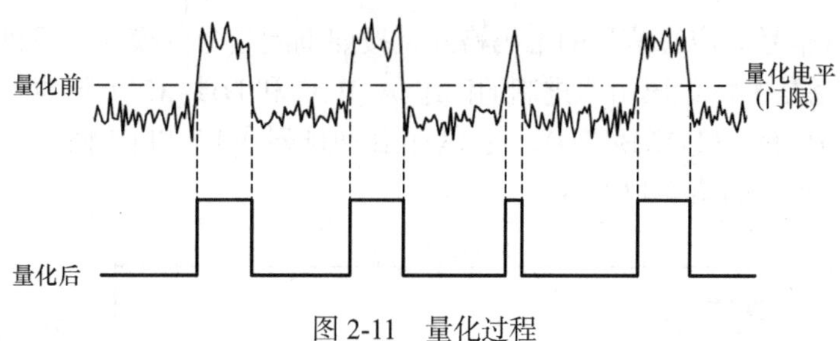

图 2-11　量化过程

主动译码器的作用是将目标信号译出其识别码，并在数码器上显示。

高度译码器的作用是将高度码译成英尺(或米)计的高度。

2. 问答模式

1) 询问信号的模式

航管雷达的询问信号为脉冲幅度调制(PAM)信号，共有四种模式，按地面对空中所询问的用途而定，如图 2-12 所示。

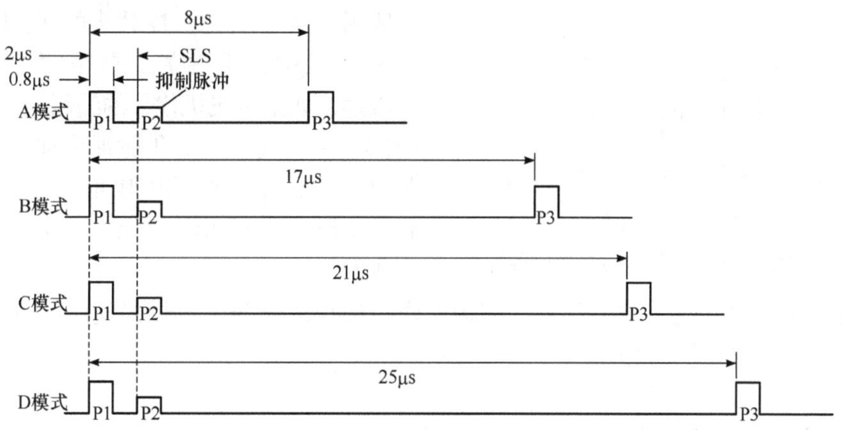

图 2-12　地面询问信号的模式

A 模式的询问用来识别空中飞机的标识码(A 模式与军用 3 模式相同，所以也称为 3/A 模式)。

B 模式用来识别民航飞机的标识码(现尚未分配)。

C 模式的询问用来识别飞机的高度。

D 模式尚未分配。

地面询问机以射频 1030MHz 来发射询问信号，主要是两个 0.8μs 宽的脉冲对(即 P1 和 P3 脉冲)所组成。脉冲对之间的间隔决定询问信号的模式。

8μs 为 A 模式，17μs 为 B 模式，21μs 为 C 模式，25μs 为 D 模式(其容差均约为±0.2μs)。

民用航空的航管雷达，一般只用 A 模式和 C 模式轮流询问，这样，在航管中心屏幕上的目标的标识能同时显示出飞机的标识码和高度信息。

2) 应答信号的编码格式

当飞机上的应答机收到来自地面航管雷达发射的有效询问信号中的 P3 之后 3μs，应答机即发出应答信号。应答信号的编码格式是按照询问信号的模式以飞机的标识码或高度来确定的。应答信号的编码由八进制的四组(A、B、C 和 D)共 13 个脉冲所组成(即 C1 A1 C2 A2 C4 A4 X B1 D1 B2 D2 B4 D4)；这 13 个脉冲排列在 F1 和 F2 帧脉冲之间 20.3μs 的间隔中，其排列次序如图 2-13 所示。

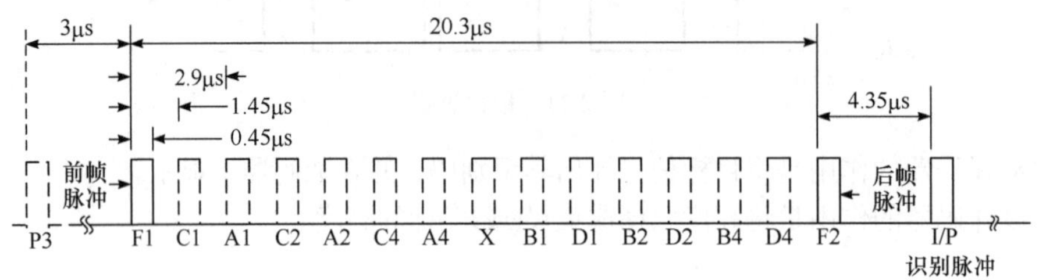

图 2-13　飞机应答信号编码脉冲的排列

(1) 飞机标识码的编码格式。

应答信号的编码格式是由询问模式(A 或 C)来确定的，当询问飞机代号(A 模式)时，应答信号编码脉冲代表的是飞机的标识码。飞机的标识码是由管制员为每个航班指定的代号，一般用由 A、B、C、D 代表的四位阿拉伯数字表示。其中 A 用三位二进制的数字 A1A2A3 来表述，如给定飞机代号的编码为 3342 时，则回答飞机代号的编码脉冲串如图 2-14 所示。从飞机应答信号编码脉冲排列至飞机标识码的解码工作，是由二次雷达的主动译码器来完成的。

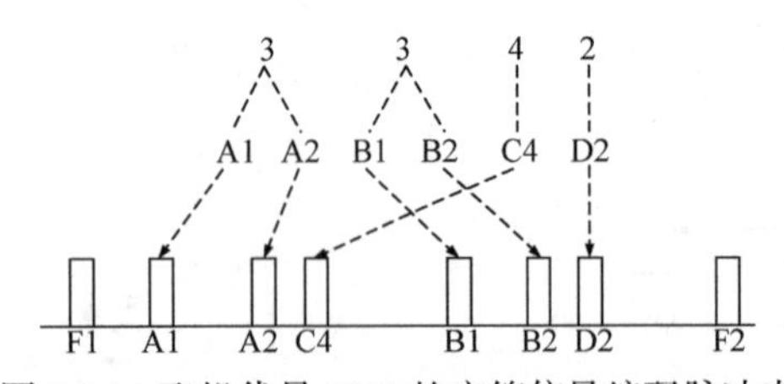

图 2-14　飞机代号 3342 的应答信号编码脉冲串

其中有几个代码号是国际民航组织规定作为特殊情况下在 A 模式使用的，例如：

7700 用于飞机处在紧急状态；

7600 用于飞机通信设备失效；

7500 用于飞机受到非法干扰(如飞机被劫持之类)。

(2) 飞机高度的编码格式。

当应答机接收到 C 模式的询问时，应答信号编码脉冲代表的是飞机的高度，则应答机自动地回答，报告飞机机载的气压高度信息。气压高度信息由飞机上的中央大气数据计算机提供，一般用由 D、A、B、C 代表的四位阿拉伯数字表示。高度编码脉冲串也是在 F1 和 F2 帧脉冲之间的信息脉冲组合，但其编码格式(Gray 码)与上述识别飞机的标识码格式有所不同。从 Gray 码解译成飞机高度数据的解码工作，是由二次雷达的高度译码器来完成的。

3. 二次雷达的优缺点

二次雷达和一般雷达(即主动式雷达)比较起来有以下一些优点。

(1) 体积小。

一次雷达所接收到的信号是雷达发射机所发射的信号经目标反射以后的回波，为了使其达到足够的作用距离，对雷达发射机的功率和雷达接收机的灵敏度要求都较高，二次雷达则采用了类似通信的方法，即二次雷达发射机发射的信号，只要求为目标应答器所能接收，而二次雷达的接收信号则为应答器所发射的信号。因此二次雷达的发射机功率比一次雷达的小得多，而二次雷达的接收机所接收的信号又比一次雷达的信号强。这样，二次雷达的整个体积、重量都比一次雷达的小。

(2) 干扰小。

一次雷达要接收目标的回波，因此接收机和发射机是工作在同一频率上的。例如，雷达周围的各种固定的地物，它们也要反射电磁波而产生回波，这些地物的回波将对一次雷达产生干扰，它们会使接收机饱和，使地物附近的目标淹没在地物回波中而无法检测。例如，气象的状况要对雷达电磁波传播产生影响；雨、雪、云等自然现象都会反射回波，这些回波在一次雷达中也都会引起干扰。此外，由于收发用同一频率，一次雷达不得不采用天线开关。二次雷达却不同，它可以将发射和接收的频率分开，也就是说，二次雷达发射机用一个频率发射，目标应答器用另一个频率发射。例如，在空管雷达中，二次雷达发射频率为1030MHz，接收频率为1090MHz，这样就避免了一次雷达由于收发用同一频率所导致的问题。

(3) 接收稳定。

一次雷达是用目标反射回波来探测的。目标大小不同，回波信号强弱也不同，同一目标(如飞机)姿态不同，回波强弱也不同。更主要的是目标反射时是向四周乱反射的，这样使接收到的回波时强时弱，这种现象称为闪烁现象。而二次雷达则无此缺点，它所接收的信号并不依赖于目标的大小，因而无闪烁现象，因此可以稳定地接收。

(4) 可以脉冲编码发射。

由于二次雷达采取了通信方式，因此雷达发射机的信号可以设计得比一次雷达的更复杂些。具体来说，它可以用几个脉冲所组成的编码信号来发射。

二次雷达仍然存在一些缺点，在空中交通密度越大的情况下越严重。

(1) 存在同步串扰。

如果两架飞机处在同一方位上或波束宽度范围内，距离小于 1.64n mile 时，则地面询问机的接收机将收到间隔重叠的两机的应答信号，信号之间互相干扰，这种同步串扰大大降低了二次雷达的分辨率。

当飞机处在两个二次雷达的作用范围时，地面接收机在接收所询问的飞机的应答信号编码脉冲的同时，还有可能接收到其他飞机应答周边其他二次雷达询问的应答脉冲，造成非同步串扰。

(2) 多路径反射。

当询问信号和应答信号的电磁波碰到山峰或高大的建筑物等物体的反射时，将会得出距离和方位都不正确的假目标的显示。

此外，二次雷达要求目标装备有应答器，这就大大限制了它的使用范围。由于这个原因，目前一般航管雷达还多是一次雷达。

2.4.2 SSR S 模式

1. SSR S 模式简介

SSR 已成为改善空管系统的重要手段，但随着飞行流量的不断增加，系统的主要缺陷凸显出来：一是飞行流量增加时，同步串扰和非同步串扰日趋严重，严重影响系统的正常工作；二是系统仅能在空地之间传送飞机的识别和高度信息，无法满足空管自动化系统的发展要求。为此，需要发展新的二次雷达系统。

20 世纪 70 年代，美国提出了 DABS(离散寻址信标系统)，它与 SSR A/C 模式的本质区别在于具有选址询问功能。系统中每个应答器都分配一个专用的地址编码，地面询问站按编码地址有选择地询问，从而避免出现系统中多个目标同时应答所造成的同步串扰和非同步串扰。新系统的第二个突出优点是具有较强的数据通信功能，这有助于地面管制中心快速、自动地获取机载数据。之后 DABS 被命名为 SSR S 模式信标系统，为适应现代空管系统的发展需要，SSR S 模式将逐渐取代 SSR A/C 模式。

由于是在已经大量采用传统二次雷达的基础上引入新的 S 模式系统，这就要求 S 模式系统与现有系统具有最大的兼容性，以便经济而平稳地向全 S 模式过渡。为此，S 模式采用与现存系统同样的询问和应答频率，即采用相同的射频通道，在信号格式方面也有较大的通用性。在过渡期间，S 模式的询问器可以监视现存的信标应答器，而 S 模式的应答器也能回答 A/C 模式询问器的询问信号。这样无论是 S 模式的地面询问站还是机上应答器都可以逐步地引入现有空管系统中，保证系统更新的经济性和延续性。图 2-15 是过渡期间 S 模式二次雷达和现有二次雷达兼容工作时的结构示意图。

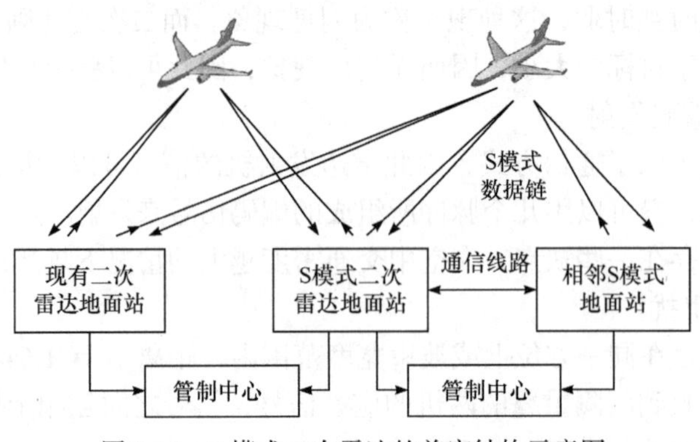

图 2-15　S 模式二次雷达的兼容结构示意图

在图 2-15 中还能看到，在相邻 S 模式地面站之间，可以通过通信线路建立联系。

2. S 模式的询问与应答信号

除了与 SSR A/C 模式兼容的应答模式，SSR S 模式新增了 S 模式询问/应答信号模式，这是 S 模式系统最具特色的一种询问模式，除对装有 S 模式应答器的飞机进行选址询问以实现监视功能外，还用于数据链通信。

1) S 模式的询问信号

S 模式的询问信号由前导脉冲 P1、P2 和一个含有询问数据块的长脉冲组成，见图 2-16(a)。前导脉冲 P1、P2 间隔 2μs，宽度为 0.8μs；数据块(长脉冲)前沿距 P1 前沿 3.5μs，由 56 位或 112 位的差分相移键控信号组成，每位宽度为 0.25μs。数据字组的前端是两个相位相反的同步信号；字组末端也有一个 0.5μs 的信号，以保证字组的最后一位可以不受干扰地完全解调。

数据块(长脉冲)是采用差分相移键控(DPSK)调制的。这种调制方法是用码位中载波信号的不同相位差值来表示二进制信息的。在 DABS 的每个 0.25μs 的码位中，如果在一个数据位中的载波相位翻转位置(该码位的中间位置)前后，载波的相位翻转了 180°，则该数据位就是二进制数“1”;如载波相位在相位翻转位置处不发生相位变化(相位差为 0°)，则该数据位就是二进制数“0”，见图 2-16(b)。

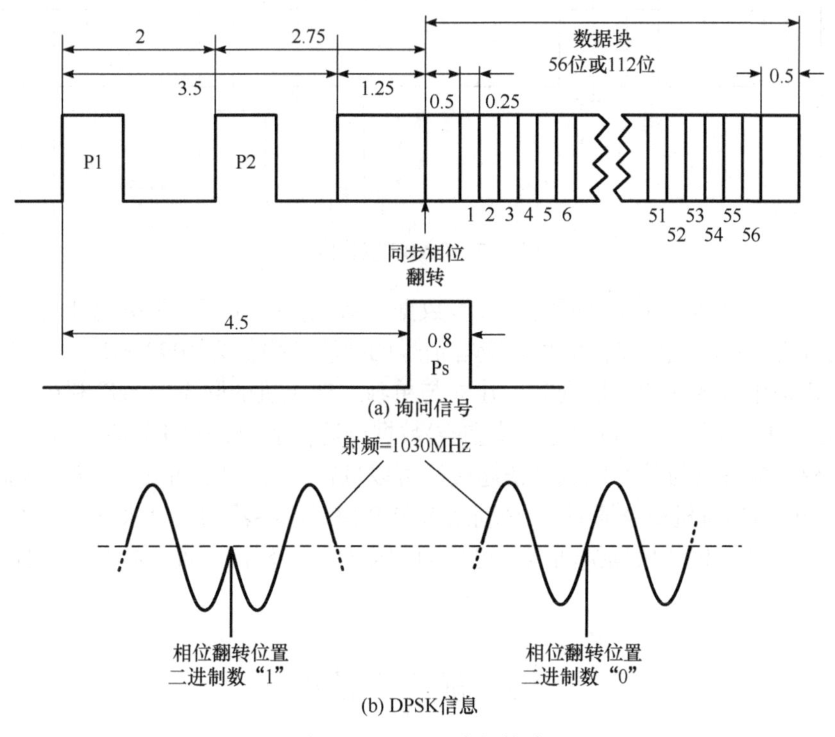

图 2-16　DABS 询问格式

询问信号中数据块(长脉冲)的内容包括 56 位或 112 位信息，其内容为飞机地址(飞机代码)、控制字、奇偶校验及其他有关信息。由于信息可以多达 112 位，因此除了用作飞机代码、高度询问外，还可以进行其他内容的广泛的信息交换。询问信号采用的频率仍然是 1030MHz。

对于这种 S 模式询问，现行的 A/C 模式机载应答机是不会做出应答的。

2) S 模式的应答信号

S 模式应答机产生的应答信号与询问信号相似，也是由前导脉冲与应答数据字组组成的，见图 2-17。两对脉冲相距 3.5μs，每对脉冲的两个脉冲之间相隔 1μs，前导脉冲的宽度均为 0.5μs。

应答数据字组也是由 56 位或 112 位数据组成的。数据字组的始端距第一个前导脉冲 8μs。和询问数据字组不同的是，应答数据字组采用脉冲相位调制(PPM)方式，而不是 DPSK 方式；它的每个码位的持续时间为 1μs，也与询问数据的每位 0.25μs 不同。

脉冲位置调制，就是通过码位中脉冲的位置来表示二进制数。因为二进制数只有“0”和“1”两个状态，所以码位中的脉冲位置也只需要两种位置。具体的表示方法是把每个码位的 1μs 时间分成前后两个 0.5μs,如果在码位的前半部分出现脉冲,则为二进制数“1”;如果在码位的后 0.5μs 内出现脉冲，则表示二进制数“0”，如图 2-17 所示。

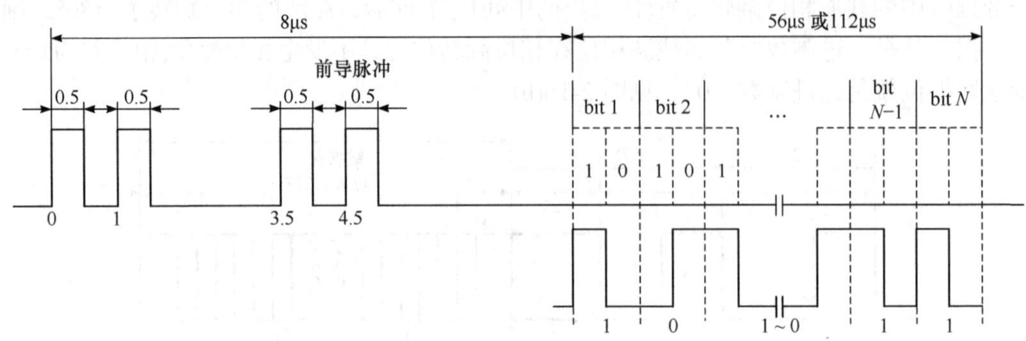

图 2-17 DABS 应答格式

应答的内容根据询问要求而定。应答数据字组包括控制字、飞机地址码、高度码，以及其他需要交换的机载设备信息。应答信号的载波频率仍为 1090MHz。

S 模式采用有选择的选址询问，建立与单独一架飞机的联系，可以利用询问、应答信号数据为 ATC 服务建立双向(地空或空空)数据链通信能力,为 VHF 话音通信提供备份。当机载 S 模式应答机与其他机载设备连接后可以进行飞行信息(如天气预报、航行通告等)通信。当下的 TCAS(机载避撞系统)是利用 SSR S 模式应答器的信号来确定邻近飞机的距离和高度，利用 S 模式数据链功能，可确切知道对方的坐标位置，有利于选择正确的回避措施。

2.5 航空电信网

2.5.1 航空电信网的构成

按照 ICAO 的设想，未来将建成一个全球无间隙的、一体化 ATN(航空电信网)，用于全世界范围内的航空数据通信。

ATN 采用开放系统互连(OSI)结构和计算机网络协议，通过卫星、VHF/HF 和 SSR S 模式等地空数据链路将飞机上的机载计算机系统与地面上的 AFTN(航空固定电信网)连接起来，实现空地计算机系统之间的高速的数据交换，来支持空中交通管理和航空公司航务管理等民航相关业务。ATN 的整体架构如图 2-18 所示，该网络将飞机与航空公司、空中交通管理部门等民航相关单位联系起来，可以实现在全球范围内、整个民航全系统的信息共享。

从网络结构来看，航空电信网主要由网络系统(NS)、中介系统(IS 和 BIS)和终端系统(ES)三部分构成。

1) 网络系统

网络系统由采用计算机网络传输技术的各种子网络组成，主要包括机载子网络、各种地面航空业务子网络和空地信息交互子网络(卫星数据链、VHF/HF 数据链和 SSR S 模

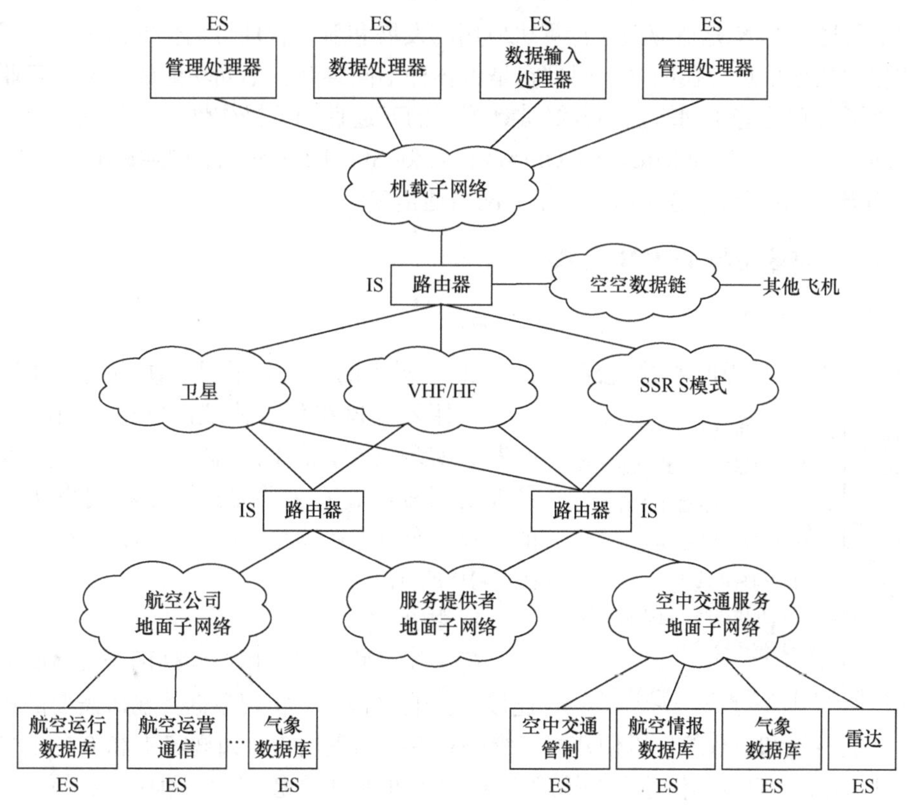

图 2-18　ATN 的整体架构

式数据链)，各种不同协议的子网络之间通过网关进行连接，形成 ATN 的网络系统，按照网间协议和标准进行信息交换。

ATN 中的子网络又分为局域网和广域网。局域网用于一架飞机内部或在一个部门(如空管中心、航空公司)内部将各个 ES 终端系统连接起来的网络；而广域网则用于连接飞机与地面系统之间、各种地空系统局域网之间的连接网络。网络系统中连接介质可以是像传统互联网使用的“有线”物质，也可以是由 ICAO 制定技术标准中的航空卫星数据链、VHF 数据链、SSR S 模式数据链、短波数据链、激光等“无线”物质。

2) 中介系统

ATN 中介系统即各种路由器，包括机载路由器和地面路由器，主要用于不同 ATN 子网之间的数据中继，为每个用户对之间的数据传输选择最佳通信路径。

中介系统负责将各种不同的子网络连接在一起，路由器要考虑网络的互连性、服务的质量和安全以及应用业务的影响来进行数据发送。ATN 的路由器根据其支持的规程情况又分为域内路由器(IS)和域间路由器(BIS)，域内路由器在本域内使用，域间路由器则在与相邻域通信时具有应用路由政策的能力。

3) 终端系统

终端系统是航空电信网中负责各种应用业务的计算机系统，包括飞行员终端、管制员终端、航空公司运控终端以及航空信息管理终端等。

综上所述，ATN 是适应航空计算机应用的发展和航空管理自动化的需求而组成的空地一体化的数据信息交换网络，而且它是由各种不同媒介、不同功能的子网络互联而形成的。为了实现这些子网络之间各终端计算机的互通性和可操作性，国际民航组织在航空电信网中采用了 ISO(International Organization for Standardization，国际标准化组织)所制定的 OSI(开放系统互连)这一国际通用的网络通信参考模型。

2.5.2 OSI 参考模型与 TCP/IP 协议

1. OSI 参考模型

OSI 参考模型是国际标准化组织于 1980 年提出的，其目的是解决不同软硬件组成的、采用不同网络传输协议的网络之间的互操作问题，实现网络之间的信息共享。OSI 参考模型并非协议标准，它主要是提供了将网络功能分层的建议，便于协议标准的开发。OSI 参考模型如图 2-19 所示。

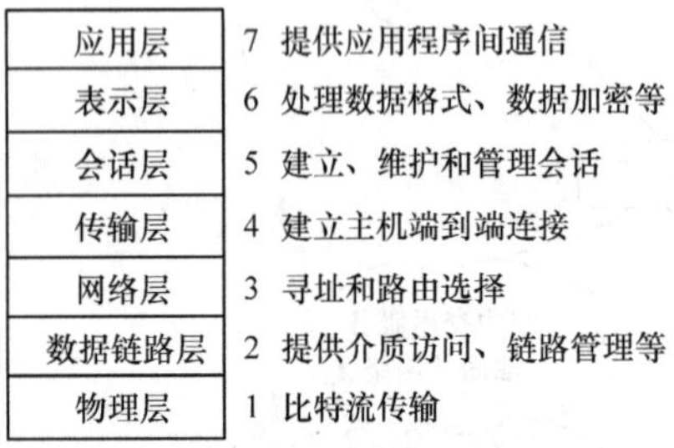

应用层	7 提供应用程序间通信
表示层	6 处理数据格式、数据加密等
会话层	5 建立、维护和管理会话
传输层	4 建立主机端到端连接
网络层	3 寻址和路由选择
数据链路层	2 提供介质访问、链路管理等
物理层	1 比特流传输

图 2-19 OSI 参考模型示意图

1) 物理层

第 1 层是物理层，用以实现两个实体间的物理连接，传输比特流。实现数据传输所需要的机械、电气、功能特性和过程等，以便建立、维持和拆除物理连接，如规定 1 和 0 的电平值、1bit 的时间宽度、双方如何建立和拆除连接、接口的插脚个数、每个插脚代表的信号意义、信号传送方向特性以及采用的编码等。物理层典型的规范有 EIA/TIA RS-232 接口规范等。

2) 数据链路层

第 2 层是数据链路层，是在物理层提供的比特服务基础上，用以建立相邻节点间的数据链路，并传送数据帧(按一定格式组织起来的位组合)。本层要将不可靠的物理传输信道处理为可靠的信道，将数据组成适合于正确传输的数据帧形式的数据块。如在帧中包含应答、流(防环路)控制和差错控制(校验)等信息，以实现应答、差错控制、数据流(网络的拓扑结构)控制和发送顺序控制(确保接收数据的顺序与原发送顺序相同)等功能。链路层典型的协议有 PPP(点对点协议)、以太网协议(IEEE 802.3)等。

3) 网络层

第 3 层是网络层，通过路由选择协议来确定数据包从源端到目的端的路径，用以在通信子网中传输信息包(或报文分组，具有地址标识和网络层协议信息的格式化信息组)。本层要负责提供寻址方案、路由选择协议，建立网络连接，组包/拆包和拥挤控制等。网络层有代表性的协议有 IP 协议、X.25 分组转发协议等。

4) 传输层

第 4 层是传输层，在网内两实体(如计算机)间建立端到端可靠通信信道，用以传输信息或报文(一个报文可分成若干报文分组)，并确保到达另一端的信息正确无误。传输层是通信子网络(如卫星数据链)与用户资源子网络(机载计算机网络)间的桥梁。本层提供两端点之间的可靠、透明数据传输，执行端到端的差错控制(差错检测和恢复)、顺序控制和流控制功能，管理多路复用。常见的传输层协议有 TCP(传输控制协议)、UDP(用户数据报协议)等。

5) 会话层

第 5 层是会话层，用以在两个实体之间建立通信的伙伴关系，然后进行数据交换，完成一次对话连接。本层提供两实体间建立、管理和拆除对话连接的方法。会话层机制包括对对话双方的资格审查和验证、话路控制与计费、对话方向(双工)的交替管理、故障点定位及恢复等各种服务。常用的会话层协议有 SQL(结构化查询语言)、NetBIOS(网络基本输入/输出系统)、Windows 等。

6) 表示层

第 6 层是表示层，用以将来自应用层的特定格式的数据处理成非特定格式的代码，进行转换，消除网内各实体(终端)间的语义差。本层执行通用数据交换的职能，提供标准应用接口、公共通信服务。功能包括数据的表示、终端格式转换、加密/解密、数据压缩等常规功能。表示层常见的协议有 ASCII(美国信息交换标准码)、EBCDIC(字符编码表)、图像交换格式 JPEG/GIF、视频标准 MIDI/MPEG 等。

7) 应用层

第 7 层是应用层，是最贴近用户的一层，负责应用管理和执行应用程序，本层为用户提供 OSI 环境的各种服务，管理和分配网络资源，建立应用程序包、事务管理服务、文件传送、数据库管理服务、网络管理服务。应用层识别并验证目的通信端的可用性，使应用程序之间协同工作。本层的实用功能主要由用户或应用决定。应用层代表性的协议有 FTP(文件传输协议)、HTTP(超文本传输协议)、SNMP(简单网络管理协议)等。

综上所述，7 层功能可分 3 组，第 1、2 层解决网络信道问题，第 3、4 层解决传输服务问题，第 5、6、7 层处理对应用进程的访问。从控制角度看，7 层的下 3 层(第 1、2、3 层)为传输控制层，解决网络通信问题。上 3 层(第 5、6、7 层)为应用控制层，解决应用进程通信问题。中层(第 4 层)为传送层，作为传输与应用间的接口。

2. TCP/IP

ATN 中的各种用户子网络和传输子网络均使用开放式系统互连参考模型，以便各个航空用户的信息能够互通和共享。TCP/IP 是这些信息互通和共享的基础保障。

TCP/IP 建立在 OSI 参考模型基础之上，用于开放式 Internet 的通信协议。TCP 和 IP 是两个独立且紧密结合的协议,负责引导和管理数据包在 Internet 上的传输。IP 负责寻址，TCP 负责与远程主机连接，使报文送到它该去的地方。

TCP/IP 也分为不同的层次开发，每一层负责不同的通信功能，但 TCP/IP 简化了层次设备(只有 4 层)，由下而上分别为网络接口层、网络层、传输层、应用层，如图 2-20 所示。各层的主要功能如下。

应用层：负责支持网络应用。协议包括支持 Web 的 HTTP，支持电子邮件的 SMTP 和支持文件传输的 FTP 等协议。

传输层：负责把应用层消息递送给终端机的应用层。TCP 用以传输应用层消息。TCP 为应用层提供许多重要的服务，包括保证把应用层消息递送到目的地，把很长的消息分割成比较小的消息字段，提供超时监视和端对端的确认与重递送功能；提供流程控制方法使得源终端能够根据拥挤情况调节传输速率。

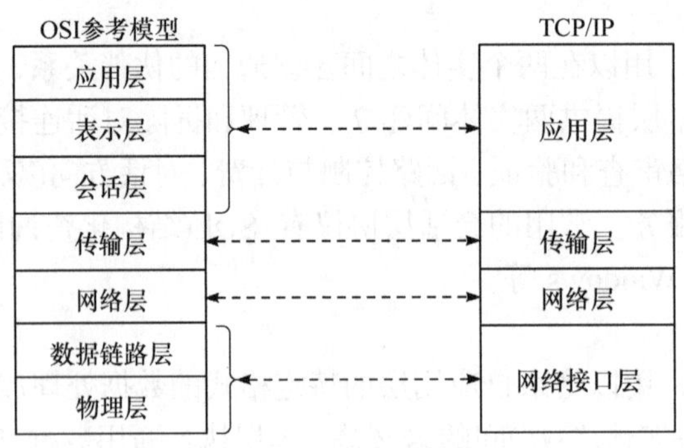

图 2-20　TCP/IP

网络层：为数据包安排从源终端到目的终端的行程。Internet 在网络层上有 IP 协议。传输层协议依赖 IP 安排传输层消息字段从源终端到达目的终端。

网络接口层：负责把数据帧从一个网络单元(主机或者交换机)递送到相邻网络单元。链路层协议包括 Ethernet(以太网)、ATM(异步传输模式)和 PPP(点对点协议)等。通常数据包需要途经好几个(不同协议的)链路才能从源终端到目的终端，如从一个用户端的以太网协议链路经过若干个 PPP(或 ATM)协议链路到达目的终端。

TCP/IP 不仅仅是指 TCP 和 IP 两个单独的协议组成的协议，而是由 100 多个子协议组成的协议堆，网络协议堆中的每个子协议都有自己的职责。

各层上的协议由软件、硬件或者组合软硬件一起执行。应用层协议(如 HTTP 和 SMTP)和传输层协议(如 TCP 和 UDP)几乎都是用软件执行的；传输层和网络层上的协议通常由软件或者软硬件联合执行；网络接口层协议负责链路上的通信，通常在网络接口卡上执行，如以太网卡或者 ATM 接口卡。为使上下层之间工作协调，层与层之间的接口也必须要有明确的定义。

2.5.3　路由器

路由器是一种网络互连设备。路由器一般介于两个局域网系统之间，如图 2-21 所示，路由器仅包含下三层结构，提供网络互连机制(在 OSI 参考模型的第三层网络层工作)，

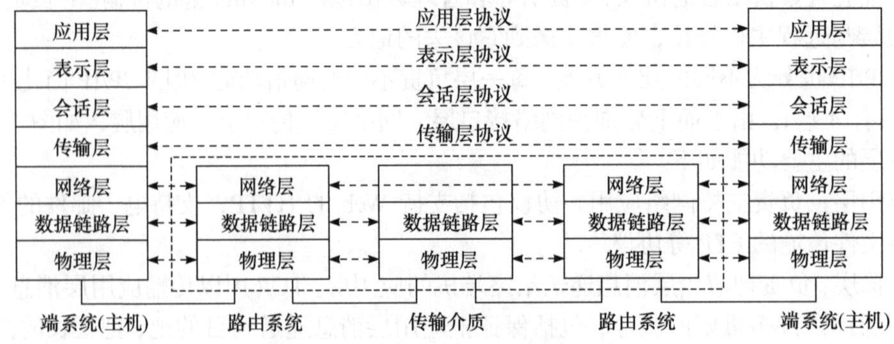

图 2-21　路由器工作规程示意图

在不同的网络之间寻找报文传输路径并存储转发，完成将数据包从一个网络至另一个网络的数据传输工作。

1) 路由器的组成

路由器类似于一个微型处理器，其组成包括以下几部分。

(1) 中央处理器(CPU)：作为路由器的中枢，主要负责执行路由器操作系统的指令，以及解释、执行用户输入的命令。同时还完成与计算有关的工作。

(2) 只读存储器(ROM)：存储开机自检程序、系统引导程序及路由器操作系统。

(3) 随机存取存储器，简称内存(RAM)：存储用户的数据包队列，以及路由器在运行中产生的中间数据。

(4) 闪存(FLASH)：主要负责保存操作系统的映像文件。

(5) 非易失性随机访问存储器(NVRAM)：存储路由器的启动配置文件。

(6) 控制台接口(CON)：供用户对路由器进行配置使用。

(7) 辅助接口(AUX)：连接调制解调器，实现对路由器的远程控制管理。

(8) 接口(Interface)：数据包进出路由器的通道。

(9) 总线(BUS)及缆线：用来连接内部部件以及与其他设备的电缆连接线。

2) 路由器的功能

路由器的主要作用是将不同的网络互连为一个整体，它的功能主要表现在以下几个方面。

(1) 寻径路由：为了实现数据转发，路由器必须能建立网络拓扑，选择最优路径。

(2) 数据转发：路由器在网络间截获发送到远地网段的报文，起到转发的作用。

(3) 流量流控：为了保证网络可靠运行，路由器一般都具备路径切换及流量控制功能。

(4) 速率适配：不同接口具有不同的传输速率，路由器可以通过自身协议进行适配。

(5) 隔离网络：路由器通过防火墙隔离不同子网络，防止信息流出、保证网络安全。

(6) 网络互连：路由器通过网关实现具有不同网络协议的(有线、无线)网络互连。

2.5.4 航空电信网的实施与过渡

ATN 的目标是建设一个全球一体化的新型航空通信网络，但是，由于面临在现有网络基础上如何过渡的问题，ATN 的实施是一项复杂的系统工程，涉及开发、研制、试验、生产、安装、改装、应用等一系列问题，而且各个国家的情况又很不相同，因此 ATN 的实施是分阶段、分步骤逐步实施的。

从目前来看，ATN 的实施总体上分为两大部分。一部分是地面网络从现用的航空固定电信网向 ATN 地面网络过渡，主要是改进和提高现有的网络系统，将现有的低速民航专用电报网改建为符合 OSI 标准的分组交换网。使用各种国际通用标准的协议，通过 ATN 路由器、AFTN/ATN 网关实现各种地面网络间的互通互连，并开发相应的网络应用。另一部分是空地网络部分，即从现有以模拟话音通信为主的空地通信网向全数字化的空地数据(含话音)通信网络过渡，并完成 ATN 整体网络的互连。其中，空地之间的数据链路将根据情况采用航空移动卫星数据链，各种甚高频数据链 VDL 模式 1～VDL 模式 4、SSR S 模式数据链、高频数据链等。民用航空数字化数据通信，尤其是航空卫星通信，在一些国家的航空领域已经开始使用，ATN 将是未来民航信息化的最主要的通信基础设施，承载着接下来介绍的 SWIM(广域信息管理系统)职能。

2.6　航空信息共享与管理

2.6.1　广域信息管理

原有的空中交通信息交换方式是如图 2-22(a)所示的“点对点”的链型方式连接。随着整个民航业的发展，这种链型方式连接的异构的空中交通管理、航空公司等部门的业务系统之间集成性和互操作性、地空数据信息可获得性、信息网络容量可扩展性的缺失问题日益明显，成为制约民航系统信息化进程的主要因素。在这种情况下，国际民航组织提出了广域信息管理系统这个概念。

1. SWIM 基本概念

广域信息管理系统又可以译作全系统信息管理，对于世界民航来说，就是在全球一体化的 ATN 上的全系统信息管理。SWIM 依托统一的信息平台，采用如图 2-22(b)所示的“一对多”星形连接形成的基干信息网络技术，为不同单位、信息系统之间提供数据交换的基础平台，可确保航空公司、机场、空管等民航单位以及航空器之间数据的无缝交换，并能保证相关数据安全、有效和及时地共享与交换。总体来说，其固有的网络中心方案为相互独立的民航系统之间提供资源整合、数据共享和统一服务，构建系统级的信息管理体系。

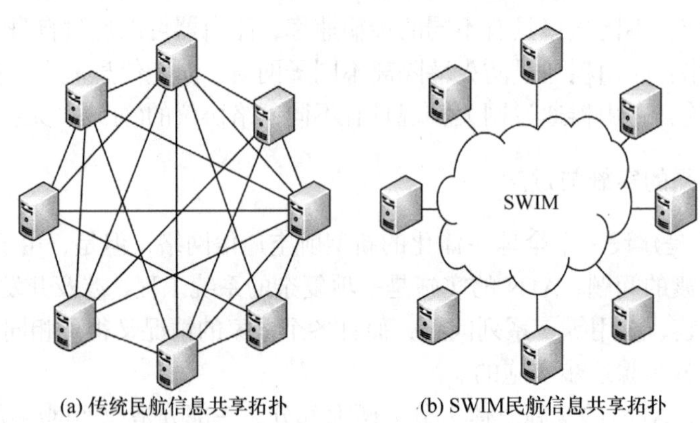

(a) 传统民航信息共享拓扑　(b) SWIM民航信息共享拓扑

图 2-22　广域信息管理系统的网络结构

2. SWIM 的范围

SWIM 的范围，自下而上由 SWIM 基础设施、信息交换模型和信息交换服务三层组成，如图 2-23 所示。SWIM 主要在 OSI 参考模型的第 4～6 层工作，向下整合下 3 层的基础设施，向上为航空应用(第 7 层、应用层)提供所需要的基础信息数据。

1) SWIM 基础设施层

SWIM 基础设施层采用 SOA(面向服务的体系结构)，将现有的民航信息化系统和将要部署的新一代民航信息化系统整合到统一的 SWIM 平台下。

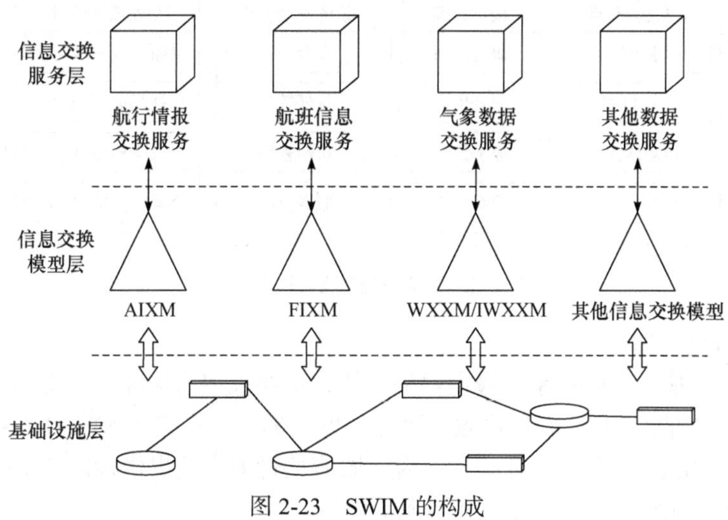

图 2-23　SWIM 的构成

广域信息管理采用的是 SOA，是一种松耦合的、灵活的和分布式的信息集成方式。SOA 架构将“应用系统”作为面向的信息服务，将它们用统一的标准集成接入服务总线，注册在广域信息管理平台上。各“应用系统”作为广域信息管理平台的服务与其他“应用系统”完成数据交互。在此过程中，信息(服务)的提供者和信息(服务)消费者双方并不受到彼此制约和干扰，甚至不知道对方是谁，这种方式称为松耦合，如图 2-24 所示。同时，在完成数据传输的过程中，由于应用系统都是异构的，所以必然存在数据格式等方面的不统一。因此，在进入服务总线前，需要对数据和信息采用统一的标准进行集成。

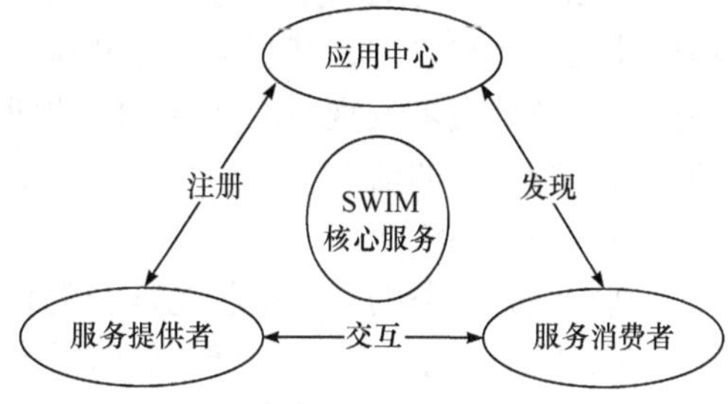

图 2-24　基于 SOA 的 SWIM 服务架构

2) SWIM 信息交换模型层

为实现在 SWIM 环境中信息的共享，对信息交换服务层中用到的数据和信息，使用统一的标准进行规范。该层的信息交换标准定义了应用系统所需要交换数据的结构、内容和格式。现在已有的信息交互模型有航行情报交互模型(AIXM)、航空气象信息交互模型(WXXM)和航班信息交换模型(FIXM)等。

3) SWIM 信息交换服务层

对民航信息领域内和跨领域的信息服务进行定义，并制定相关的信息服务标准和规范，实现在 SWIM 平台中的满足应用层具体需要的数据交换。

3. SWIM 的核心服务职能

SWIM 的核心服务职能包括信息传输管理、接口管理、系统安全管理、企业服务管理四部分，如图 2-25 所示。

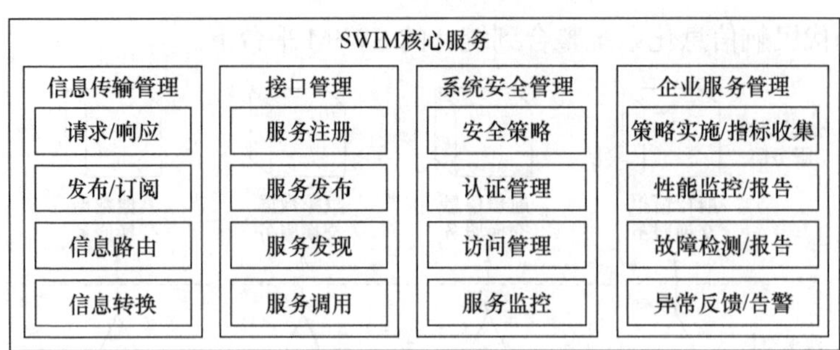

图 2-25　SWIM 的核心服务职能

1) 信息传输管理

信息传输管理是 SWIM 系统最主要的职能，主要采用请求/响应和发布/订阅的模式，通过信息路由和信息转换，并以高效、可靠、安全的方式在接入 SWIM 系统的不同航空应用系统中传输信息，实现信息共享。为广域信息管理系统提供标准化的民航数据，包括航班、气象、航线、流量、导航和空域等信息。

2) 接口管理

SWIM 的基础设施服务职能主要是整合这些基础设施，因此，基础设施服务的第一项职能就是接口管理，其制定信息和接口的标准与规范，以便在服务提供者注册、发布服务和服务消费者发现/调用服务时，根据相关标准来服务，使得信息(服务)的提供者和消费者进行有效的信息交互。

3) 系统安全管理

基础设施服务的第二项职能是安全服务，就是制定系统与网络安全规范(包括操作系统安全、网络安全、数据安全和应用系统安全等)，通过信息交换策略与访问管理、网络安全监控等手段，确保整合的 SWIM 平台能够安全运行。

4) 企业服务管理

企业服务管理是为接入 SWIM 平台的应用系统提供的服务，为操作和维护 SWIM 环境提供必要服务，如数据管理、基础设施配置等。

4. SWIM 的优缺点

民航广域信息管理系统作为一种便于信息获取的网络化基础设施服务的全新信息管理方式，从关注信息的生成转变为关注信息的标准化获取，从以应用为中心过渡到以数据和服务为中心，提供共同的情景意识和态势感知，为信息的提供者和消费者提供了共享和交换的平台。采用面向服务的体系结构使得民航广域信息管理系统具有以下优势。

(1) SWIM 将分散的民航信息化系统集中管理，这样可以避免“信息孤岛”现象，为民航的用户提供一个链接民航内各个系统的共享信息的平台。

(2) 民航广域信息管理系统从传统的点对点网络拓扑结构变成以 SWIM 为传输核心的星状共享架构，提升接口管理能力，达到对数据资源高效利用的目的。

(3) 通过民航广域信息管理系统的发布/订阅和请求/响应的传输方式，如图 2-26 所示，使服务实现虚拟化，架构具备较强的松耦合度，这使得新的业务程序或应用程序可以在不需要修改现有的服务提供者应用程序的情况下轻松加入 SWIM 中。

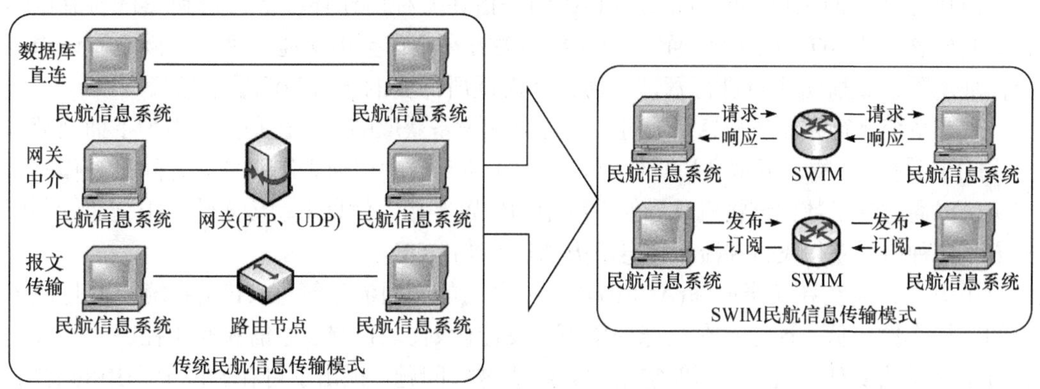

图 2-26　SWIM 与传统民航信息系统的对比

(4) 民航广域信息管理系统在公共信息安全方面，有完善的安全管理功能，如识别、身份认证、访问控制、信息加密、入侵检测、数据验证、数字签名、用户管理、角色/权限管理、审计跟踪捕获等。SWIM 中的每个应用程序都可以利用这些信息安全服务，而不用各自再去设计、建造和测试其昂贵的、独一的安全方案。

(5) 民航广域信息管理系统在系统整体运行的管理和治理方面，提供统一的治理规则和制度，最大限度地保证 SWIM 中各业务系统或应用程序的正常、高效、安全运行，提升系统运行效率，保障民航信息的交换和共享。

SWIM 的建设实施仍然面临着诸多挑战，各国家和地区开展 SWIM 研究的时间不一致，基础设施参差不齐，政策支持不完善、标准不统一，以及开发符合 SWIM 概念的系统也存在互异性等问题，建立全世界 SWIM 还有很长的路要走。在 SWIM 的研究与建设工作中，仍然存在如下问题和困难。

(1) 需要建设组织架构和监管体系。在未来建设中，必须建立一套由决策层、管理层和执行层等多个层面组成的完整的组织架构，涵盖统筹投资、项目管理、财务管理、团队管理、监管、研发管理和项目实施等职能。在监管体系上，不仅要从战略规划、研发、设计和实施等方面开展项目，而且在监管和治理上也需要建设完善的制度，保障 SWIM 的安全和性能等各项职能能够满足实际运行需求。

(2) 需要航空业界支持和参与。SWIM 建设是一项整合民航各类信息系统、设备运行数据的工程。SWIM 本身是数据共享平台，并没有产生原始业务数据。只有航空业界的相关企业和部门的信息加入其中，SWIM 才能够发挥最大的作用。

(3) 需要制定政策法规、技术标准和规范。针对 SWIM 的政策法规、技术标准和规范有待随发展不断制定和完善，我国民航需要结合各民用航空运行主体单位对信息共享和交换的实际需求，制定一套与国际标准相符合的、满足中国实际运行需求的 SWIM 标准和规范体系。

2.6.2 协作环境下的飞行和流量信息

1. FF-ICE 基本概念

协作环境下的飞行和流量信息(FF-ICE)是指在一种协作环境下，得到飞行与流量信息。此概念专指 ATM(空中交通管理)利益相关方在全球空中交通管理运行概念所设想的协作环境下，就航班飞行进行管理、通告和协调所需要的飞行与流量信息。

现有系统飞行和流量信息是通过雷达等监视设备获取的，雷达是战争中为了捕获敌方(非协作)目标的产物，成本高昂且低效。民航飞机与空中交通管制服务方之间是合作的，飞机可以通过地空数据链将机载导航系统中的位置等相关信息主动传送给空中交通管制服务方，这种协作获得飞行和流量信息的方法就是 FF-ICE。

历史上，航空导航服务商(ANSP)开发过自己的交通流量管理(TFM)系统，但是该系统的互操作性极低，这导致在全球环境下，飞行计划、ATFM、通信和操作程序的标准化和自动化无法实现。国际民用航空组织为解决这些问题，提出了可在国际上采用的准则，从而提出了 FF-ICE 概念。

2. FF-ICE 和 SWIM 的关系

FF-ICE 既是一种信息交互机制，又是在 ATN(或者说在 SWIM 平台)上进行航班及流量信息共享的一组应用。FF-ICE 和 SWIM 之间的关系见图 2-23。从图 2-23 中可以看出，航班信息是 SWIM 平台管理的多种信息之一，FIXM 就是航班信息及流量信息交换模型，因此，FF-ICE 就是建立在 ATN(或者说 SWIM 平台)上的一种信息交换机制，实现航班信息在信息的提供者与信息的应用者之间的航班信息共享。

3. FF-ICE 的体系架构

FF-ICE 的体系架构如图 2-27 所示。其中，AU(空域用户)：主要指航空器的运营组织

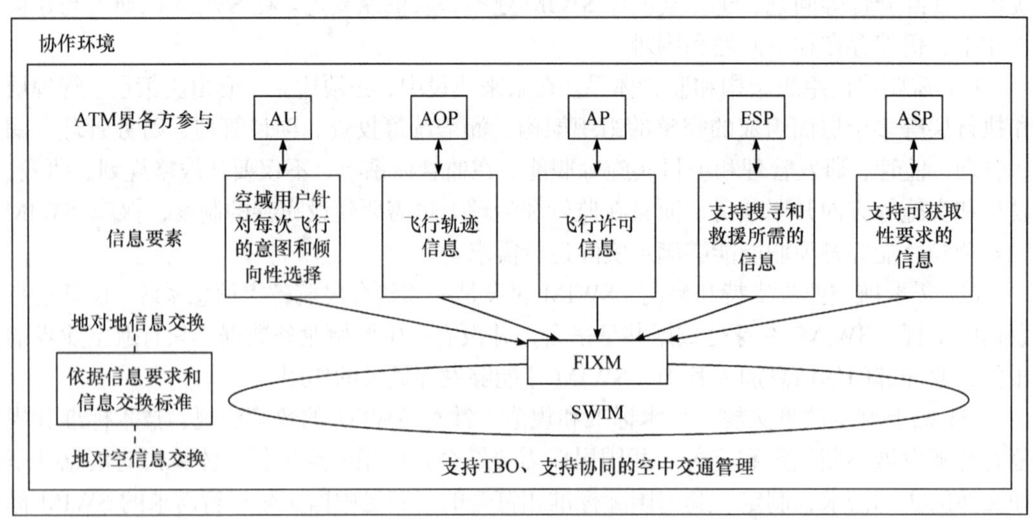

图 2-27　FF-ICE 体系架构

(航空公司)及其驾驶员，在 FF-ICE 概念下，AU 包括负责制定飞行计划的飞行运行中心(FOC，国内多称运控中心)和负责执行飞行任务的实体(一般指机组)。AOP(这里指机场运行服务商)：机场运行服务的提供者。出于运行服务规划目的，需要获取航班信息并提供航班进离场、备降和其他信息。ASP(ATM 服务商)，即空中交通管理部门。从最早的战略规划阶段一直到飞行结束，通过获取信息或提供信息，向 AU 提供多种 ATM 服务。AP(空域提供者)：从某一空域过境的航班可能需要得到 AP 的许可。ESP(应急服务部门)：在发生紧急情况时，获取相关信息并提供应急救援等服务。

上述航班运行的各相关方互相配合和支持，形成一种信息共享的协作环境。在该协作环境下，航班与流量信息的共享与交换更为便捷，可以有效降低成本，减少资源浪费，成员之间可以实现合作共赢。对于 FF-ICE 而言，ATM 各成员之间只是对航班飞行计划、流量等信息进行共享，这种协作环境可以进一步表达为图 2-28 所示的样子。

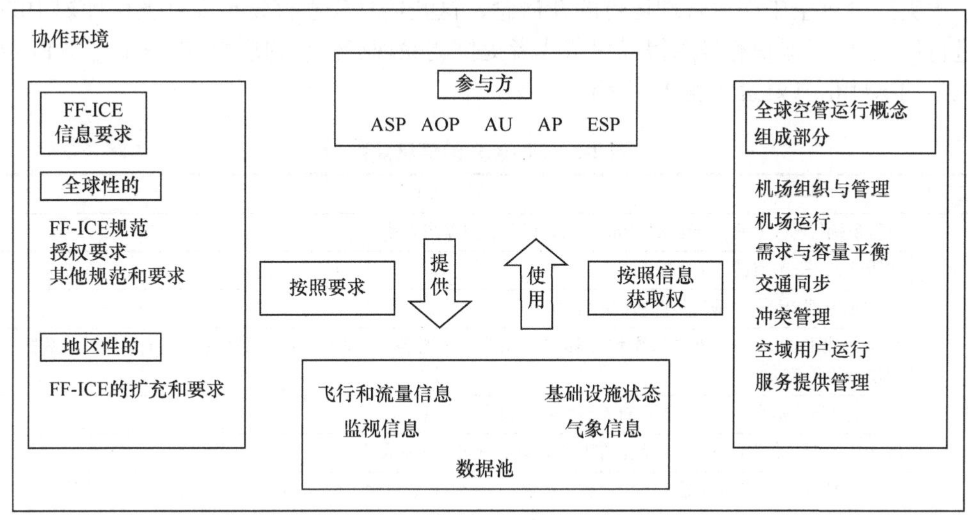

图 2-28 FF-ICE 支持航班信息共享，支撑全球航空运行概念

在 SWIM 平台上有一个用以存储各种信息的虚拟的数据池，所有的协作信息共享的参与方按照 SWIM 平台的要求向该数据池提供各自产生的信息，同时从该数据池中提取各自正常运行所需要的数据。FF-ICE 及其要素信息进而支撑 TBO(基于航迹的运行)等思想的全球航空运行的概念(详见 ICAO 的 Doc 9854)，包括机场组织与管理、机场运行、需求与容量平衡、交通同步、冲突管理、空域用户运行、航班信息管理等。

4. FF-ICE 共享的信息

FF-ICE 共享的信息以及这些信息的提供者和使用者详见表 2-1。

表 2-1 航班信息及提供者与使用者关系表

信息	信息的提供者	信息的使用者
航班计划初始信息	AU	AU、ASP
空域容量和管理资源	ASP	AU、AOP

续表

信息	信息的提供者	信息的使用者
机场容量和机场限制	AOP	AU、ASP
空域使用许可	AP	AU
倾向性选择和(初始的)理想四维航迹	AU、AP	AP
受限制的四维航迹	AU	AP、ASP
气象、空域和绩效要求	AOP、ASP	AU、AP
场面计划要求	AOP	AU、ASP
搜寻与救援信息	AU	ASP、ESP

为支持全球空中交通管理运行的新概念，这些信息要素首先与现有飞行计划中的项目进行比较，以确保现有信息得以保留或者提供删除现有信息的理由。进一步汇总 FF-ICE 概念下的这些信息要素如表 2-2 所示。

表 2-2　FF-ICE 的信息要素

信息类别	信息要素
飞行识别信息	航班识别代码——航空器运营机构的代码，以及航空器注册号
	注册标志——航空器的注册标志
	24 位航空器地址——应答机的通信地址
	模式 A 代码——以 4 个八进制数字代码的形式规定了本地唯一的飞行参考号。该信息可以自动将监视数据与航行情报关联起来
	航空器运营人信息——航空器运营人的姓名和联系人信息
	FF-ICE 信息提供者的信息——航行信息提供者的姓名和联系人信息
	飞行类型——定期航空运输、不定期航空运输、军用运输、民用飞行、军用飞行、通用航空飞行等
	航空器类别——根据不同的飞机制造公司进行划分
	全球航班唯一标识符——提供查阅飞行相关信息的途径
飞行搜寻与救援信息	续航性——表明航班的燃油储备能力，以小时和分钟为单位
	机上人员——机上人员(旅客和机组)的数量
	紧急和救生设备——包括应急电台、救生设备、救生衣、救生艇数据和航空器颜色及标志
	机长(PIC)——包括机长的姓名等信息
飞行许可信息	申请和批准——该信息用于确定航空器可以进入的空域和航空器有资格使用的程序
	飞行性质——ATM 系统可使用该信息对服务进行规划和确定服务提供的优先顺序
	使用权规定——包括特殊许可、放弃、外交放行、商务运行权或其他准许获取的保密信息，用来确定该次飞行是否符合规定
飞行倾向性选择信息	运营方的飞行优先级——某次飞行在运营方的一组飞行中(如一个机队)的相对优先级
	运营方的限制——包括运营方的特有信息，这些信息可能导致他们不能接受空中交通管制指示的机动飞行和放行管理
	活动方面的倾向性选择——由飞行规划者提交的活动方面的倾向性选择，使在有必要采取交通管理举措时可供交通流量管理自动化系统参考

续表

信息类别	信息要素
飞机航迹信息	离场机场——飞机起飞的机场
	目的地机场——飞机到达的机场
	离场地面航段——从登机门至离场跑道(含离场跑道)的这一航段
	停放位置——飞机未起飞时停放的位置
	规划目标——离场前的里程碑信息，例如，在开展协作决策活动时所使用的航空器就绪时间、启动时间和最迟发出通告时间
	滑行路线——规定了飞机的滑行方向以及到达某一节点时的速度信息
	跑道——飞机进离场时对应的跑道
	跑道时间——滑行路线(包括起飞滑跑)结束和空中航迹开始的时间
	机场时隙信息——可允许飞机起飞或降落的时间间隔信息
	4D 点——航空器正在飞往的那个点，用纬度、经度、高度和时间表示
	预计到达时间——提供达到 4D 点的预计到达时间
	速度——将某点的空速用修正空速(指的是在显示空速基础上修正了气压误差之后的速度) 或马赫数表示
	转弯描述符——固定半径转弯要素的转弯半径、中心和位置
	高度限制——飞行高度的许可范围
	时间限制——飞行时间的许可范围
	速度限制——飞行速度的许可范围
	备降机场——可适用于该航迹要素的备降机场
绩效信息	尾流紊流绩效——判断飞机尾流对后续飞机飞行的影响
	通信、导航、监视性能——用于确定航空器可以进入的空域和航空器有资格使用的程序
	噪声绩效——确定飞行带来的环境噪声影响
	排放绩效——确定飞行带来的环境排放影响

实际上根据所需达到的绩效水平不同，并非所有的飞行都需要所有的信息要素。

5. FF-ICE 信息交换

1) FF-ICE 信息交换过程

FF-ICE 将按照一套管理的规则，对获取和输入信息的权限进行管理。用户可以获取 FF-ICE 内的某部分信息，但信息获取的权限并非一成不变的，可能会随着时间或飞行/系统状态的变化而改变(按照信息的生命周期进行管理)。将根据飞行性质，按照每个用户的授权情况来决定获取各种航班信息的权利。

FF-ICE 概念对包括军民航在内的空中交通管理单位的需求做了通盘考虑，重点放在飞行(航班)和流量信息的数据交换、数据共享、数据完整性和数据保密等方面，包括：

(1) 提供航班信息，并在 ATM 界的各授权成员之间进行共享；

(2) 提供各类航班信息的生命周期和预期用途；

(3) 促进 ATM 各成员交流、共享 FF-ICE 信息；

(4) 对周围的信息环境所做的假定。

所采用的信息交互格式标准 FIXM(航班信息交换模型)、XML(可扩展标记语言)将在后面进行详细介绍。

FF-ICE 实质上包含两个阶段：出发前的计划阶段和出发后的执行阶段。

计划阶段包括：初步计划飞行，形成飞行计划预案，提交审批，标注是规划状态还是归档状态。对于执行阶段，则是通过与地面系统、航空电子设备以及空地 SWIM 组件来完成信息的交换。为了将抽象的信息交互进行具体阐述，图 2-29 以航班计划初始信息的提供与核实为例进行说明。

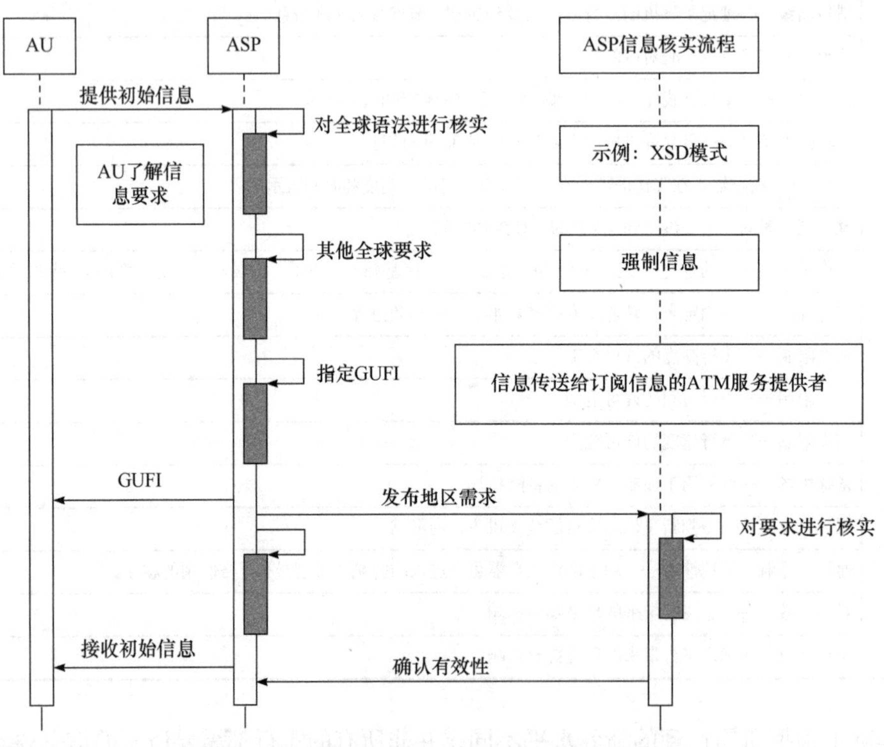

图 2-29　FF-ICE 航班计划初始信息的提供与核实

图 2-29 中，ASP 根据 AU 提供的信息进行全球性要求的核实；然后将全球航班唯一标识符(GUFI)分配给相关的航班，并提供给飞行运控中心；将信息按照信息交换标准分发给此前曾表示希望获取该信息的各个授权单位；该信息的接收人根据地区性要求进行核实，确定符合要求后立即确认信息的有效性。在地对地的信息交换中，上述过程通过 FIXM 和 XML 完成；在地对空信息交换中，则通过 SWIM 来完成。

FF-ICE 具有如下特点。

(1) 提供一个灵活的概念，允许在必要时，能按计划将新技术和程序纳入。这种灵活性还应该考虑不断变化的信息和通信标准所具有的影响；

(2) 使航空器能够显示出其详细的性能，如所需导航性能(RNP)水平；

(3) 能够及早表明飞行意图；

(4) 整合信息，以加强协作决策，并使得协作决策更加自动化；

(5) 避免对信息施加不必要的限制；

(6) 支持按航迹进行四维管理；

(7) 避免将不必要和含混的可导出信息存档，当信息不能采用标准化格式时，采用“例外存档”原则；

(8) 为规定信息安全要求提供便利；

(9) 考虑航班信息对提供者和使用者的成本影响；

(10) 纳入能够产生众多飞行任务分割的要求；

(11) 确保信息可以自动读取，并限制使用自由文本信息的必要性；

(12) 确保在全球范围内按标准对 FF-ICE 的信息要素进行界定。

2) 航班信息交换模型

航班信息交换模型(FIXM)是一种致力于对航班和流量信息进行标准化的全球标准。FIXM 是为了对航班所有的飞行信息提供一个统一的处理标准而构建的数据交换模型，该模型在对航班信息进行再定义的同时，还明确了它们之间的逻辑关系以及它们之间的构成框架。

该模型能将民航所有相关单位的航行相关系统通过各种通信方式进行汇总，并建立统一的航班信息管理中心。空管单位、机场、运输航空、通用航空等各个单位及军方和社会用户都可通过航班信息管理中心安全、及时、有效地获取和交换航班信息。区域航班信息管理中心将采用全球通用的数据标准，各个区域航班信息管理中心之间能进行各种航班信息的交换。

(1) FIXM 的构建基础。

FIXM 体系结构的构建过程是循序渐进的，模型中每层信息都是基于其下层的详细描述，如图 2-30 所示。FIXM 的构建是基于 ISO 等标准体系，以更好地协调该模型与空中交通管理系统中的其他数据标准实现兼容。

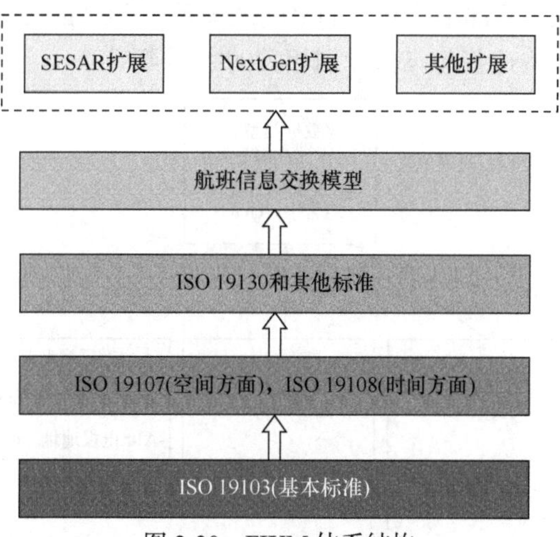

图 2-30　FIXM 体系结构

(2) FIXM 构建路线。

为实现 SWIM 的航班信息全球共享，构建 FIXM 除考虑到要参考 AIXM 和 WXXM

模型的构建标准，还需对各种航班信息进行定义和规范，为模型构建提供参考，因此要先对航班信息进行定义和逻辑分类，编写构建FIXM需要的航班信息数据字典(FIXM Data Dictionary，FIXM DD)，如图 2-31 所示。

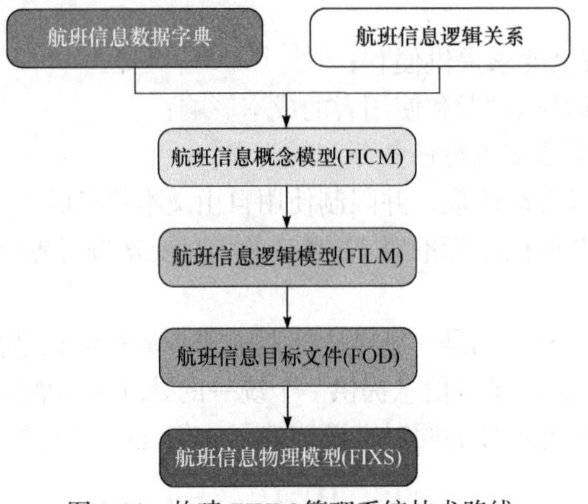

图 2-31　构建 FIXM 管理系统技术路线

从图 2-31 可以看出，构建 FIXM 标准需要根据航班信息数据字典分三步实现：首先构建航班信息概念模型(FIXM Conceptual Model，FICM)，其次构建航班信息逻辑模型(FIXM Logical Model，FILM)，最后构建航班信息物理模型(FIXM Physical Model，FIXS)。

(3) FIXM 的组成。

首先是 FICM。

FICM 是用统一建模语言(Unified Modeling Language，UML)对航班信息内容和结构的汇总与概括。FICM 是基于 FIXM DD 对各项航班信息的表达，在 FICM 中，定义了 Agency、Aircraft、Emergency、FlightPlan 和 Route 五种模型。以图 2-32 的类图为例(类图展现了模型中的一组对象、对象的内部结构和它们之间的关系)，该 Agency 模型定义了表示人员、航空公司、政府代理机构这些与飞行计划相关的数据类型。

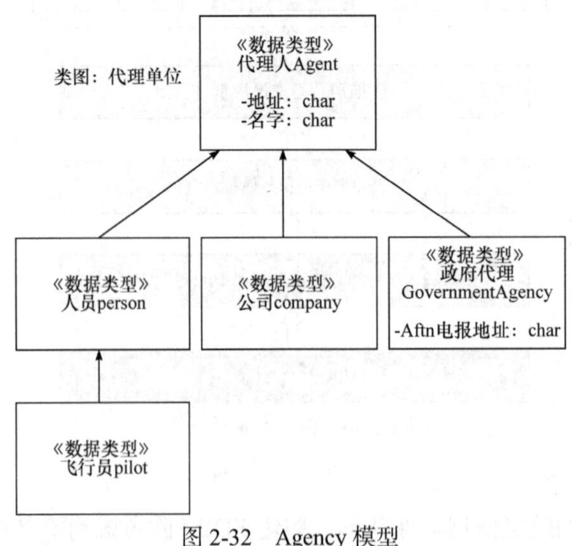

图 2-32　Agency 模型

由于 FICM 仅是概念模型，故该模型忽视了数据项之间的逻辑关系。其主要用来描述 FIXM 运行环境中航班和流量信息交换方面的场景，以及各个实体与它们之间的关系。随着 FIXM 版本的演进，数据字典的作用逐渐增大，数据字典中详细描述了每一个数据元素的概念定义、数据类型、范围约束等，其为构建 FIXM 逻辑模型的基础。

其次是 FILM。

FILM 是 FICM(或者数据字典)和物理实现的中间模型，物理实现包括 XSD(XML Schemas Definition 的缩写，XML 结构定义，描述了 XML 文档的结构)文件和相关的文档等。逻辑模型描述信息的结构和实现，并以可视的 UML 类视图表示。UML 类视图是模式中立的格式，逻辑模型可以生成对应的 XSD 文件。如图 2-33 所示，即为模型中一个典型的数据模型(fxFlightRoute)。

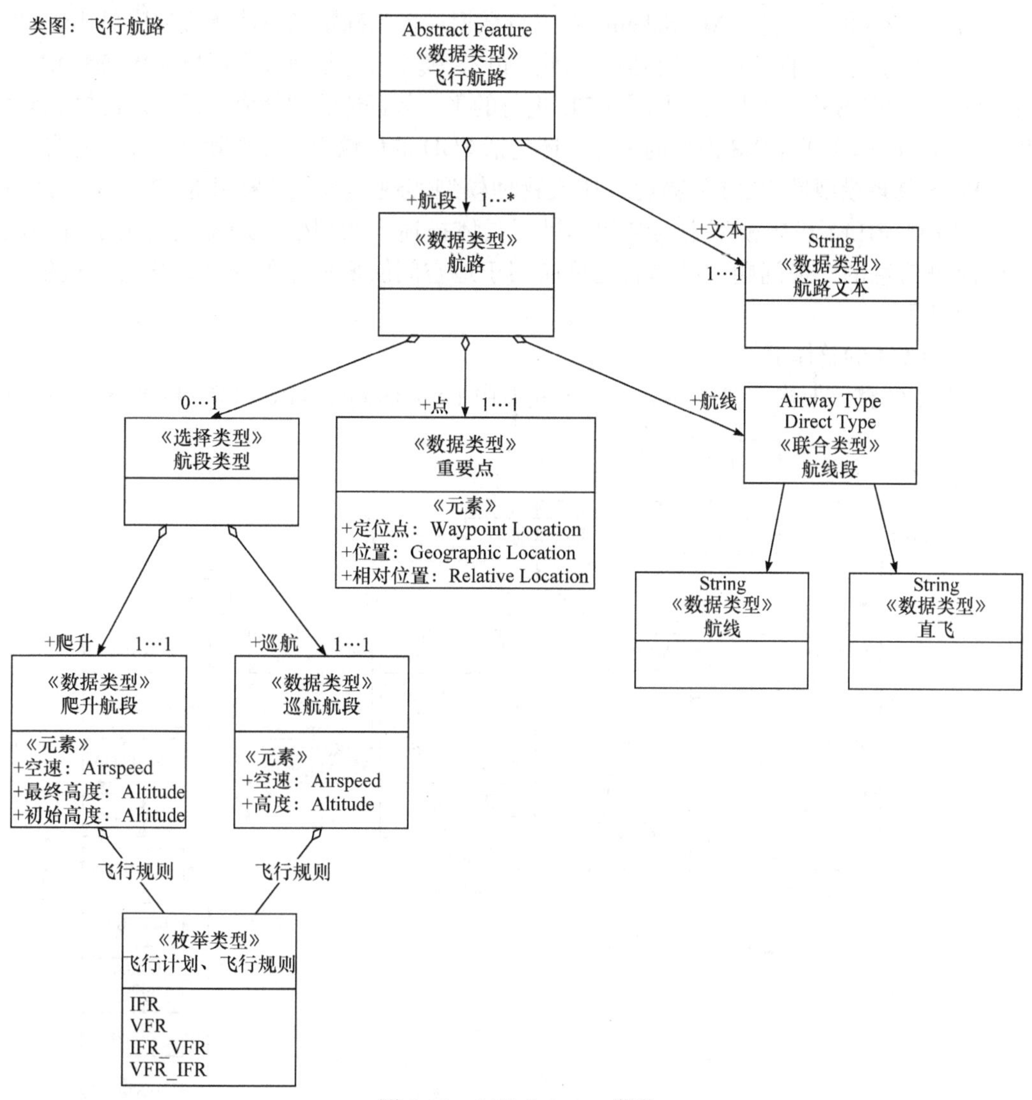

图 2-33 fxFlightRoute 模型

为了与 FIXMDD 保持一致，FILM 中的元素分为三类：来源于 FIXM DD 的元素，逻辑模型中的类与一个或多个数据字典中的条目直接对应；合成对象，合成对象中的类由其他类共同组成，并不与数据字典直接对应；基本对象，表示基本数据类型，用于表述 FIXMDD 中的数据元素，并不与数据字典直接对应。

逻辑模型主要用来从技术层面描述航班信息在系统与系统之间的交换，包括空地之间的交换。该逻辑模型详细描述每个数据实体、数据实体的属性以及相互间关系，同时能够准确定位外界运行环境对各个数据实体的各种限制条件。在此基础上，FILM 逻辑模型能够通过一种拓展机制将数据实体、数据实体属性及其相互间关系提供给核心模型以外的环境。FILM 逻辑模型由概念模型发展而来，在层级划分上高于物理模型。

最后是 FIXS。

构建 FIXS 模型是用 XML Schema 对飞行数据进行精确定义，使相应程序可用 XML 消息形式进行飞行数据的传输和交换，因此，FIXS 模型首先是生成飞行目标数据(FOD)文件。FOD 是 FIXS 模型的核心，围绕 FOD 进行的飞行数据传输和交换即是 FIXS 的实施过程。当然，FOD 并非 FIXS 模型的全部，还包括 FOD 的传输模式和实际交换体制的构建。

FIXS 物理模型是 FILM 的物理表述或物理模型实现，其形式采用 XSD 定义，是通过 XML 将 FILM 逻辑模型中的结构体进行具体描述。物理模型最初主要用于解决地地间航班信息的交换问题，成熟后也可应用于地空间航班信息的交换，从而促进地空一体化进程。

(4) FIXM 的整体框架。

FIXM 的整体架构如图 2-34 所示。该模型由 Foundation、Base 和 FlightObject 三部分

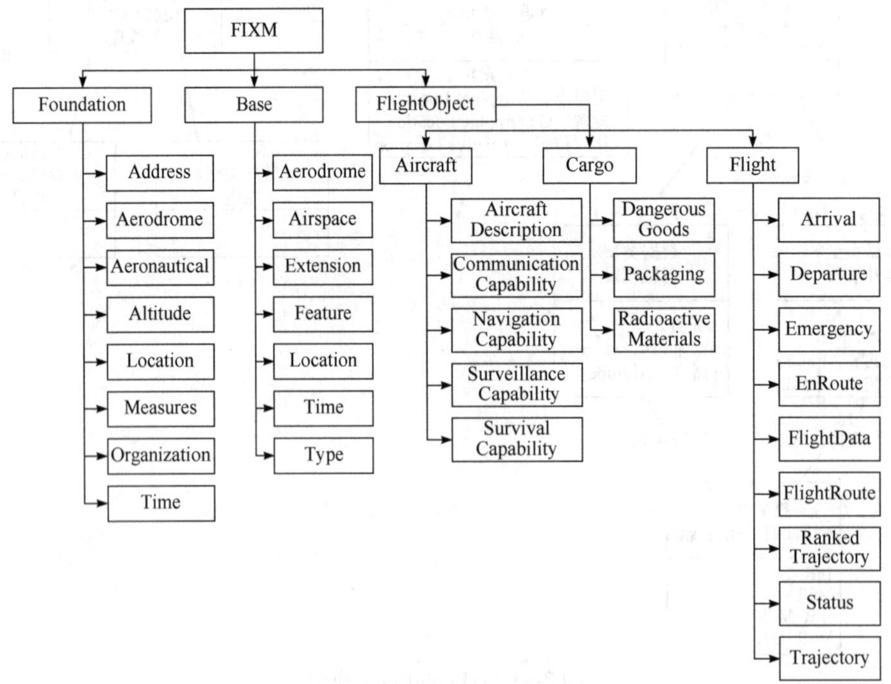

图 2-34 FIXM 的整体架构

组成。其中，Foundation 主要包含定义 FIXM 核心模型中数据元素的基础类型，并与 AIXM 进行共享，其中有些元素是直接依赖于 AIXM 和 GML(Geographic Markup Language 的缩写，地理标记语言，是一个“开放的”标准)中的数据元素。Foundation 主要包括 Address、Aerodrome、Aeronautical、Altitude、Location、Measures、Organization 和 Time 等主题。Base 中的元素为 FIXM 低层次元素，除了 AIXM 和 GML 外，可被逻辑模型中其他包共享。其主要包括 Aerodrome、Airspace、Extension、Feature、Location、Time 和 Type 等主题。一般情况下，核心包(即 FlightObject 包)中元素优先引用和扩展 Base 中的类或元素，其次为 Foundation。Base 为核心包提供隔离层，以屏蔽 Foundation 中的变化。FlightObject 主要用来描述与航班相关的重要信息，如航班状态、航空器状态和航班类型等，其由 Aircraft、Cargo 和 Flight 组成。其中，Aircraft 包含航空器描述、通信功能、导航功能、监视功能和危险应急功能等；Cargo 主要包含航运危险品描述信息；Flight 为 FIXM 的核心，用来描述航班生命周期中的核心信息，包括航班起飞、航路、航班状态、航迹和航班降落等信息。模型中的元素与数据字典中定义的元素相对应，并可以在其基础上添加一些必需的结构元素。

FIXM 是一个对整个航班生命周期中的信息进行共享的数据交换标准。通过在 ATM 系统、空域用户、交通运输部门、安全和防御部门、后勤和运输提供者等之间进行交互代理，FIXM 促进了所有空中交通利益相关者之间的互操作。图 2-35 展示了 FIXM 在不同的信息域提供数据层面的互操作。

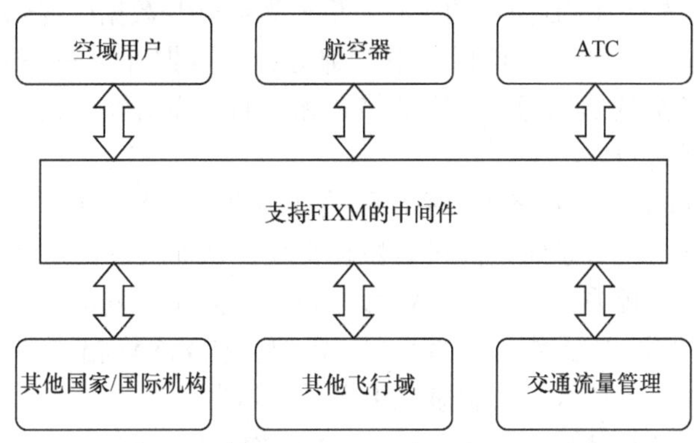

图 2-35　FIXM 促进不同域之间的数据交换

(5) FIXM 的原理。

通过 FIXM，航空公司可通过 ATN 访问地区的航行情报系统以获得飞行前准备所需的航行情报数据，并向地区航班信息管理系统申请报备飞行计划(航班信息)，地区航班信息管理系统将为此次航班飞行生成全球唯一的飞行目标数据(Flight Object Data，FOD)(FOD 的基本概念：一个 FOD 文件就是以特定规则组织的航班飞行数据，包含一个架次航班的所有飞行数据)并向空管或相应的空域使用管理部门提出飞行申请或报备。当空中交通管理部门收到关于该航班的领航计划报(FPL)、雷达、ADS-B 信息后，可以向地区航班信息管理系统提出对该飞行目标数据信息的更新申请。在得到批复后，地区航班信息管理系统将此次航空飞行的 FOD 激活。

FIXM 不仅包含 FOD 的生成程序，还嵌入有数据格式转换程序、数据管理服务等程序。这些程序可被分别配置在 FIXM 数据服务中心、机场和航空公司等单位的运行控制程序中。这些程序将能够生成全球统一标准的 FOD，能将各种格式的飞行数据转换成为标准的 FIXM 易读的格式以及相应运行控制系统所需的格式，同时系统能够存储海量的 FOD，也能够对 FOD 进行生成、修改、删除的管理，然后根据用户的订购生成服务清单，并按照用户的需求完成数据的传输。

(6) XML 在 FIXM 中的作用。

可扩展标记语言(Extensible Markup Language，XML)是一种用来标记数据、定义数据类型，允许用户对自己的标记语言进行定义的源语言。XML 是独立于软件和硬件的信息传输工具，是程序间进行数据传输的最常用工具。

XML 的特点有：①描述资源的数据结构；②良好的可扩展性；③内容与形式分离；④良好的移植性，实现不同格式数据的跨平台交换；⑤良好的自描述性，语法规范严格、可验证；⑥人机可读、能实现智能型的数据搜索互用；⑦便于不同系统之间信息的传输；⑧保值性。

XML 的格式有三个基本组成，分别是 XML 声明、处理指令 PI 和元素。XML 标准要求必须在文档的第一行进行声明，这也是处理指令的一种声明，它一般由“<? ”开始至“? >”结束，如“<?xmlversion="1.0"encoding="GB2312"standalone="no"?>”；处理指令 PI 为应用程序提供信息，应用程序根据这些信息来对文档进行处理，格式为<?处理指令名及处理指令信息?>；元素是 XML 文档的核心，格式为<标记>数据内容</标记>。

一份完整的 XML 文档主要包括以下三部分：①数据部分——XML 的核心内容；②标记说明——将数据的信息通过一定的格式和说明传递给处理它的应用程序；③数据表现——将数据表现给用户。

XML 的灵活、可扩展、易交互和平台无关性等优点，使其比较适合描述 FIXM 物理模型，能够促进不同的空管系统之间进行数据交换，从而促进民航信息化。由于目前处于过渡阶段，有些利益相关者采用 FIXM 发送和接收航班计划信息，其他利益相关者依然使用 ATS 报文的格式。在此混合的环境中，需要实现 FIXM 格式和 ATS 报文格式之间的转换，但需要采用相关技术和机制避免丢失关键信息。

XML 在 FIXM 中用来描述文档的内容、验证数据的正确性、定义数据约束、定义数据模型(或者数据格式)，且 XML 使不同数据类型之间的转换变得容易，促进不同的空管系统之间进行数据交换。因此 XML 的作用为：解析电报，实现将报文向 FIXM 数据格式的转换。识别报文的报头、电报正文和报尾后，再对电报正文部分进行解析，提取对空管、机场、航空公司以及其他飞行数据用户有用的信息，并转换为 FIXM 数据格式(即 XML 格式)。

6. FF-ICE 技术的优缺点

FF-ICE 的优点包括：

(1) FF-ICE 信息更加准确和全面。未来 FF-ICE 所包含的信息会更加准确和全面，FF-ICE 将成为未来国际民航组织所推行的基于性能运行和基于航迹运行的重要基础。

(2) FF-ICE 信息一致性得到提高。国际民航组织推荐使用全球航班唯一标识符(GUFI)，确保各个利益相关方对同一个航班都能使用到唯一的航班信息。基于 GUFI 的 FF-ICE 信息将极大提高不同阶段航班信息的一致性。

(3) FF-ICE 信息使用更加灵活。FF-ICE 信息的灵活性主要体现在两方面：一方面，能够更加灵活地在各个运行单位的不同信息处理系统中完成交互、补充和完善等应用；另一方面，将更加容易被航班信息处理系统处理。

FF-ICE 仍存在可改进的空间，包括以下几点。

(1) 减少对空中/地面链路的语音无线通信的依赖。

(2) 增强 ATM 参与者之间的协作规划。

(3) 提供用于实时信息交换的设施。

(4) 最大限度地利用先进设备并鼓励部署改进的空中/地面系统。

(5) 增加灵活性。

2.6.3 数字化航行情报管理

当今和未来的航行系统及其他空中交通管理系统都依靠情报。这些系统都需要获得全球范围广泛的航行情报，其质量和及时性要远远优于当今普遍提供的情报。提供航行情报是空中航行服务的一项核心要素。为了满足全球空中交通管理运行概念的新要求，航行情报服务必须过渡到航行情报管理这一更广泛的概念，其以数据为中心的性质，而非航行情报服务的以产品为中心的性质，就决定了其情报提供和管理的不同方法。数字化航行情报管理(DAIM)是国际民航组织在 ASBU 中规划的未来 AIM(航行情报管理)的内容。随着过渡进程的发展，可能需要对其作用和责任进行调整。

全球空中交通管理运行概念界定了七个相互依赖的概念组成部分，这些部分将整合构成未来的空中交通管理系统。它们包括空域组织与管理、机场运行、需求与容量平衡、交通同步、冲突管理、空域用户运行以及空中交通服务管理。

1. 从 AIS 到 DAIM

1) 航行情报服务(AIS)

航行情报是指将航行数据进行收集、分析和整理后所生成的情报。它包括文字资料、数据、航空图等静态资料和 NOTAM(航行通告)以及雪情通告等动态信息。情报资料形式有永久性和临时性资料，永久性资料包括航行资料汇编(AIP)、杰普逊航图、机场使用细则、航线手册、高(中、低)空航线图、一号规定、三号规定、地名部门代码本以及各种地形图等；临时性资料主要是指 NOTAM 等。其中，NOTAM 是由本地的航空部门根据《国际民航公约》第 15 条中关于航行情报服务的格式发出的，其作用为通知航空人员该空域或机场的特别安排、临时规定及运作程序的改变等。管制员、飞行员和航空公司的航务部门是航行情报的主要使用者，其中，飞行人员根据航路和机场资料或航图指示驾驶航空器，或应用装载该类数据的机载计算机系统操纵航空器；管制员则根据航行情报提供的飞行规定和资料，引导航空器在指定的空域或航路上，按照规定的间隔和高度有序飞行。AIS 收集、整理，以及制作航行情报，设计、制作和发布所属领域内以及相关区域内的民用 AIS 产品，航行情报部门必须及时、准确和完整地提供 AIS。

纵观当前航行情报服务工作的具体开展情况，其问题突出表现在信息差错发生率较高，产品融合性效果不佳以及内容更新时效性不足等方面。AIS 的问题如下。

(1) 信息差错发生率较高。

AIS 提供的情报是一般运行状态下的静脉数据，而某一时间段中的动态数据变化情况，则通过航行通告的方式彰显。当前航行通告发布的过程中，人为信息传输问题发生率较高，如漏传、编辑录入错误等，均会增加各类不良问题的发生率。

(2) 产品融合性效果不佳。

纸质的航行情报(航图、手册等)以及电报文字形式的航行通告制约了各航行情报系统的相互调用，使得实际的航行情报服务工作质量、信息传输效果受到影响，信息传输的时效性、准确性以及安全性等难以满足当前航行情报信息服务工作的需要。

(3) 内容更新时效性不足。

当前航行情报服务工作中普遍存在着航行情报服务部门信息数据内容更新时效性不足的问题，服务过程不够及时，包含机组在内的所有用户无法通过情报网络，获取相关的数据与信息，自动化程度不足，动态资料与静态资料处理质量不佳。

2) 电子化航行资料汇编(AIP)

航行情报服务(AIS)以纸质形式为主，所提供的产品为 AIP(航行资料汇编)，AIP 是民航向全球航空用户公布航行情报资料的主要途径，是保证民航安全飞行的基础航行情报资料，也是民航一体化航行情报系列资料的重要组成部分。一直以来，AIP 主要是以传统纸质印刷版的形式提供给航空用户。为了顺应民航航行情报资料向无纸化发展的国际大趋势，这就产生了电子化航行资料汇编。

3) 数字化航行情报管理(DAIM)

DAIM 是基于广域信息管理系统(SWIM)平台的一种信息管理(详见图 2-23 SWIM 的构成图)，以无缝和完全交互的方法满足 ATM 的信息管理需求。DAIM 是一个分布于全球的航行情报管理系统，管理航行情报数据或信息的内容(如格式、时效、收集、检验、分发等)和技术部分(如存储、数据库一致性、全球接口界面等)。

DAIM 监测和控制共享航行情报数据的质量，提供数据采集和管理的各种机制，为所有 ATM 成员在规划、预先计划和实施计划过程中，提供能够改善决策能力的基础数据。另外，作为 AIM 的外部用户应用程序，例如，飞行计划、CDM(协同决策)和飞行中的应用(EFB、滑行时的态势显示)，允许它们从 AIM 中央数据库中抽取数据并整理转换成航行情报资料，供飞行员、管制员及其他人员使用。

(1) DAIM 的作用。

主要目的是确保航行情报数据和信息符合质量标准，以满足空域用户的需求并支持飞行的运行与安全。有以下四点要求：

① 实施质量管理体系以确保航行情报数据和信息符合要求的标准。

② 使用通用参考系统(空间 WGS84 和时间 AIRAC)来促进对航行情报数据和信息的一致解释并促进其及时交换。

③ 全面进入以数据为中心的自动化环境，以便可以结构化、自动化的方式进行航行

情报的管理、处理、验证、使用和交换，从而减少了人工干预。

④ 如果航行情报数据和信息是由权威来源汇总和提供的，则其是高质量的。这要求适当地控制从始发到分发再到下一个预期用户的整个数据链的关系(如数据始发者、邻国、情报数据和信息服务提供者等)。

(2) DAIM 与 AIS 的区别。

DAIM 与 AIS 的重要区别在于信息的提供手段和管理方式。DAIM 本质上以数据为中心而 AIS 采用以产品为中心的处理方式。

AIS 与 AIM 提供的服务的差距突出表现在以下两方面。

(1) 安全性。

及时准确地掌握航空信息，对安全应用现代 ATM 系统和导航技术、空中交通管制 (ATC) 决策工具、高级场面活动引导与控制系统等能够产生重要影响。相较于航行情报服务(AIS) 模式，航行情报管理(AIM)模式的安全性更加突出，能够对信息实现进一步分析，保证飞行的安全性。

(2) 时效性特点。

因为驾驶舱安装电子航图显示器，地面所获得的航行情报能够直接传输到飞行阶段中，为机组提供更多的实时性数据。例如，机场跑道中应用旧跑道或者新跑道的过程中，如果应用航行情报服务模式，则纸质的信息数据易于出现传递中数据误差问题。航行情报管理模式能够通过机载数字地图的模式，展现关闭与开放的机场道面的全部信息，有效避免各类不良问题的发生率。

2. DAIM 的关键模型——AIXM

AIXM 是一种基于国际标准的全球适用的航行情报数据交换标准，它描述了国际航行所必需的航行情报。AIXM 标准主要由两部分组成，如图 2-36 所示。

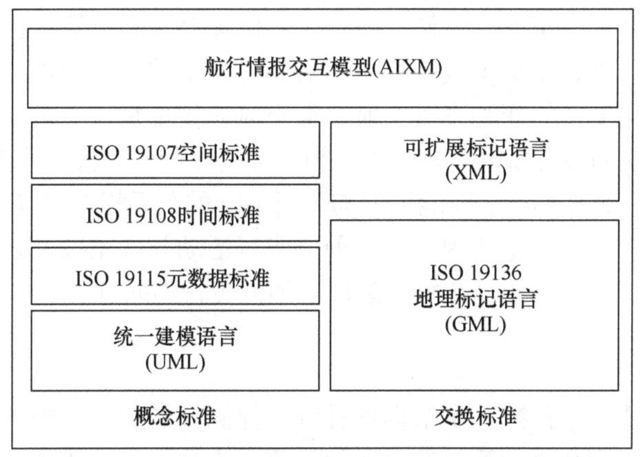

图 2-36　AIXM 标准

与 FIXM 模型一样，AIXM 的第一部分称为航行情报信息概念模型，航行情报信息概念模型是一种基于 UML 的概念模型，它对航行情报信息进行了定义。它的底层概念是一组实体和它们相互之间逻辑关系的集合，如机场、空域、导航台等。

AIXM 的第二部分是一种基于 XML 的数据交换格式，它定义了航行情报在传输交换中的格式和语法，描述如何以一定格式为航行情报编码，从而实现计算机系统之间电子化数据的传递，这一部分将 XML 作为系统之间数据交换的语言，因此这部分也称为 AIXM 的 XML 结构。

AIXM5 是 AIXM 模型的最新版，其主要改进在于：AIXM5 的设计目标是支持当前和未来的航行情报信息处理，包括数字 NOTAM、飞行程序设计和动态空域管理(专用空域、灵活使用的空域)，是全球公用的航行情报信息交换标准，以满足当前和未来的航行情报信息系统的需求。

对于航行情报信息中的地理要素，AIXM 遵从 GML(地理标记语言)的标准，用于搭建航图中图形元素的交换模型。GML 中包含大量 XML 模式来表示的地理集合体，如点、线、多边形等，此外还包括合并这些几何体成为现实世界物体的实例类型规则，能大大提高 AIXM 的地理信息处理能力。

综上所述，AIXM5 是采用 UML 构造航行情报概念模型；利用 XML+GML 实现不同系统之间的航行情报信息交换。

2.6.4 高级气象信息管理

1. 航空气象的概念

气象学就是研究大气中的物理现象和物理过程的一门学科，而航空气象学是研究气象因素对航空活动产生影响的一门学科。现代民用运输航空经常要做跨洲的远距离飞行，飞行活动范围遍及世界各地，飞行人员应该了解和熟悉全球大气运动状态、气压、气候的分布，这对安全、高效完成民航运输任务有十分重要的意义。

影响航空活动的气象因素非常多、影响非常广泛。例如，在大气不稳定和有冲击力的条件下，大气就会出现对流运动，就会出现对流云，当对流运动强烈发展的时候就会产生积雨云，并常常伴有雷电、雷暴、冰雹、暴雨甚至龙卷风等严重危及航空安全的危险天气现象出现。此外，不稳定气流也是影响航空安全的重要因素，高空急流和晴空乱流会产生风切变、温度的切变和飞机颠簸，低空风切变更是让飞机操纵困难，甚至失去控制，并可造成严重的飞行事故。云、雾、霾、降水和沙尘等天气现象会形成视程障碍，对大气的能见度产生直接影响，而能见度与飞行活动的关系极为密切，是决定能否飞行、精密进近着陆等级标准等的重要因素。目前，飞行活动与气象条件之间的关系正在从气象条件决定能否飞行，变为在复杂气象条件下如何飞行的问题。

2. 数值气象信息

大家熟知的数值天气预报，是根据各种气象探测仪器从大气中采集到的实际数据作为大气初始场值，采用超级计算机通过数值计算的方法，求解描述天气演变过程的流体力学和热力学的方程组，预测未来一定时段的大气运动状态和天气现象的方法。求解的结果即为数值天气预报产品。

通常的天气模型由天气数据库中的数据组成的网格图表示，网格图在不同区域、不同高度下的单位格子大小不同，格子越小，预报的准确性越高。如图 2-37 所示，在每一个网格顶点，都包含风速、风向、温度等信息。

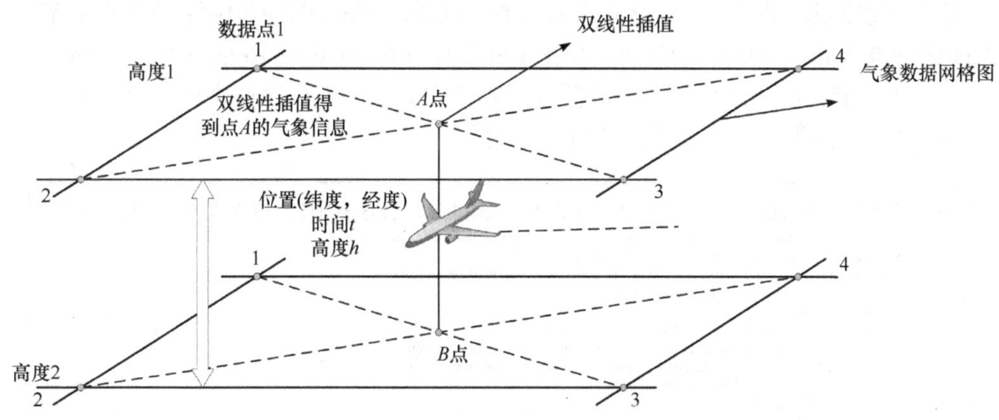

图 2-37 用网格图表示的天气模型

然而在通常的计算模型中，人们无法直接从气象网格图中得到飞机实际运行时每一点的气象数据，因此，为了获得具体某点的天气数值信息，人们多次采用数学上的插值方法。如图 2-37 所示，假设图中运行飞机的位置点在气象数据网格图中并不存在其数据信息，但通过寻找其垂直高度上的两个平面，在两个平面上分别确定相应的四个存在于气象网格图中的八个位置点，分别对平面上四点进行线性插值得到点 A 与点 B 的气象信息，最后通过在点 A 与点 B 之间进行一次线性插值方法，便可得到飞机实际所在位置经纬度的天气数据信息。

综上所述，数值气象信息是以由气象网格图中网络节点的数据组成的天气数据库形式存在，地空不同用户之间可以通过数值气象信息的交换共享气象数据。通过插值计算的方法，可以获得空中任意点上的数值气象信息，也可以通过气象数据可视化的方法将气象信息在地空不同用户的终端上呈现出来(图 2-38)，方便用户使用。

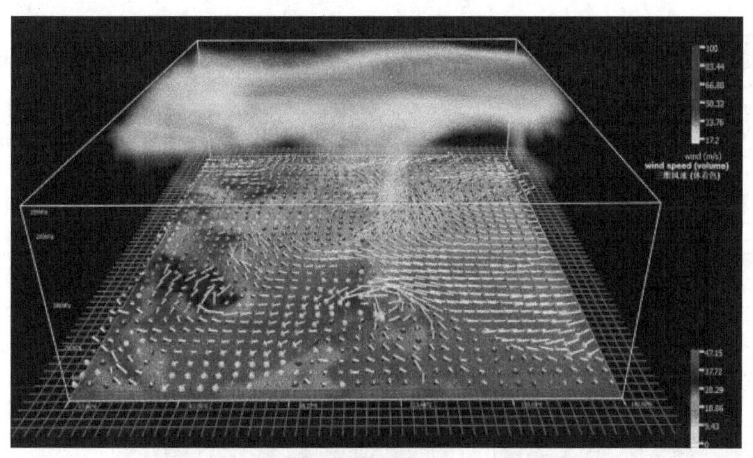

图 2-38 数值气象信息的 2D 和 3D 可视化

3. 气象信息交换模型

IWXXM 是 ICAO(国际民航组织)和 WMO(世界气象组织)基于 XML/GML 建立的国

际气象信息交换模型。

目前，气象报产品仍以传统字符形式体现。例如，一份 META 电报：“METAR YUDO 221630Z24004MPS 0600 R12/1000U DZ FG SCT010 OVC020 17/16 Q1018”。以该份电报的风向风速、能见度、最高气温、最低气温和修正海平面气压这些字段为例，其对应字段在 IWXXM 内可以表示为如图 2-39 所示的样子。

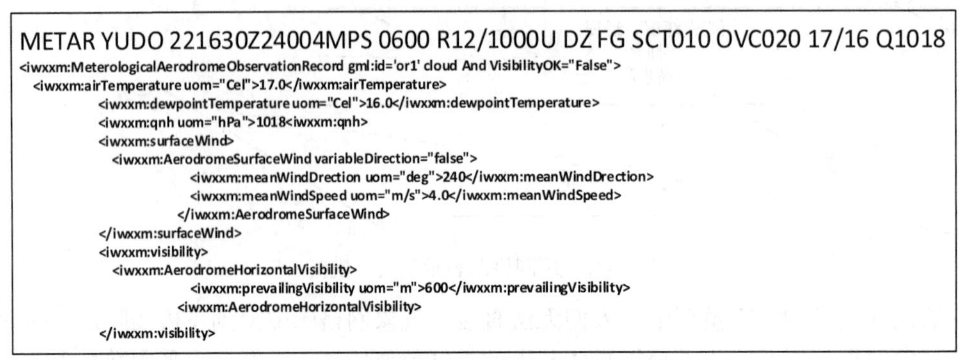

```
METAR YUDO 221630Z24004MPS 0600 R12/1000U DZ FG SCT010 OVC020 17/16 Q1018
<iwxxm:MeterologicalAerodromeObservationRecord gml:id='or1' cloud And VisibilityOK="False">
  <iwxxm:airTemperature uom="Cel">17.0</iwxxm:airTemperature>
        <iwxxm:dewpointTemperature uom="Cel">16.0</iwxxm:dewpointTemperature>
        <iwxxm:qnh uom="hPa">1018<iwxxm:qnh>
        <iwxxm:surfaceWind>
          <iwxxm:AerodromeSurfaceWind variableDirection="false">
                <iwxxm:meanWindDrection uom="deg">240</iwxxm:meanWindDrection>
                <iwxxm:meanWindSpeed uom="m/s">4.0</iwxxm:meanWindSpeed>
              </iwxxm:AerodromeSurfaceWind>
        </iwxxm:surfaceWind>
        <iwxxm:visibility>
          <iwxxm:AerodromeHorizontalVisibility>
                <iwxxm:prevailingVisibility uom="m">600</iwxxm:prevailingVisibility>
              <iwxxm:AerodromeHorizontalVisibility>
        </iwxxm:visibility>
```

图 2-39　使用 IWXXM 传输的气象报文

在图 2-39 中，气象报文以传统的字母和数字组合表达所要传递的信息，以空格为每个字段的分割符，不同类型的报文格式不同，必须预先统一制定格式以及每个字段所表达的意义，没有译码表则难以读懂其报文所表达的含义。而 IWXXM 则是以 XML/GML 格式为载体组织其各字段内容，报文中的数据直接对应 XML 中元素的值，易于理解各字段所表达的含义，同时可伸缩性强、易于携带额外的附加信息。IWXXM 的 UML 模型用于对数值气象产品所涉及的数据字段及字段之间的关联关系的模型化定义，XML 主要用于航空运行过程中各类异构系统间气象数据信息的物理交换和共享。

如图 2-40 所示，ICAO 对 IWXXM 所定义的标准，是基于 XML 和 UML 这两个行业

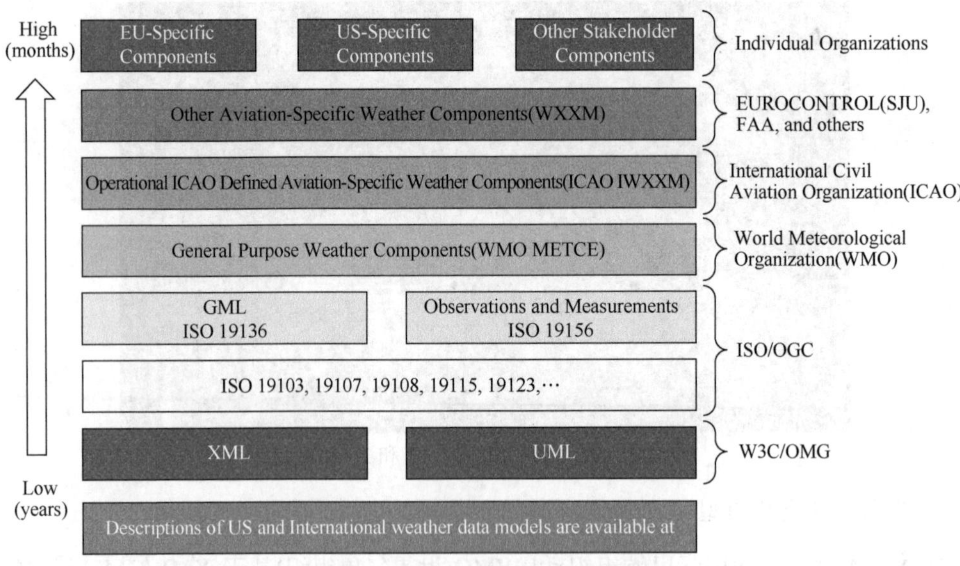

图 2-40　IWXXM 的组成及标准

基本的数据模型标准的，以及基于 ISO/OGC 定义的与地理信息相关模型标准和基于WMO 发布的有关气象业务的数据模型标准基础上形成的。因此，IWXXM 是与行业内各项标准一脉相承而构建出来的数据标准，具有高度的一致性。在各项标准中，底层的标准(如 XML、UML)比较固定，更新频次较低，靠近上层与民航业务联系比较紧密的标准则较为灵活，更新频次较高，为 IWXXM 相关产品的升级换代提供支持。

在图 2-40 中，IWXXM 标准再上一层的 WXXM 标准在 IWXXM 数据格式推出之前，一直是 ICAO 和 WMO 采用的国际标准。WXXM 1.0 在 2007 年发布且早于 IWXXM 几年，最初的版本包括来自 ICAO 附件 3 的几个气象产品标准。在正式纳入 IWXXM 之前，WXXM 已经实现了一些 ICAO 的应用产品。IWXXM 是由 ICAO 提出的，因此 IWXXM 是 ICAO 官方指定标准，所有已正式并入 IWXXM 的 WXXM 产品标准最终都将弃用。IWXXM 由 WMO 和 ICAO 共同开发，其只支持这些组织的需求。

4. 机载气象探测

1) AWR(机载气象雷达)

民航飞机仅靠地面气象站的信息难以掌握航路气象动态，而机载气象雷达作为天气雷达的一种扩展，能够近距离探测天气系统，弥补了地面雷达缺乏灵活性和天基雷达距离较远造成的低分辨率、气象信息不足的缺点。

如图 2-41 所示，机载气象雷达能够在飞行过程中实时检测飞行前方的天气状况，并将气象目标的分布和强度等信息反馈给飞行员，有利于选择安全的航线，避免风暴和其他危险天气对航空安全的影响。

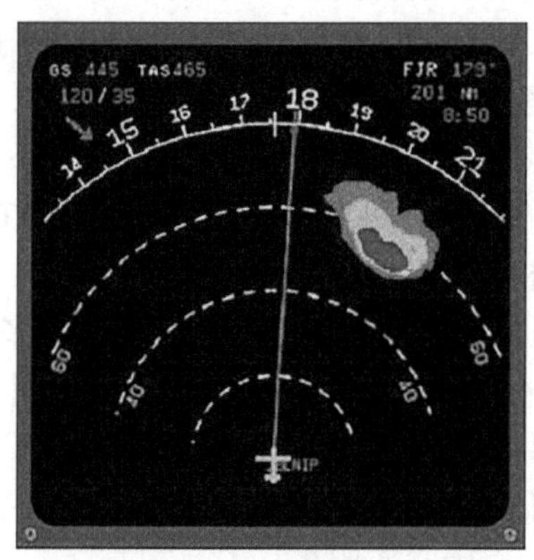

图 2-41 机载气象雷达及其探测信息在 CDTI 上的可视化

2) 机载气象探测网络

为了弥补地面雷达或天基雷达距离远、分辨率低的缺点，可以进一步利用 AWR 的探测信息。通常，在交通高密度空域中会同时存在大量的航班在航行，如果把每个航班的 AWR 看作一个气象探测节点，在高度信息化的新航行系统中很容易将这些航班的AWR 连接成一个动态的机载气象探测网络，如图 2-42 所示。

这个机载气象探测网络获得的动态气象信息要远比地面雷达或天基雷达获得的气象信息分辨率高，且具有很强的实时性，其实用价值也是数值气象预报信息无法比拟的。

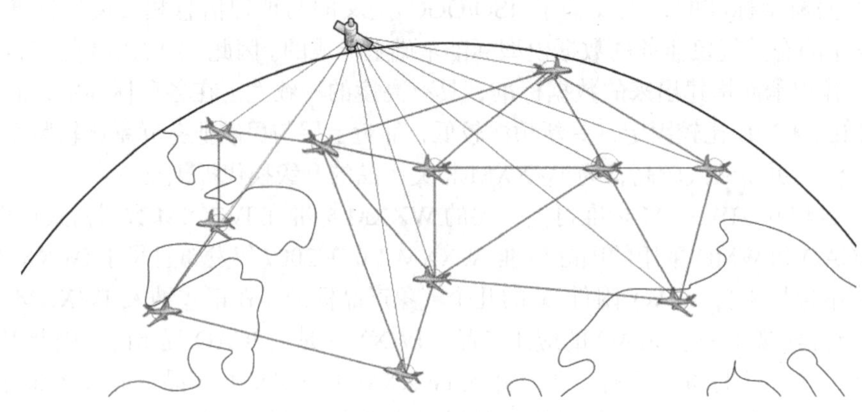

图 2-42　机载气象探测网络示意图

2.6.5　远程空中交通服务

1. 远程空中交通服务的概念

空中交通服务(ATS)是空中交通管制服务(Air Traffic Control Service)、航行情报服务(Flight Information Service)和告警服务(Alerting Service)的总称，是空中交通管理的主要内容，是由空中交通管制员向飞行机组提供的空中交通服务。

远程空中交通服务(RATS)就是利用航行数据通信带来的便利，在空中交通服务异地，远程在线提供的空中交通服务。实际上，区域管制和进近管制本身就是远程提供的服务，本节介绍的是远程机场管制，是新航行技术在机场管制服务领域带来的革命性变化。远程机场空中交通服务的定义为：利用一个位于机场之外的设施向(一个或多个)机场提供的空中交通服务。如果本地塔台能够由单个远程设施替代，该设施就可以向机场提供ATC(空中交通管制服务)或 AFIS(机场航行情报服务)等服务；如果几个机场的本地塔台能够被单个远程设施替代，则该设施就可以向多个机场提供 ATC、AFIS 等服务。远程机场管制塔台还能够向其他大型机场提供应急管制服务。

远程机场管制系统中，通过场面雷达、一/二次雷达、多点定位等提供机场场面及周边运动物体的位置，并通过视频等传感器再现机场塔台窗外运行场景的方式来提供对机场场面的监视，供管制员使用。

远程空中交通服务的具体内容包括以下三个方面的服务。

(1) 为单个机场远程提供空中交通服务。

为单个机场远程提供 ATS 的目的是从一个远程位置向一个机场提供国际民航组织 Doc 4444 号文件、Doc 9426 号文件以及欧洲空中航行安全组织的《机场航行情报服务手册》中规定的 ATS。整个 ATS 分为机场塔台管制服务和机场航行情报服务等两种主要服务。

与区域管制中心/空中交通管制中心的扇区的管制席位类似，每个远程塔台由一个或几个管制员席位组成，管制员将能从该席位执行所有的 ATS 任务。

(2) 为多个机场远程提供空中交通服务。

为多个机场远程提供 ATS 即由单个远程塔台的一个或多个管制员向多个机场提供 ATS。

与单个机场一样，整个ATS分为机场塔台管制服务和机场航行情报服务两种主要服务。

(3) 为应急情形提供远程空中交通服务。

该项服务的目的是为中等或较高密度的机场建立远程的ATC应急备份系统，以便在地震等本地塔台不能使用的情况下，提供远程应急管制服务。

2. 远程机场管制系统的组成及其功能

1) 远程机场管制系统的组成

远程机场管制系统即远程空中交通管理塔台系统，其基本构成如图2-43所示。

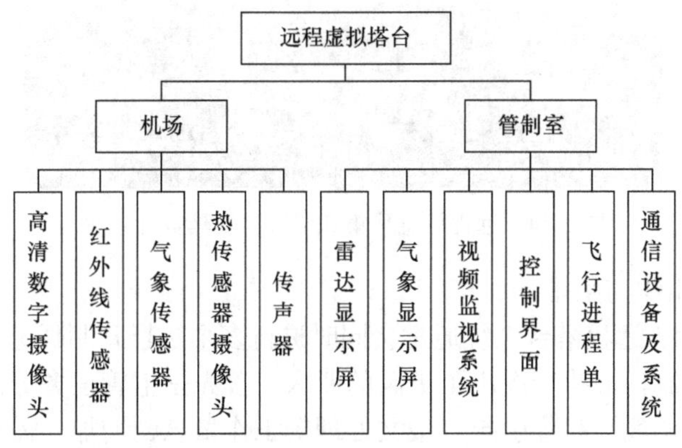

图2-43 远程空中交通管理塔台系统基本构成

如图2-43所示，远程空中交通管理塔台系统总共包括两个部分。其中，一部分为机场部分，主要包括高清数字摄像头、红外线传感器、气象传感器、热传感器摄像头、传声器等设备，主要用于实时采集所管制机场的场面状况、气象数据、音视频等实时信息，并传送到远程的塔台管制中心。另一部分为管制室部分，包括雷达显示屏、气象显示屏、视频监视系统、控制界面、飞行进程单、通信设备及系统等，可以将多个机场采集的各类信息实时显示到管制员终端的屏幕上，进而可以为机场提供包括进近引导、场面监视等全面的机场管制服务。机场与管制室之间通过ATN进行信息通信。由于不需要新建或少建塔台等机场空管工程，因此远程空中交通管理塔台系统具有明显的低成本和便捷性。

远程塔台既可用于无人值守、开放时间有限和流量较小的机场，也可作为枢纽机场的应急备份设备。

2) 远程机场管制系统的功能

(1) 远程信息采集和传输。

如图2-44所示，清晰、可靠的远程机场信息是远程机场管制的基础。空管系统对于管制信息具有极高的安全性要求，远程塔台需要全面、完整、及时和准确地采集和传输相关信息，主要包括地空语音数据通信信息、场面运行信息、电子行程单信息、机场周边空域信息、签派放行信息、ATIS信息、气象信息、机场助航设备信息、一/二次雷达监视信息、ADS-B监视信息等。在信息采集方面，应确保采用具有高可靠性、冗余配置的音视频采集和接入技术，确保音频信息清晰无歧义、视频信息覆盖完整、图像清晰、能够进行关键部位区域解析和放大，从而实现高可靠性信息获取，保证系统运行的安全性；

在信息传输方面，为确保信息传输的实时性和有效性，应采用成熟的空管信息专用网络，实现航行情报、电子进程单等关键信息的实时传输，并实现对于高数据带宽的视频信息的传输，具备足够的信息安全保障能力和网络拥塞控制能力，同时应基于同一协议和数据标准，并与原有空管行业数据标准相统一，从而能够继承原有的信息处理流程、设备和方法。

图 2-44　远程信息采集和传输需要具备可靠性

(2) 管制任务组织与编排。

如图 2-45 所示，远程塔台系统通常会同时进行多个机场管制任务的集中处理，这对远程集中塔台的管制任务执行提出了更高的要求。首先是空管任务分割，由于集中塔台场面监视、进离场调度、起降引导、报文处理等工作量急剧增加，需进行管制和监视的扇区数目显著增加，因此需要对原有管制流程进行有针对性的任务分割，对塔台职责分工、处理规程和席位划分重新进行设计，从而最大限度地提升管制效率，确保飞行安全。其次是 CDM(协同决策)调度，远程空管部门应积极与机场运控、安保、签派及航空公司等部门协同配合，以提升容量、保障安全，进一步实现所辖机场协同运行。

图 2-45　更复杂的管制任务组织与编排

(3) 高可信的空管信息呈现。

鉴于远程塔台系统中管制员已无法直接目视查看所辖机场的进近情况和场面情况(图 2-46)，因此需采用先进的综合视景技术提供真实、完整的空管态势信息显示，通过采用虚拟现实、视频拼接、视频增强、数字孪生等技术，实时呈现实际运行环境，帮助管制员准确地掌握航空器的航行信息、运行状态，方便管制员与其他管制席位之间进行协调和移交。

图2-46 高可信的空管信息呈现

远程塔台技术有效降低了小机场的建设和运行成本，提高了管制人力资源效率，堪称空中交通管理领域的一次革命。远程塔台技术也已经从最初应用于对盲区的补充监视、偏远小机场的应用，发展到现在的大型机场虚拟塔台、智能塔台，未来有望取代现有传统塔台项目建设，大大降低机场管制设施建设成本，给管制运行模式带来重大变革。随着该技术的不断推广和应用，航空界已经不满足于空管塔台的简单异地指挥，而是与民航 CDM 等新型技术进行有效结合，有针对性地根据各个国家和区域的实际情况，探索远程空管塔台技术在民航多机场协同放行、军民用机场统一管理、民航通航机场一体化运行等前沿领域中的应用，从而更好地发挥这一技术的优势。

本章小结

本章参照新航行系统在通信领域的主要特征，首先介绍了新航行系统中通信系统的三种地空通信数据链路的组成及其工作原理，以及由这三种地空通信数据链路和地面通信网络共同构成的航空电信网，具备地空通信能力是未来航空电信网的主要特征；其次介绍了未来航空信息共享与管理的广域信息管理平台，以及在该平台上协作环境下的飞行和流量、数字化航行情报、高级气象信息管理等信息的共享与管理，信息共享是未来航空通信的主要特征；最后介绍了在高度信息化基础上产生的远程空中交通服务。

思考题

1. 简述卫星通信系统的组成及原理。
2. 简述甚高频和高频数据链的特点。
3. 简述 SSR S 模式与 A/C 模式的差别。
4. 简述航空电信网的构成。
5. 广域信息管理的信息交换模型和核心服务职能有哪些？
6. 协作环境下的飞行和流量信息的参与方有哪些？都用于哪些空中交通管理服务？
7. 简述数字化航向情报管理与传统航行情报服务的差别。
8. 远程空中交通服务系统能提供哪些服务？

第 3 章　导　　航

3.1　引　　言

导航是引导航行的意思，也就是引导飞机等载运工具按照预定的要求进行航行的过程。CNS/ATM 系统中的导航系统是通过引入星基导航系统来提供全球精确、可靠和无隙的定位服务。

在 20 世纪末，ICAO 在 CNS/ATM(新航行系统)的导航领域给出的主要特征是：

(1) 根据 RNP(所需导航性能)的规定，逐步推行 RNAV(区域导航)能力。

(2) GNSS(全球导航卫星系统)将提供全球范围的覆盖，并用于对飞机的精密进近的引导。

(3) MLS(微波着陆系统)将在精密进近和着陆引导方面代替 ILS(仪表着陆系统)。

(4) NDB(无方向性信标)和 VOR/DME(甚高频全向信标及测距仪)将逐步取消。

由 GNSS 星基导航替代现有的陆基导航系统是新航行系统在导航领域最主要的变化，在摆脱了陆基导航台束缚的基础上，逐渐产生了 FRTO(自由航路运行)的思想，提高了空域的使用效率；值得注意的是，在机场终端区，MLS 只是民航发达国家在 CNS/ATM 建成之前这个过渡过程的一种导航手段，未来 APTA(机场可接入性)设计将结合 GLS(卫星着陆系统)为航空器提供精密进近引导；而随着航空通信技术，特别是 SWIM(广域信息管理系统)技术的广泛应用，民航相关部门可以通过 FF-ICE(协作环境下的飞行与流量信息)共享航班信息，使得 TBO(基于航迹运行)的精确导航成为未来主要的运行模式，基于 TBO 思想的 CDO/CCO(连续下降运行和连续爬升运行)等新概念和新技术可以减少飞行冲突数量，是对传统导航技术的一次革命性变化，将极大地提高空域的使用效率、为航行提供更多的空域容量、减少燃油消耗和污染物排放，并为航空安全和可持续发展创造了条件。

3.2　全球导航卫星系统

3.2.1　全球导航卫星系统星座

GNSS 是 ICAO 对全球范围内的卫星导航系统的统称。在导航卫星方面，目前仅有美国的 GPS(全球定位系统)、俄罗斯的 GLONASS(全球轨道导航卫星系统)和我国的 BDS(北斗卫星导航系统，简称北斗系统)能够提供或者曾经提供过全球服务。欧洲的 Galileo(伽利略导航卫星系统)也是被联合国卫星导航委员会认定的全球卫星导航系统四大核心运营商之一，但是截至目前，Galileo 尚不能提供全球范围的卫星导航服务。我国的 BDS 具备后发优势，在性能上全面超过已有的其他卫星导航系统。

1. GPS 与 GLONASS 星座

1) GPS 星座

为了弥补 NNSS(Navy Navigation Satellite System，海军卫星导航系统)的缺陷，1973 年，美国国防部组织建立了新一代卫星导航系统，即 GPS(Global Positioning System，全球定位系统)。GPS 采用多星、高轨、测时、测距体制，具有全球覆盖、全天候、高精度、抗干扰能力强等优点，实现了三维实时导航、定位，GPS 利用先发优势已在全球范围内得到了广泛的应用。

GPS 卫星网包括 24 个卫星位置，分布在 6 个轨道平面上，每一轨道平面上有 4 颗卫星；轨道高度为 20200km，运行周期为 11h 58min；轨道倾角为 55°；两个轨道在经度上相隔 60°，如图 3-1 所示。

卫星以 1575.42MHz 和 1227.60MHz 两种载波频率发射用 C/A 码(粗码)和 P 码(精码)两种伪随机码调制的导航信号。该信号包含卫星星历、卫星时钟修正参数、电离层校正参数等导航信息，为用户提供标准和精密定位服务。

2) GLONASS 星座

GLONASS(Global Orbiting Navigation Satellite System，全球轨道导航卫星系统)是苏联从 20 世纪 80 年代初开始建设的与美国 GPS 相类似的卫星定位系统，也由卫星星座、地面监测控制站和用户设备三部分组成。现在 GLONASS 由俄罗斯航天国家集团公司管理。

GLONASS 的卫星星座由 24 颗卫星组成，均匀分布在 3 个近圆形的轨道平面上，每个轨道平面 8 颗卫星；轨道高度为 19100km，运行周期为 11h15min；轨道倾角为 64.8°；两个轨道在经度上相隔 120°，详见图 3-2。

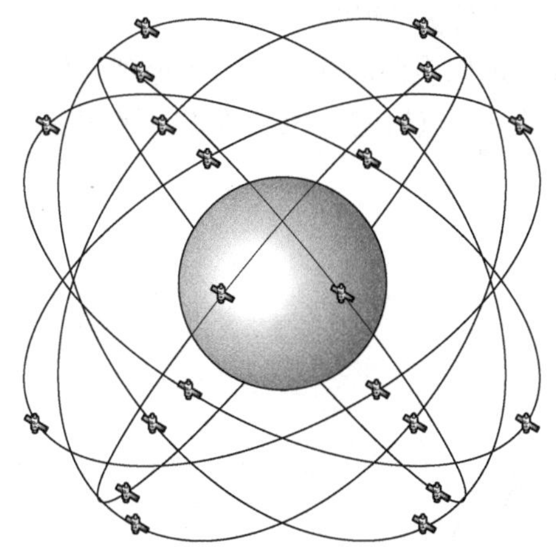

图 3-1　GPS 星座图

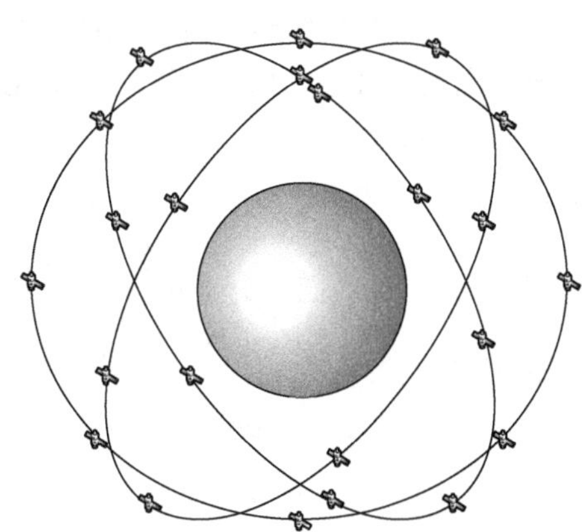

图 3-2　GLONASS 星座图

每颗 GLONASS 卫星播发的两种载波的频率分别为 $L_1 = 1602 + 0.5625k$(MHz)和 $L_2 = 1246 + 0.4375k$(MHz)，其中 $k = 1$～24 为每颗卫星的频率编号。

GLONASS 卫星的载波上也调制了两种伪随机噪声码：S 码和 P 码。俄罗斯对 GLONASS 采用了军民合用、不加密的开放政策。GLONASS 单点定位精度水平方向为

16m，垂直方向为 25m。

GLONASS 的主要用途是导航定位，当然与 GPS 一样，也可以广泛应用于各种等级和种类的测量应用、GIS 应用等。

2. BDS 星座

我国的 BDS(北斗卫星导航系统)由三种不同轨道的卫星组成，包括 24 颗 MEO(中圆地球轨道)卫星、3 颗 IGSO(倾斜地球同步轨道)卫星和 3 颗 GEO(地球静止轨道)卫星，BDS 星座如图 3-3 所示。

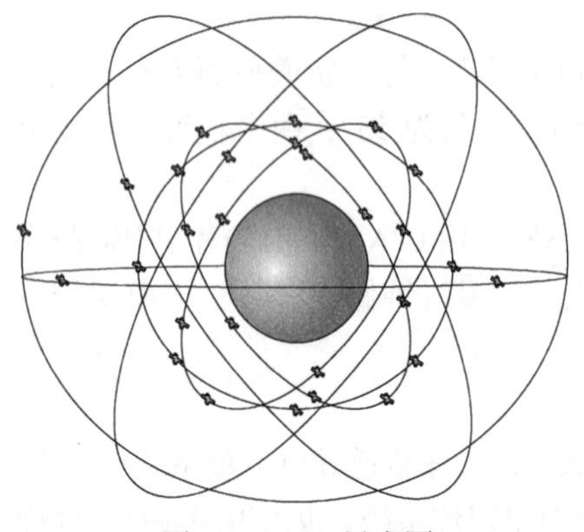

图 3-3　BDS 星座图

24 颗 MEO 卫星均匀分布在 3 个轨道平面上，每个轨道平面上 8 颗卫星；轨道高度为 21500km；轨道倾角为 55°；两个轨道在经度上相差 120°。IGSO 卫星与 GEO 卫星的轨道高度同为 35786km；IGSO 几乎与 MEO 的三个轨道平面重合，只是 IGSO 卫星轨道更高，每个轨道只有一颗卫星。IGSO 卫星的轨道倾角为 55°，每颗卫星轨道之间在经度上相位差 120°。BDS 于 2018 年提前开放了全球定位功能，于 2020 年 7 月 31 日完整开通。

IGSO 与 GEO 同属同步轨道，轨道高度相同，只是 GEO 与赤道夹角为 0°，而 IGSO 与赤道有夹角，北斗 IGSO 的轨道平面与赤道面的夹角为 55°。此轨道为静止轨道的延伸补充，最关键的是解决了高纬度(尤其南北极地区)低仰角的问题。低仰角下的卫星信号受到大气延迟、多路径效应和观测噪声的严重影响，从而导致产生较大的误差。

星下点是卫星的瞬时位置和地球中心的连线与地球表面的交点，由于地球自转和卫星在轨道绕地球公转，相对位置时刻变化，形成了星下点轨迹。GEO 的星下点轨迹为 1 个点，如图 3-4 所示。

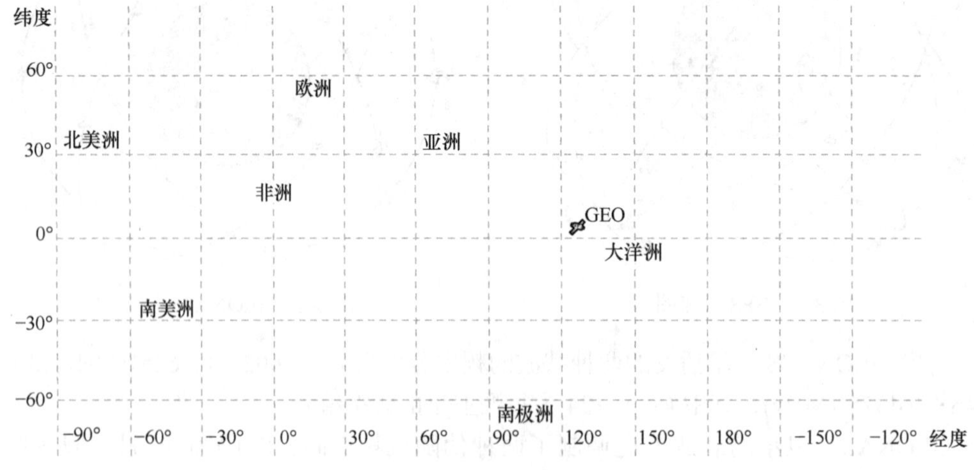

图 3-4　GEO 的星下点轨迹示意图

IGSO 的星下点轨迹为 8 字形的封闭曲线，如图 3-5 所示。

MEO 的星下点轨迹类似于两个周期的正弦波，如图 3-6 所示。这种混合星座使得在世界任何地方都可以看到 6～8 颗卫星，确保卫星导航定位可以顺利实施并留有余量。

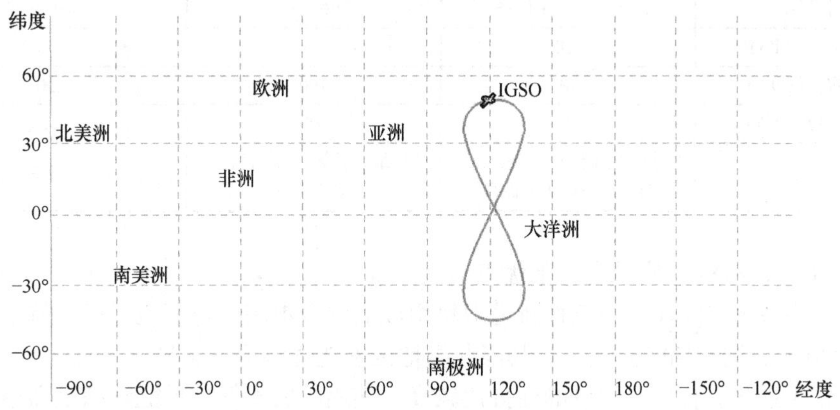

图 3-5 IGSO 的星下点轨迹示意图

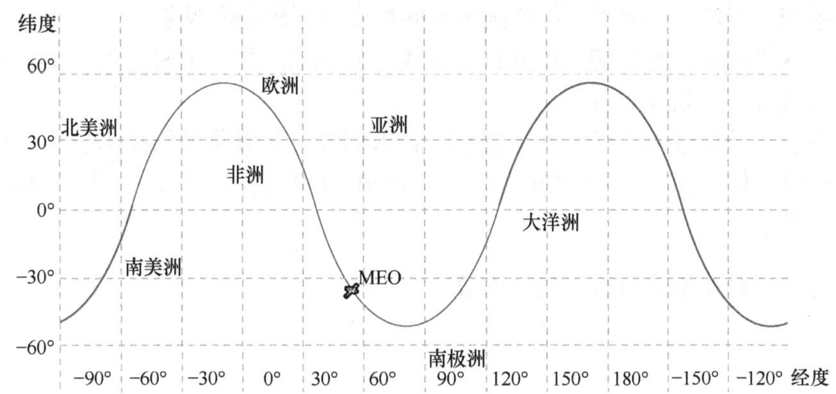

图 3-6 MEO 的星下点轨迹示意图

表 3-1 是 BDS 与 GPS、GLONASS 星座主要参数的对比表，从表中可以看出 BDS 在导航定位和通信性能方面全面优于其他两个星座。

表 3-1 各星座参数比较表

星座名称	BDS	GPS	GLONASS
星座卫星数	30	24	24
轨道平面个数	7	6	3
轨道高度/km	21500	20200	19100
运行周期	12h 55min	11h 58min	11h 15min
轨道倾角/(°)	55	55	64.8
载波频率/MHz	B_1:1575.42 B_2:1176.45 B_3:1268.52	L_1:1575.42 L_2:1227.60	L_1:1602.5625～1615.50 L_2:1246.4375～1256.50
传输方式	码分多址	码分多址	频分多址
调制方式	QPSK+BOC	QPSK+BOC	BPSK

续表

星座名称	BDS	GPS	GLONASS
时间系统	BDT(北斗时)	UTC	UTC
坐标系统	BDCS(北斗坐标系)	WGS-84	SGS-E90
数据速率/(bit/s)	50500	50	50
民用定位精度/m	10	100	30
军用定位精度/m	1	10	≤10
特点	支持双向定位和通信功能；自主研发，可靠性高	架构最为成熟，用户广泛；覆盖率高	抗干扰能力强

综上所述，BDS 星座具有以下优点：

(1) 北斗系统空间段采用三种轨道卫星组成的混合星座，与其他卫星导航系统相比，高轨卫星更多、抗遮挡能力强，尤其南北极地区性能优势更为明显。

(2) 北斗系统混合星座建设的性价比较高，使用的成本低，且能够满足高精度要求。

(3) 北斗系统创新融合了导航与通信能力，使其成为覆盖面最大的星基导航增强系统，具有系统级广域差分能力，能够满足不同精度的导航定位服务。

此外，这种额外的通信能力使其具备了授时、地基增强、精密单点定位、短报文通信和国际搜救等多种服务能力。

采用混合星座还带来了以下一点便利，让人们绕过发展阶段的技术瓶颈，充分利用现有技术条件，使系统在第一阶段(本土覆盖)和第二阶段(服务“一带一路”共建国家)均具有较高的性能。

3.2.2　全球卫星导航系统的组成及工作原理

1. GNSS 组成

GNSS 由空间、地面、用户三部分组成，参见图 3-7。

空间部分即空中卫星群。以 BDS 为例，空中卫星群包括地球静止轨道(GEO)卫星、中圆地球轨道(MEO)卫星、倾斜地球同步轨道(IGSO)卫星，共 30 颗卫星组成。卫星发射导航信息，供用户接收机解算定位。

地面部分由主控站、注入站、监测站组成。主控站从监测站接收数据并进行处理，生成卫星导航电文和差分完好性信息，而后交由注入站进行信息的发送。主控站用于 GNSS 运行管理与控制。注入站用于向卫星发送信号，对卫星进行控制管理，在接收主控站的调度后，向卫星发送卫星导航电文和差分完好性信息。监测站用于接收卫星的信号，并发送给主控站，可实现对卫星的检测，以确定卫星轨道，并为时间同步提供观测资料。

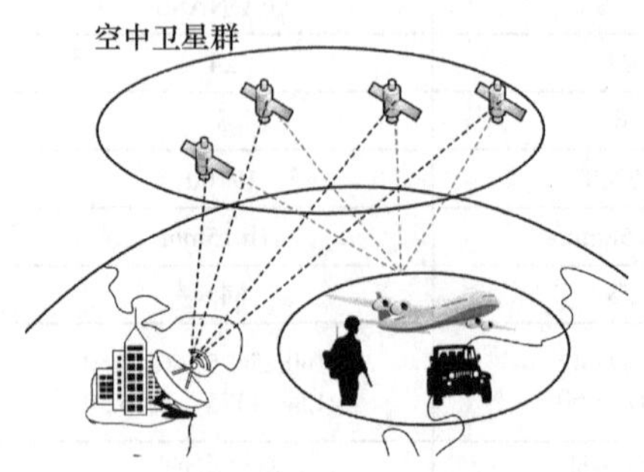

图 3-7　GNSS 组成

用户部分即用户的接收机。接收机需要捕获并跟踪卫星的导航信息，根据接收到的信息数据按一定的方式进行解算定位，最终得到用户的经纬度、高度、速度、时间等信息。

1) 空中卫星群

我国的 BDS 由三种不同轨道的卫星组成，包括 24 颗 MEO 卫星、3 颗 IGSO 卫星和 3 颗 GEO 卫星。它们接收地面站发送来的卫星星历(轨道)信息、时间修正参数等，进行处理后，以 1575.42MHz、1268.52MHz、1176.45MHz 三种载波频率，发射经调制的导航信号。

BDS 星座三种轨道卫星在 2021 年在全球范围内的完整星下点轨迹如图 3-8 所示。这种混合星座使得在世界任何地方都可以看到 6～8 颗卫星，确保卫星导航定位可以顺利实施并留有余量。

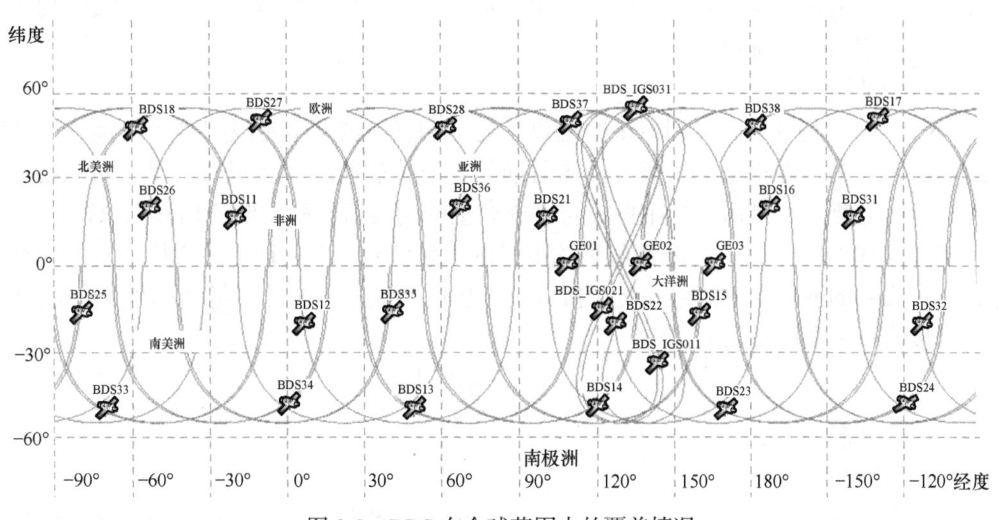

图 3-8　BDS 在全球范围内的覆盖情况

2) 地面支持部分

GNSS 的地面支持部分如图 3-9 所示。监测站收集卫星及当地气象资料送给主控站。主控站根据这些资料计算卫星轨道等导航信息，然后由注入站发向卫星，以便卫星向用户设备转发导航信息。

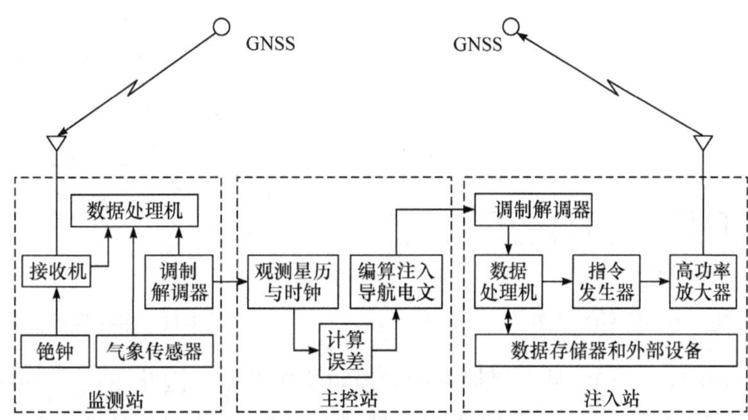

图 3-9　GNSS 地面支持部分功能图

3) 用户接收机

用户接收机的主要功能是接收卫星发射的导航信息，利用本机产生的伪码取得距离观测量和导航电文，并根据导航电文提供的卫星位置和时钟误差信息解算接收机的位置。

用户接收机是飞机自主导航定位的主要载体，导航定位的解算基本上都发生在用户接收机之中。

2. GNSS 定位原理

用于 GNSS 定位的基本观测量主要有三种：伪距、载波相位和多普勒频移。目前用得较多的是前两种。伪距测量主要用于导航定位，而在精密测地定位中则用载波相位测量。这里介绍伪距导航定位。

1) 距离测量

GNSS 中，测量接收机到卫星的距离是通过测量电波从卫星发射到用户接收机的时间间隔来确定的，即根据卫星信号传播时间与电波传播速度的乘积来求得，而卫星信号传播时间通过测量卫星信号与用户接收机内产生的同类信号所需要的相移来求得。

如图 3-10 所示，上一行是接收到的卫星的导航信号，下一行是接收机产生的同类信号，由接收到的卫星导航信号相对于接收机产生的导航信号的延迟量 Δt 就可得到卫星 i 与用户接收机之间的距离 r_i。

$$r_i = C\Delta t \tag{3-1}$$

式中，C 为光速。

2) 多星定位原理

如图 3-11 所示，若(x_i, y_i, z_i)是卫星 i 在 t 时刻地心坐标系中的坐标，(x, y, z)是用户接收机在地心坐标系中的坐标，则卫星 i 与用户接收机之间的距离 r_i 为

$$r_i = \left[(x_i - x)^2 + (y_i - y)^2 + (z_i - z)^2\right]^{1/2} \tag{3-2}$$

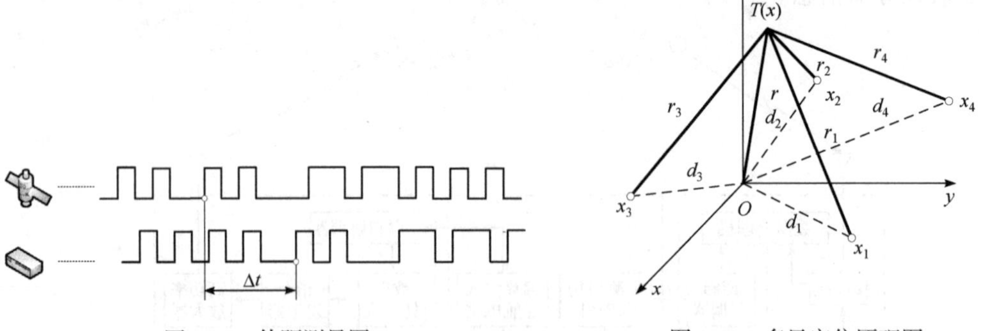

图 3-10　伪距测量图　　图 3-11　多星定位原理图

卫星 i 的坐标(x_i, y_i, z_i)可从卫星播发的导航电文中获得，因此在式(3-2)中只有 3 个未知量，即接收机的坐标(x, y, z)。若能在同一时刻 t 观测 3 颗卫星发播的信号，测定用户接

收机至 3 颗卫星的距离 r_i，则可组成 3 个方程式，将这 3 个方程联立求解，便可解出用户接收机的坐标，从而确定用户接收机的位置，但是，由于式(3-2)中存在平方项，会同时得到两个解，为了排除其中的一个不合理解，通常还需要第四颗卫星的参与。因此，需要用户接收机同时对 4 颗卫星进行观测，这样才能求解出用户接收机真实坐标(x,y,z)的位置。

式(3-2)是在一种理想情况下得出的，即假设接收机的时钟与卫星时钟严格同步，同时各个卫星的时钟也严格同步，这就是导航卫星均采用精确原子钟的原因，并且 GNSS 都具有授时功能，让接收机的时钟与卫星时钟保持同步。

3.2.3 卫星导航增强

1. GNSS 导航增强技术的概念

目前，卫星导航系统已经在测绘、道路和航空交通等领域得到广泛应用，但由于 GNSS 本身的缺陷或局限性，在飞机精密进近等许多领域，卫星导航系统在导航精度、系统的可靠性等方面尚无法满足实际需求。GNSS 导航增强技术是指用于提升卫星导航系统服务能力的技术，这些服务能力包括信号定位精度、完好性、可用性和连续性等。按增强系统所在位置分为 ABAS(机载增强系统)、GBAS(地基增强系统)和 SBAS(星基增强系统)三种。其中，增强定位精度的差分技术在 GNSS 导航增强中具有十分重要的地位和意义，根据增强系统的作用范围又分为 LAAS(局域增强系统)和 WAAS(广域增强系统)。

2. ABAS

一种机载增强系统称为 RAIM(接收机自治完好性监控)系统。如果视界内有多于 4 颗卫星，存在导航卫星数量上的冗余，就能使用 RAIM。例如，当视界内有 5 颗卫星时，可以计算出 5 个独立的接收机定位位置。如果这 5 个接收机定位位置不一致，那么就能推断出至少有一颗卫星正在给出错误的星历信息；若其中 4 个接收机定位位置一致，那么可以判定另外一个不一致的接收机定位位置数据是正确的定位数据。如果视界内有 6 颗甚至更多的卫星，就能计算出更多的独立定位，那么接收机就可以从定位计算中判别失效卫星并排除它。这种利用冗余导航卫星排除非完好卫星以确保星基导航正常工作的增强系统就是 RAIM 系统。RAIM 功能安装在机载系统中，飞机就可以不依赖其他设备排除非完好导航卫星的影响，确保可以利用星基导航设备独立、正常工作。

另外一种机载增强系统称为 AAIM(飞机自治完好性监控)系统。例如，在飞机做转弯等机动飞行时，飞机机体会暂时出现一个较大的滚转角，导致安装在飞机顶端的导航卫星信息接收天线被机体部分遮挡，在短时间内或在卫星天线的视界内，卫星数量少于 4 颗、无法满足星基定位的条件要求。此时，FMS(飞行管理系统)可以利用 GNSS/INS 组合导航，即利用 INS(惯性导航系统)临时替代 GNSS 进行飞机自身位置的解算。用于改善飞机自身导航功能的其他增强技术还包括更精确的时间同步信息、采用滤波技术或与高度表等其他传感器进行组合导航等。这种利用机载设备中其他导航信息弥补星基定位不足的增强系统就是 AAIM 系统。

3. GBAS

GNSS 的标准定位服务一般会有几十米的定位精度误差，但如果采取差分技术可得到米级(甚至毫米级)的定位精度。差分技术是在已知精确位置的差分台处用 GNSS 接收机接收卫星信号，通过与差分台的精确位置进行比较获得 GNSS 的定位误差，并将该误差值等数据播发出去。用户利用接收到的定位误差信息，对 GNSS 接收机的观测值进行校正。

GBAS 地面站包括四对参考接收机天线、GBAS 地面处理站、VHF 数据广播设备和天线等，如图 3-12 所示。

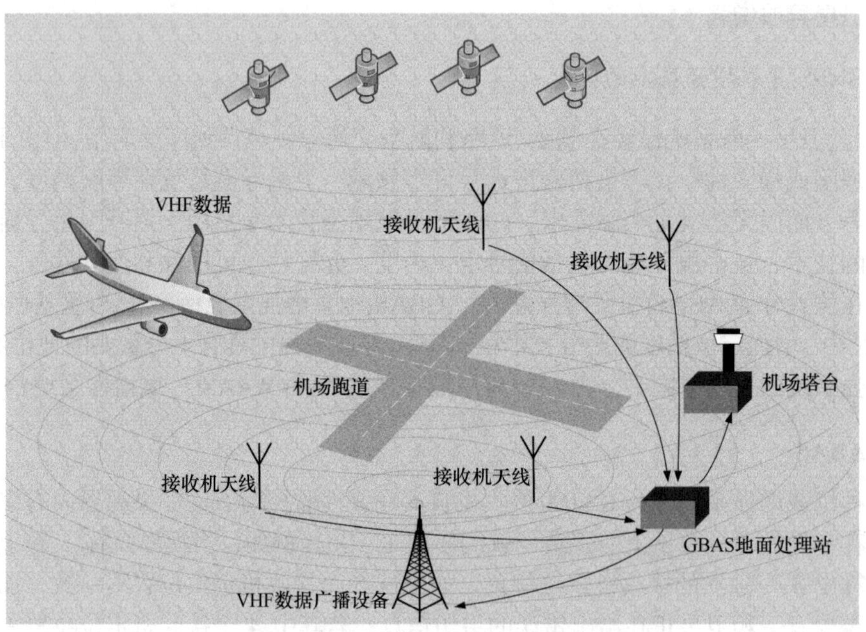

图 3-12　GBAS 组成及工作原理示意图

地面数据处理设备通过综合来自每个参考接收机的测量值产生卫星导航数据的差分校正值；同时，通过实时监测导航信号本身或者是地面站的异常，形成卫星导航系统和本站自身的完好性信息；然后把 GNSS 定位校正数据、完好性信息和其他导航需要的数据，通过 VDB(VHF 数据链)播发给机载设备。机载设备利用 MMR(多模式接收机)接收这些数据，实现 GNSS 导航精度和完好性增强，为航班提供精密导航。

由于机载用户和 GBAS 地面站的距离很近(小于 20n mile)，它们之间的误差有很强的相关性，所以 GBAS 的差分台一般是设在希望作精密进近飞行的机场或其周边，这种地基增强系统也常称作 LAAS。

4. SBAS

使用地基增强系统提供所有飞行阶段的覆盖是不实际的，一种可以解决大面积增强覆盖的方法是利用卫星发射增强信息，称为 SBAS(星基增强系统)。通常是通过 GEO 卫星搭载导航卫星增强信号转发器，向用户播发星历误差、卫星时钟、电离层延迟等多种修正信息，实现对原有卫星导航系统定位精度的增强，从而提高卫星导航的可用性、准确性和完整性。

SBAS 也包括监测卫星信号的地面差分台网络、地面数据处理设备收集和处理各差分台的校正信息，并向 GEO 卫星上行发送这些校正信息；卫星上的转发器广播这些 SBAS 校正信息。GEO 卫星提供额外的星历测距信号、差分校正信息和导航卫星的完好性信息。SBAS 相较于单独使用 ABAS 的核心卫星星座，其服务有效性得以提升。SBAS 可以通过支持垂直引导的进近(APV)而支持精密进近导引。

目前，欧洲的 EGNOS(地球同步导航覆盖服务)、印度的 GAGAN(GPS 辅助静地轨道增强导航)、日本的 MSAS(多功能卫星增强系统)和美国的 WAAS 四个 SBAS 正在开发中，而我国的 BDS(北斗卫星导航系统)在设计之初就规划了 GEO 卫星和短报文通信功能，已经将 SBAS 设计在 BDS 之中，这使得 BDS 与其他 GNSS 相比具有更高的导航精度。

3.3 自由航路运行

由于目前的机载设备尚不足以保障空中交通的安全，空中交通管制员不可或缺。为了方便指挥航班、避免飞行冲突发生，管制员一直借助于路基导航台为航班提供 ATC 服务，航班也只能沿着导航台(或报告点)之间的连线形成的航路飞行，航路之外的空域资源始终无法得到充分利用，严重阻碍了航空运输业的发展。摆脱路基导航台的束缚，让航班自由飞行一直是航空从业人员的一种梦想，本节着重介绍航空业追求自由飞行的研究与进展。

3.3.1 所需导航性能

1. 空中交通间隔

空中交通管制员通过控制飞机间保持足够的间隔，以避免飞行冲突，保障空中交通安全。通常间隔又分为垂直间隔和水平间隔，水平间隔又可分为纵向间隔和侧向间隔。

垂直间隔是一种在高度空间上的间隔，在空域的最低安全飞行高度以上通常划分若干个飞行高度层，通过高度层之间的高度差来间隔飞机，保证飞机的飞行安全。垂直间隔通常被认为是最有效、最安全的一种间隔，在目前雷达管制中仍被广泛使用。

纵向间隔在程序管制中多用时间间隔，而在雷达管制中多用空间间隔，通常用于间隔在同一高度层、同一航迹上的飞机。

侧向间隔也是一种空间间隔，是用于同一高度层、同一航迹上超越和对头穿越时，飞机之间应当保持的侧向距离。

间隔的作用是保证空中交通系统的安全水平，这就需要确定一个间隔的下限值，即满足最低安全水平要求的间隔值，称为最小间隔标准。飞机在正常运行条件下的间隔不得小于最小间隔标准。

既然间隔标准在空中交通安全保障体系中的地位如此重要，间隔标准的制定工作就显得格外重要。间隔标准的制定受到多方面因素的影响，主要包括以下几种。

(1) 位置偏差：包括陆基与机载观测设备的测量误差和设备仪表的显示误差。

(2) 估计误差：在非观测时间或观测失败时，设备估算或推测的计算偏差。

(3) 操作误差：飞行中，由于气象因素和驾驶操纵与驾驶员反应灵敏度差异产生的与飞行计划之间的偏差。

(4) 通信延迟：通信系统的延迟导致的飞机位置偏差。

(5) 时钟误差：由陆基空中交通管制系统与机载设备所使用的时钟不一致所引起的系统误差。

(6) 人为误差：由飞行员和管制员精神与身体状态、经验等差异引入的操作误差。

(7) 缓冲区：为了包容由于大气运动、飞机尺寸等因素引起的误差而增加的附加距离余量。

中国民用航空局规定的飞行安全水平是飞机相撞的概率为 10^{-6} 级别，即每一百万次飞行中发生的飞行冲突不多于一次。在此安全水平要求的前提下，综合上述因素方能确定出最小安全间隔标准。

2. 所需导航性能的概念

所需导航性能(RNP)是对进入指定空域飞行的飞机所需具备的导航性能的要求。

1) RNP 的定义

所需导航性能是指飞机在一个确定的航路或空域内运行时，所需的导航性能精度，即在一个指定的概率(我国是 95%)上保持的最大偏差值，对应为在空域中运行的机群至少95%飞行时间内期望达到的导航性能精度值。

导航性能精度是基于导航传感器误差、机载接收机误差、显示误差和飞行技术误差等误差组合作用下的总导航精度。

不同的 RNP-x 值对应着不同的航路宽度，如图 3-13 所示，其中 x 即按照指定概率(我国是 95%)保持的最大偏差值。RNP-x 航路的宽度为 $4(x+1)$n mile，其中 1n mile 为流出的余量，两侧的 xn mile 是保护区的宽度。

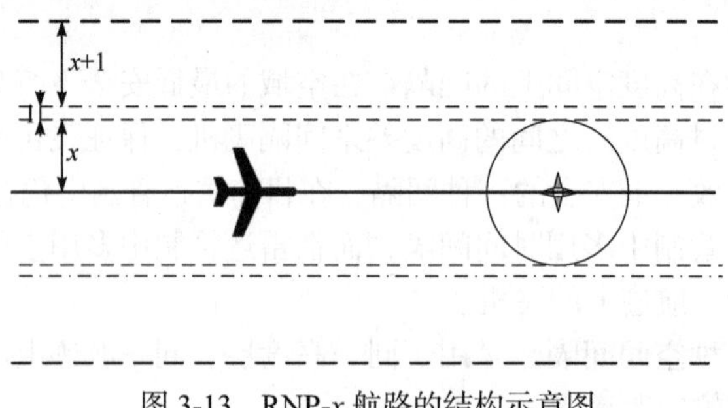

图 3-13　RNP-x 航路的结构示意图

目前已经定义了 4 种航路 RNP 类型，对应的所需导航性能精度和其他性能参数的要求参见表 3-2。

表 3-2　RNP 类型对导航性能参数的要求

导航性能参数	RNP1	RNP4	RNP12.6	RNP20
系统使用精度/n mile(km)	±1 (±1.85)	±4 (±7.4)	±12.6 (±23.31)	±20 (±37)
可用性	接近 100%			
完善性(报警时间)/s	10	30	120	
覆盖(接近 100%)	管制空域内		所飞航路内	
定位速率/(次/s)	10	10	10	
定位维度	两维			
容量	无限			
模糊度	无		可由运行者解决	
恢复导航时间/s	5	5	10	无
认为可操作性	驾驶员可遵循管制员指令操纵飞机			

RNP1 所需导航性能精度为±1.85km(±1n mile)，它支持高效率的 ATS 航路运行，需能提供最精密的位置信息，并通过利用 RNAV，允许采用随机航路和改变航路，对系统需要的实时响应上具有最大灵活性。此类型也支持高效率的机场与 ATS 航路之间的进近飞行、飞行程序和空域管理，应用于大陆空域。

RNP4 所需导航性能精度为±7.4km(±4n mile)，它支持离导航台有限距离(100n mile 以内)设计的 ATS 航路和空域，应用于大陆空域。

RNP12.6 所需导航性能精度为±23.31km(±12.6n mile)，它支持低等级导航设施的区域内优化航路，也应用于海洋空域。

RNP20 所需导航性能精度为±37km(±20n mile)，为支持可接受的 ATS 航路运行的最低能力，这种最低等级性能希望在任何时间内符合任何管制空域内的任何飞机，一般可用于海洋空域。除例外情况，能力差于 RNP20 的空域运行或程序都是不准许的。

上述 RNP 类型规定了一个空域中的最低导航性能的精度要求。显然，一架飞机的导航性能若低于 RNP 类型所规定的精度，则它将被排斥在规定的空域之外。如果一架适当装备的飞机，具有比 RNP 类型规定的导航性能等级更为精确的等级，那么它可以在此空域中飞行(例如，批准为 RNP1 类型的飞机可以在 RNP4 类型空域中飞行)。

在许多机场附近的运行空域需要高于 RNP1 的类型，例如，RNP0.1～RNP0.3 可用于进近阶段、终端区飞行。

2) RNP 对飞机装备和机组的要求

在实际中，RNP 类型对飞机提出了要求。RNP 概念是基于空域中机群期望的导航性能精度的，这就要求个别的飞机、飞机制造厂商和飞机运行者(航空公司)要使其飞机拥有规定 RNP 类型空域中所需的导航性能。在不同 RNP 类型的空域中，对飞机导航装备及其性能的要求不同。当飞机相应的导航性能精度与其符合时，便可获得在该空域运行的许可。要求飞机在 95%的飞行时间内，机载导航系统应使飞机保持在空域航路限定的宽度内飞行。

现代飞机上的飞行管理系统(FMS)是一种组合系统，它包括各种机载传感器、接收机和具有为飞机导航数据库、性能数据库提供优化飞行的计算机，可以实现侧向导航、垂直导航、燃油管理、航路计划等的咨询和控制功能，这些系统也称为导航管理系统。具有相应导航传感器(如 GNSS)的 FMS 设备将由国家民航当局批准其用于规定的 RNP 类型空域。

总之，飞机的导航性能和功能应符合 RNP 类型的要求，一架飞机要改变其 RNP 类型，也应做相应的技术评估。当然，机组的驾驶水平也是飞机导航性能的一部分，非自动驾驶的情况下也需要保持在指定的 RNP 偏差范围之内。

在新航行系统环境下，实时通信监视能力可以对飞行活动连续监控，飞机机载导航精度提高，也使飞行总系统误差减小，利用 RNP 概念进行平行航路和直飞航路的设计，还利用 RNP 概念减小航路间隔和优化航路间隔，这些都能够有效地提高空域利用率和容量。

3.3.2 区域导航

1. 区域导航的定义

按照国际民航组织的定义，区域导航(RNAV)是一种导航方法，允许飞机在台基导航设备的基准台覆盖范围内或自主导航设备能力限度内，或两者配合按任何希望的飞行路径飞行。

在这一概念中，台基导航设备是指陆基无线电导航系统和星基导航系统。陆基无线电导航系统，如甚高频全向信标(VOR)、测距仪(DME)等；星基导航系统，如 BDS、GPS、GLONASS 等。其导航系统的工作依靠导航台发射无线电信号，对应的机载导航设备需接收处理台基设备发射的无线电信号。自主导航设备指单独依靠机载导航系统的工作就能完成导航任务，而不依靠其他任何外部的导航设备，典型的自主导航设备即惯性导航系统和惯性参考系统(INS/IRS)。现阶段，可以实施区域导航的导航系统包括 VOR/DME、DME/DME、GNSS、INS/IRS 等。随着新航行系统的实施，陆基导航系统将逐渐退出，星基导航系统和自主导航系统将逐渐在区域导航中发挥作用。

20 世纪 70 年代初，美国研发的机载区域导航系统就可以利用上述这些地面设施及相应的机载设备计算出飞机在地理坐标系中的位置信息，为飞机提供水平和垂直导航。该机载区域导航系统成为 FMS 的雏形。20 世纪 70 年代末，将性能管理和区域导航相结合，才形成现在的 FMS。20 世纪 80 年代中期以来，一些发达国家已经将飞行管理系统推向四维(三维空间与一维时间)航迹管理。允许飞机沿着事先规划好的、不受导航台限制的四维航迹，引导飞机包括起飞、爬升、巡航、下降及自动着陆全过程，并使到达机场时间的误差从 1～2min 减少至秒级。

针对以上定义有两点需要引起关注。

(1) “任何希望的飞行路径”是指允许在任何两个航路点之间建立航路。这里的航路点，可以是传统航路中的导航台、报告点，也可以是任意的两个经纬度坐标点。因此，在区域导航中，可以自由定义航路点，并以此为基础建立航路；飞机可以在这些自由航路上飞行。

(2) “是一种导航方法”。传统的无线电导航方法相对于导航台的位置实施导航，这里强调实施区域导航必须掌握飞机实时的经纬度坐标，即区域导航依靠飞机的绝对位置导航。传统的无线电导航方法的航路是固定在地面导航台的连线上，而区域导航不受此限制，航路点的选取具有很大的随机性。因此，区域导航又称随机导航。

实际上，传统的航路主要是以导航台为基础的，其起点、转弯点、终点都选定为导航台；航空器只能逐台飞行。而实施区域导航后，航路点的选择具有较大自由，如前所述，可以选择导航台、地标位置点，也可以选择具有精确经纬度的位置点。同时，执行区域导航航路时，可以实现航路点的逐点性能最优的飞行(不一定是直线，可以通过大圆航路实现两个航路点之间的直飞)；在遇到一些特殊情况，如航路上出现的恶劣天气覆盖时，可以很容易地重新选择航路点、建立新航路，实现绕飞。因此，区域导航的实现是导航领域的一大进步。

2. 区域导航的特点

在航路结构上，RNAV 航路上的航路点是脱离导航台址自行定义的，可以是任何地理位置点。

在定位方法上，RNAV 必须确定出飞机在地球上的绝对位置(地理坐标的经纬度)。RNAV 的飞行计划也必须建立在地理坐标系上，并算出向前方航路点已飞行的距离或待飞行的距离，以及航迹的侧向偏离，这种计算应该在大圆航路上进行。

今天的导航计算机，无论是导航管理系统(NMS)、性能管理系统(PMS)，还是飞行管理系统等，其计算机都有 RNAV 导航能力，按照大圆航路制导飞行，即都能和自动驾驶仪、显示系统协同工作，将航路偏离和驾驶指令送给自动驾驶仪，实现自主导航。

区域导航充分利用现代计算机技术，使多种导航设备组合在一起，使得导航精度和可靠性大大提高。

RNAV 的定义强调“可以按任何希望的路径飞行”。因此，RNAV 航路脱离了导航台台址的限制，便于建立更为经济、简捷的航路。区域导航的特点主要体现在以下几方面。

(1) 在航路结构上，RNAV 航路是由航路起点、转弯点、航路终点等一系列航路点组成的连线，这一点和传统航路非常类似，但传统航路的航路点只能是导航台，而 RNAV 航路的航路点可以是任意定义的地理坐标点。

(2) 在执行航路飞行时，传统航路必须实行逐台飞行，由于导航台的设置，一条航路由许多曲折航段组成，这样的航路经济性较差，而执行 RNAV 航路时，可以基于性能的导航(PBN)，以最短路径、最优下降梯度，甚至可以直接建立两个航路点之间的大圆航路飞行，充分发挥飞机的飞行性能。

(3) 在导航方法上，RNAV 必须确定出飞机在地球上的绝对位置，而传统导航是相对于导航台的相对位置。

(4) 在导航计算方面，RNAV 对航路数据的计算是在大圆航路上进行的，传统导航往往是在等角航路上进行的。执飞 RNAV 航路一般是利用飞机的自动驾驶系统的自主导航。

3. 区域导航的效益

RNAV 的效益主要体现在经济性方面，同时在流量控制、空域管理等方面也起着极重要的作用。

(1) 由于 RNAV 航路点选择的灵活性，以及机载计算机和控制装置的改进，RNAV 可以建立经济简洁的大圆航路，缩短飞行距离和飞行时间，节约燃油、降低飞行成本、提高飞机利用率。

(2) 除公布的固定航路和偶用航路外，还可以采用随机航路，增加了航路选择的灵活性。

(3) RNAV 航路脱离了导航台的限制，这样在繁忙航路上可以设置平行航路，成倍增加流量，提高了空域的利用率和交通流量。

(4) 由于 RNAV 机载计算机的计算能力较强，同时相应导航系统精度较好，可以缩减飞机间的纵向间隔和侧向间隔(缩小航路宽度)，提高空域的使用效率。

(5) 利用 GNSS，可以在洋区和边远地区实施区域导航飞行，因而在这些地区可以建立更多的航路和随时增辟航路，提高这些地区空域飞行的可行性。

(6) 区域导航全面实施后，GNSS 和 INS/IRS 组合导航足以为飞机提供导航，地面的导航台将逐步淘汰，这样，可以节约大量的设备建设和维护成本，这也可以体现 RNAV 的经济性。

4. 区域导航的应用

由于区域导航具有很好的经济性和可操作性，美洲、大洋洲和欧洲等国已在其部分空域实施推广。ICAO 为区域导航的推广也做大量工作，编写了《RNAV 运行手册》，并组织召开了各种研讨会，让参与国制定较为统一的 RNAV 间隔标准。根据 RNAV 的使用范围，RNAV 可以分为陆基 RNAV 和星基 RNAV 两类。

陆基 RNAV，是在现有导航系统基础上的一种区域导航方法。现在的航路结构中，在繁忙空域，已经实现了 VOR/DME 台覆盖，利用 VOR 的测角功能和 DME 的测距功能，可以得到飞机相对于地面 VOR/DME 台的相对方位；由于地面导航台精确的地理坐标已知，通过换算，可以很容易得到飞机的实时地理坐标，从而实现区域导航。当然，要实现区域导航，还要求飞机上必须有相应的机载计算机，这可以通过对现有的飞行管理系统进行软件升级实现。陆基 RNAV 虽然对现有导航系统兼容，但是要求必须实现 VOR/DME 台覆盖，不能解决海洋空域、荒漠地区由于难以建设陆基导航台使得空域得不到充分利用的问题。

随着卫星技术的成熟，卫星导航在民航中的应用越来越广泛。星基 RNAV 的出现，从根本上解决了这一问题。卫星导航系统凭借其超高的实时性、高精度等特性使飞机在飞行过程中能够连续、准确地定位。在空域利用允许情况下，依靠卫星导航系统的多功能性、与飞行管理计算机的配合，飞机容易实现任意两点间的直线飞行，或者最大限度地选择一条径直航路。从一般意义上讲，利用卫星导航，飞行航路不再受地面建台与否的限制，实现了真正意义上的航路选择的任意性。因而可以认为，卫星导航技术的应用使 RNAV 充分体现了随机导航、自由飞行的思想。

基本区域导航(B-RNAV)可以保持航迹准确性等于或优于±5n mile。精密区域导航(P-RNAV)可以保持航迹准确性等于或优于±1n mile。在海洋或遥远地区的 RNP-10 空域，飞机可以在陆基导航台无线电信号覆盖范围之外长时间飞行。

3.3.3　自由航路运行的相关研究

虽然 RNAV(区域导航)描绘了一幅自由飞行的美好蓝图，也进行了许多局部的实践，但自由飞行不可能是一蹴而就的，需要在现有的空域结构和运行模式的基础上不断改进和完善，不断打破空域结构和运行模式中的藩篱和障碍，才能向着自由飞行的目标不断前进。ICAO 在 ASBU 中规划了“通过加强航路航迹改进运行”和“通过自由选择航路改进运行”的两阶段发展计划，以及“交通复杂性管理”这种出现超出预期的特殊情况的应急处置预案准备。本节将逐一进行简要介绍。

1. 通过加强航路航迹改进运行

自由航路运行就是要给予航空用户期望的航路航迹。期望总是最美好的，航路除了自由，航空用户总是期望路程最短、最省时间、燃油消耗最少和减少碳排放等，现实的航路通常很难做到这些。ASBU 计划从“空域规划”“灵活使用空域”“灵活航路安排”三个途径去逐步解决航路航迹优化的问题。

1) 空域规划

空域规划是指对空域环境中各种要素的分析，以构成合理的空域布局配置，确保空域资源能够得到高效开发和利用；并在此基础上组建专业合理的空中交通秩序，使空中交通稳定性和安全性能够得到有效保障，达到降低甚至杜绝空域拥堵、航班延误、飞行冲突等各种事故风险发生率的目的。

空域规划通过对空域的使用进行计划、协调和通报，包括在航行信息共享基础上的航路、空域使用的协同决策(CDM)，以便预测对空域使用需求状况、考虑用户的偏好和通报制约因素，也包括在飞行前组织和管理空域的各项活动，达到优化航路航迹的目的。

2) 灵活使用空域

灵活使用空域(FUA)是一种空域管理概念，根据该概念，不应将空域完全地指定为民用或军用，而应将其视为一个尽可能最大限度地满足所有用户要求的统一体。有些活动由于其自身的飞行剖面特点或危险属性以及出于确保其与非参与的空中交通有效安全地隔离开的需要，要求为其保留一定容量的空域，供其在确定的时间段内专用或用于特定的用途。当各种不同的航空活动发生在同一空域但满足的是不同要求时，对这些活动的协调应该力图实现飞行的安全进行，以及使可用空域得到最佳利用。

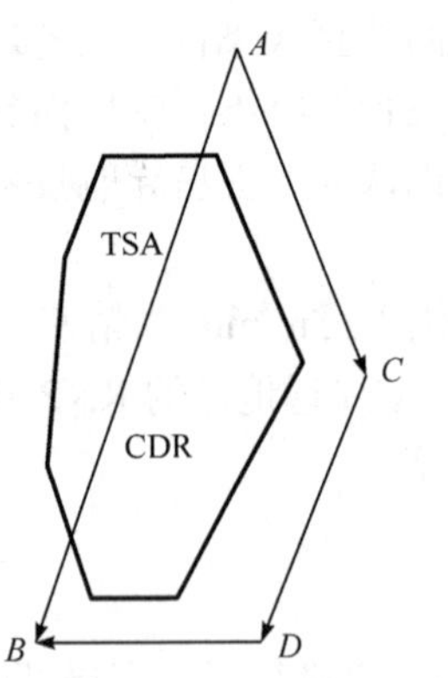

图 3-14　条件航路与临时隔离空域示意图

FUA 的主要工具一是 CDR(条件航路)，二是 TSA(临时隔离空域)，如图 3-14 所示。空域灵活使用概念的提出源自 EUROCONTROL(欧洲航行安全组织)，欧洲许多国家与我国一样存在着许多军用等特殊用途的空域，这些特殊用途的空域的存在成为航空运输飞行的障碍，为了提高空域的使用效率，EUROCONTROL 提出了 FUA 这个概念。FUA 的目的就是在空域用户(军用或民用)不用空域的时候将使用的空域释放出来，供其他用户使用。

在图 3-14 中，军用空域通常被划作 TSA，该临时使用空域的使用条件是军方使用时段。当 TSA 不用时，民航可以在 TSA 上开辟一条从 *A* 点直飞 *B* 点的 CDR，CDR 的使用条件就是军方不用时段。这样民航就可以避免走自己的 *ACDB* 折线航路，达到优化航路航迹的目的。当把空域看作一个整体时，这种空域分时灵活使用的模式可以打破我国目前军民航各自“画地为牢”的现状，达到优化航路航迹、提高空域使用效率的目的。空域灵活使用在我国部分单位也把它称作“空域精细化管理”。

3) 灵活航路安排(即可变航路)

灵活航路安排是为特定交通模式或气象条件等可变因素设计的航路，可以有效利用相关空域、合理调配空中交通流量。这一概念在几十年前就开始在北大西洋上空使用，现在可将其加以扩展，以便处理季节性的或周末的交通流、应对特殊活动，并更好地适应各种气象条件。

目前，适用该模块内容的一个例子是在太平洋地区使用的动态航路规划系统(DARPS)。该系统通过使用所需导航性能和自动相关监视以及管制员-驾驶员数据链通信(CPDLC)安排灵活的航路，并将水平间隔降低至 30n mile。

2. 通过自由选择航路改进运行

自由选择航路的主要目标是在申报飞行计划时由用户根据自己的偏好指定很大一段的拟用航路，这将给予用户最大的自由(在其他交通流造成的限制范围内)。通过 PBN(基于性能的导航，建立在 RNP 和 RNAV 思想之上)能够实施更小的和一致的航路间隔(如 RNP0.1)、曲线进近(摆脱陆基导航台的束缚)等，这将减少在主航路和繁忙交叉点发生的拥挤现象、降低燃料消耗和减少排放、减轻管制员的工作负荷。自由选择航路使得交通流需求充满了随机性，管制部门需要更加动态地对空域的扇区(有部分文献译作区隔)做出调整，才能保障管制扇区的工作负荷相对均衡，空中交通得以在管制员的有效监控下安全运行。自由选择航路在航路、海洋、偏远空域，甚至终端区空域上均可以使用。

根据国际民航组织文件 Doc 9750 中的 ASBU 计划、Doc 9854 阐述的运行概念，“通过自由选择航路改进运行”主要是通过“自由选择航路”、“缩小航路间隔”和“动态扇区”三条途径实现的。

1) 自由选择航路

自由选择航路是指航班在申报飞行计划时，至少很大一段的拟用航路不是根据公布的航段来确定的，而是由空域用户来确定的。它是用户首选航路，不一定是直达航路，但是一般认为是基于飞机的飞行性能沿着任意两个指定航路点之间的最为高效的航迹飞行。

在使用自由选择航路时，可能要受一定条件的限制，特别是在规定的时间和规定的空域范围内对规定的交通流而言。自由选择航路的使用可能限于低于特定密度的交通，以便管制员在使用有限的自动化设备的情况下还能很好地监测和解决冲突。也正是在这样的低密度条件下，才不太会为了在航路网络层面上实现增加容量的目标而阻止单个航班获得更大的自由。

自由选择航路的好处主要在于其遵循用户的偏好，可能需要利用必要的工具提供空中交通管制，以确保对飞行进程进行监测和协调，以及对冲突做出预测。

2) 缩小航路间隔

过去几十年来，在使用传统区域导航时存在的严重问题不在于航空器在直线航段运行的准确性，而在于航空器在过渡阶段(特别是转弯时)的表现。由于风场等各种情况，不同航空器在转弯时的表现存在巨大的差异。这也导致无法利用固有的准确性，也无法设计更好的航路，因为需要为保证规定容量运行设置较大的保护区空域。

选择合适的 PBN(基于性能的导航)规范可弥补上述不足，并可在航路阶段和终端空域设计使用较小间隔的航路，这将直接提高空域的容量，带来更大的设计灵活性，并且能够提高航路的效率。PBN 概念的一个关键原则就是，可以对预定运行需求调整适当的导航规范(如 RNP0.1，缩小了航路间隔)的同时，具备准确性和实用性(FF-ICE 带来的航班信息共享与可预见性并用于航班监控)。

3) 动态扇区

扇区是随着空中交通流量的增长、管制员管制负荷过大而引入的概念。原来一个管制员管理的机场管制区(圆形)首先会按照进、离场对空域进行分区(扇形)，所以称作扇区。

在扇区划分时，需要计算出在管制期 T 内的管制空中交通流量 X 所需要付出的管制工作负荷 W，通常 $W(X) = F(X, T)$，也就是说，管制工作负荷 W 与空中交通流量 X 息息相关。好的扇区划分结果是使 $\min|W_1-W_2|\to 0$，就是尽可能让各个扇区之间的工作负荷 W 相对均衡，不至于出现某个扇区的管制员处于超负荷工作的状态。扇区间管制工作负荷均衡才能让空域的容量最大化。当然，每个扇区都应配备相应的通信、导航和监视等手段，以保障航空器管制工作能够有序进行。

通常来说，空域扇区是为了适应飞行计划需求形成的交通流模式而设计的，是符合 DCB(需求与容量平衡)原则的。一旦这些飞行轨迹(因规避冲突)发生改变等，需求与容量之间的平衡关系就会被打破，因此最初的扇区可能不是最佳的。而无论是在固定航路网络之外自由选择航路飞行，还是缩小航路间隔的 DARPS(动态航路规划系统)的应用都会改变计划的交通模式、破坏原有的需求与容量间的平衡关系。为了保障上述面向自由航路运行的新概念、新技术的顺利实施，需要对空域扇区进行动态调整(让扇区间管制工作负荷重新达到均衡)，以适应空中交通流量的变化，确保管制工作得以顺利开展。

举一个简单的例子，如图 3-15(a)所示的是从罗马(LIRF)飞到阿姆斯特丹(EHAM)计划航路扇区结构，大多数运营商喜欢制定如图 3-15(a)中深色线条所示的航线来从罗马(LIRF)飞到阿姆斯特丹(EHAM)。对于原始的飞行计划，这是一个拥挤航路，航线穿过的一个区域将被划分成 4 个扇区并同时工作来提供足够的容量。而承载着少量航班运行的另外一条航线，如图 3-15(b)中原计划航线下方浅色线条所示的航线，它穿越的另外一个区域被划分成一个整体扇区运作。

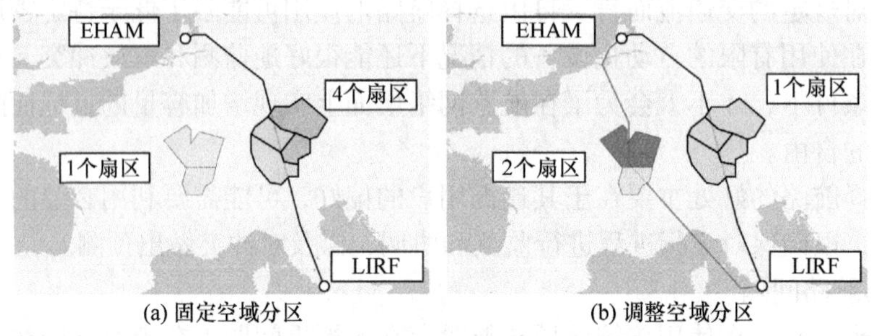

(a) 固定空域分区　　(b) 调整空域分区

图 3-15　动态扇区实例

然而，当一定数量的航班为了避免拥堵调整计划到浅色的航线时，也就意味着，以前拥堵区域的容量需求降低了。将前四个扇区合并为一个扇区，这样可以减少额外的运营成本；同时原本不拥堵的另一个空域由于流量的增加，不得不从一个扇区分解为两个较小的扇区，这样可以更好地处理额外的交通需求。

动态扇区是为了更好地适应交通流需求变化，是空中交通管制部门对空中交通管制设施和管制人力资源的动态调配的产物，它根据空中交通流需求的变化为空域提供足够的容量，以便需求与容量能够平衡，保障空中交通平稳运行。

3. 交通复杂性管理

1) 交通复杂性管理的定义

什么是交通复杂性管理？顾名思义，复杂性就是事物内部成分之间复杂的相互关系；交通复杂性是指空中交通各要素之间复杂的量化关系。而交通复杂性管理是指对空域运行状态的定量评估，交通复杂性管理是解决未来空域高密度运行时的辅助手段。

2) 交通复杂性研究的起源

实际上，交通复杂性最早起源于管制工作负荷与空域流量之间的关系 $W(X) = F(X,T)$，在管制时长 T 确定的情况下，$W(X) = F(X)$。在低密度情况下，几乎不会发生飞行冲突，管制工作负荷 W 几乎与空域流量 X 成正比(此时并不复杂)，但是当空域中交通密度不断增加时，$W(X) = F(X)$变得复杂起来，管制工作负荷随着交通密度和解脱飞行的负荷的激增而迅速增加，$W(X) = F(X)$这个关系无法再用简单的线性或者人们熟悉的一些非线性关系进行描述，变得越来越复杂。

目前，交通复杂性管理是一个非常活跃的研究领域。人们之所以热衷于交通复杂性管理的研究，是因为只有得到管制工作负荷准确的定量评估，才能科学地确定出每个动态扇区的容量，确保需求与容量的平衡和管制工作的顺利进行，在高密度空域出现超负荷的情况是不可想象的灾难。

3) 交通复杂性管理的研究现状

我国与欧美的许多学者投入到这项研究之中，但是不幸的是，在该领域的研究成果几乎与研究者的数量一样多，换句话说很难得出公认的结果，因为管制工作负荷 W 还与空域的结构复杂性、交通流组成的复杂性、气象变化的复杂性等许多因素相关。或许这个问题只能借助于人工智能和空域大数据(通过深度卷积神经网络从指定空域的大数据中挖掘出 W 与所有相关要素之间的关系)才能得到解决，得到的智能工具还不见得适应于该指定空域的所有情形，更不用说推广应用至其他空域。鉴于在该领域困难的研究现状，交通复杂性管理的研究成果暂时还没有在任何国家和地区进入实用阶段。

4) 交通复杂性管理的出路

目前，在交通复杂性管理的研究领域基本达成了一个共识，就是这项工作需要在民航高度信息化之后，在 SWIM 平台上共享协作环境下的飞行与流量信息(FF-ICE)，并基于这些飞行与流量信息在所有航迹交叉点上实现交通同步(所有航班均按照事先制定的无冲突飞行计划，顺序通过该航迹交叉点)，这样管制工作负荷 W 才能变得可预测和不复杂，需求与容量才能得到平衡，但不得不做好在高密度空域出现灾难性超负荷的情况的应急预案，以确保空中交通安全。

3.3.4　最优飞行高度

1. 最优飞行高度的概念

飞行高度主要是指巡航飞行时的航路高度。当飞行高度过高、氧气稀薄时，燃料便不能充分燃烧；而当飞行高度过低时，空气阻力又会更大。因此，飞行高度需要在燃油效率和空气阻力之间取得一个平衡。国际上对飞机巡航高度通常的限制主要源自空中交通管制部门根据航程长短对巡航高度的要求(短程航班没必要爬升到一个较高的高度上)，是从全部航程整体的角度，按燃油最省的原则确定的巡航高度——称为“最优飞行高度”。当然，最优飞行高度还受具体天气、具体飞机型号等因素的影响，可能并非实际意义上的最优飞行高度。

最优飞行高度更准确的定义是，在一个指定的推力设置状态下燃油效率/比功率 SR 最大时对应的高度称为最优飞行高度。在最优高度下，飞机是以最经济的模式运行的，运行成本最低；在远程巡航模式下，这也是燃油消耗最小的巡航高度。

飞机的运行包括起飞、爬升、巡航、进近和着陆等阶段。其中，飞行高度的优化就是对巡航阶段飞行高度的优化。OPFL 模块致力于考虑飞行过程中污染物排放对飞行成本及环境的影响，通过飞行参数计算模型的优化从而灵活调整飞行高度。该模块用于灵活飞行领域，可以看作在垂直方向上的自由航路运行。

2. 最优飞行高度的技术原理

人们都希望飞机一直在“最优飞行高度”飞行，然而最优飞行高度通常不是恒定的，而是在长时间的飞行过程中随着大气条件和飞机重量(随着燃油消耗)的变化而不断变化的，如图 3-16 所示。

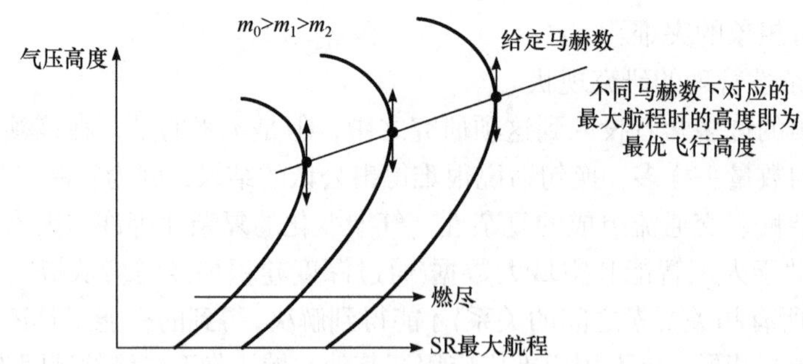

图 3-16　航程随着大气条件和飞机重量的变化曲线

从图 3-16 中可见，最优飞行高度随着飞机燃油消耗导致重量的减轻而增加。

除了飞机重量、速度和飞行高度外，天气是直接影响飞行燃油成本的另一个因素，通常所说的天气参数主要为温度、风向和风速。特别重要的是风，因为识别逆风和顺风影响飞行时间，从而影响燃油的消耗。

通常来说，在航路上，航空器都期望顺风飞行，避免逆风(这一点与跑道上需要逆风起降的期望刚好相反)。飞机的飞行高度变化通常还需要考虑到航班航线距离、空中交通管制和污染物排放等诸多因素，而这些因素往往不能被同时兼顾。

3. 巡航优化与阶梯爬升

巡航阶段是飞机飞行过程所经历的最长时段，因此选择合理的巡航飞行高度是节省燃料和减少燃烧污染物排放的重要方式。

在非最优高度飞行会造成显著的燃油损失，燃油的消耗(导致的重量减轻)又会改变(增加)最优的飞行高度。最理想的情况是在爬升巡航中始终按照不断变化的最优的飞行高度爬升，但是由于现实中空中交通管制(与其他飞机的冲突等原因)、航空器性能等的限制，这种情形很大概率是不现实的。要变更当前飞行高度达到计算的最优目标高度，除了需要借助 ITP(高度层变更程序)的帮助，机组人员还会在考虑三个基本优先事项上做出飞行高度层变更：机动性、乘客舒适度和经济性。因此，产生了不同的飞行高度的变更方式，如图 3-17 所示。

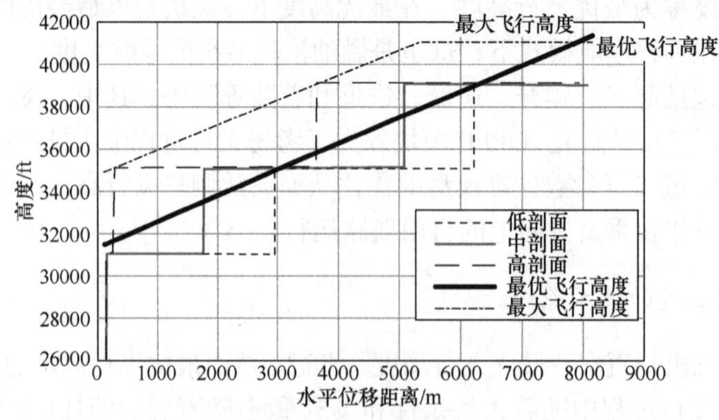

图 3-17　不同的飞行高度的变更方式示意图

1ft = 0.3048m

(1) 低剖面变更：当下一个可使用的飞行高度也是当前航空器重量下的最优飞行高度时，航空器以低剖面姿态进行阶梯爬升。如图 3-17 所示，飞行高度在变更时总是处于最优飞行高度之下。此时，飞机通常具有更好的机动性和更快的速度。

(2) 高剖面变更：当下一个可使用的飞行高度也是该重量下的最大飞行高度时，航空器以高剖面姿态进行阶梯爬升。飞行高度总是保持在最优飞行高度以上，飞机的机动性下降，飞行速度将变慢，乘客舒适度最好。

(3) 中剖面变更：当下一个可使用的飞行高度上的特定范围比当前飞行高度上的特定范围更好时，航空器以中剖面姿态启动阶梯爬升。这将使飞行剖面保持尽可能接近最优飞行高度，此时燃油的经济性最佳。

当然，图 3-17 只是一个理想化的阶梯优化过程，实际上巡航高度的变化是不可能瞬间完成的。

4. ITP

1) ITP 的系统组成及其职能

ITP 系统包括 FMS、ITP 显示单元、MCDU(多功能控制与显示单元)、广播式自动相关监视(ADS-B)部件、通信部件及 EFB(电子飞行包)，这些都连接到航空标准通信总线(ASCB)上，如图 3-18 所示。EFB 中含有所用航线的 ITP 标准信息。ITP 标准信息沿着 ASCB 传送到 ITP 显示单元。ITP 显示单元呈现出 ITP 标准信息、从 FMS 接收的自身位置、高度等数据，以及通过 ADS-B 系统接收的其他邻近航空器位置、高度等信息、经由 MCDU 处理过的 ITP 高度更改请求的自由文本。ITP 显示单元是高度层信息、周边航空器信息和高度层变更意图信息综合显示的载体。

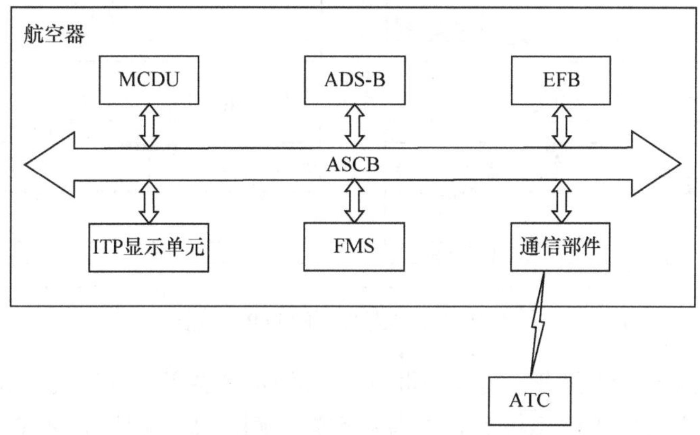

图 3-18　位于航空器上的高度层变更程序系统示意图

飞行员需要将 ITP 高度层更改请求的自由文本输入到由 MCDU 提供的 ITP 高度更改请求模板中，MCDU 在这里只是高度层更改请求的输入界面。一旦飞行员将 ITP 高度更改请求输入到在 MCDU 上的 ITP 高度更改请求模板中，就可以通过 ASCB 和与 ATC 通信的通信部件将该 ITP 高度更改请求发送到空中交通管制员的终端上。ASCB 和与 ATC 通信的通信部件也是空中交通管制员向飞行员发送许可或拒绝该次 ITP 请求等信息的通信渠道。收到管制员的 ITP 许可后，FMS 自动操控飞机进行高度层更改。

实际上组成 ITP(高度层变更程序)系统的这些部件都是飞机其他机载系统具有的部件，ITP 只是基于这些部件获取相关数据的一种应用。

2) ITP 的工作原理及流程

ITP 是一种基于地空通信和 GNSS 定位的新的应用程序，它允许装备了 ITP 的飞机能够在无法满足程序管制间隔标准的情况下，按照 ITP 规定的飞行动作变更到其他飞行高度，达到预计的最优飞行高度、节省燃油消耗，提高飞行效率，或者避免紊流以提高安全性。ITP 使得在程序管制空域中想要改变飞行高度的航空器可以更频繁地实现飞行高度的变更，从而提高飞行效率和安全性。

ITP 工作原理：ITP 允许配备相应设备的航空器采用爬升或下降机动(此过程中使用一个新的基于距离的最小纵向间隔)来实现上述目标。装备了 ITP 的飞机可通过 ITP 规定动作进行高度变更。其中，主要飞行动作可分为跟随爬升(In-Trail Climb，ITC)、跟随下降(In-Trail Descent，ITD)、主导爬升(Leading Climb，LC)、主导下降(Leading Descent，LD)以及跟随与主导相结合的爬升或下降六种，如图 3-19 所示。

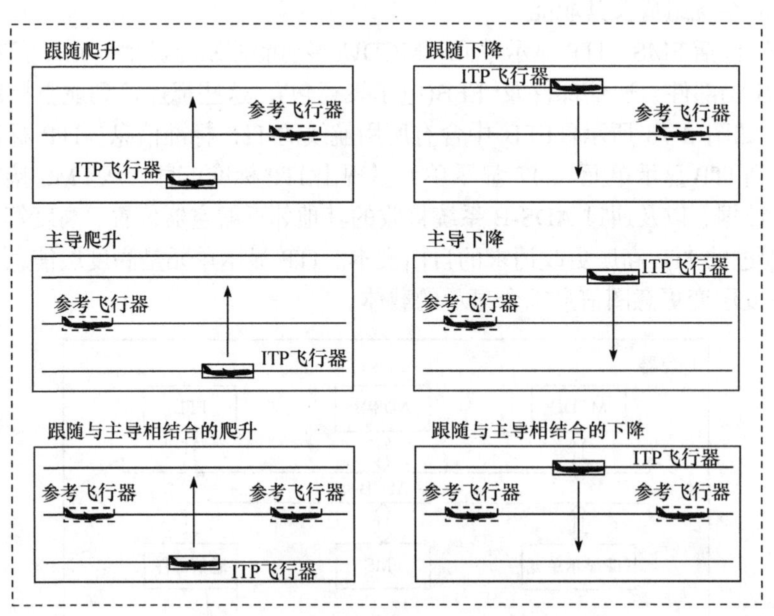

图 3-19 不同态势下的 ITP 示意图

例如，第一幅图跟随爬升，实线边框的飞机即为想要变更自身飞行高度的 ITP 飞机，并确定该飞机前方虚线边框飞机为其参考航空器，跟随爬升就是通过 ITP 一系列工作流程，使其自身飞行高度超过前方虚线边框参考飞机，称为完成了一次跟随爬升动作。

ITP 工作流程：ITP 工作主要由四个阶段组成，代表了机组人员、空中交通管制、地面或机载自动化系统以及其他代理之间一系列的行动和信息交换。ITP 的四个阶段如下。

阶段 1：ITP Initiation(ITP 初始化)。正在飞行的飞机的机组人员根据天气因素或燃料消耗等情况确定自身飞机高度变更的需求，确定参考飞机与要执行的 ITP 动作，完成自身飞机执行 ITP 的准备(含申请)。

阶段 2：ITP Instruction(ITP 指令发出)。地面管制中心根据 ITP 飞机申请进行动作执行评估后发出 ITP 间隔回应，许可或拒绝该次 ITP 动作，若是发出允许 ITP 动作请求，还会向 ITP 飞机确定的参考飞机发出保持飞行姿态命令，在 ITP 飞机完成高度变更动作前保持当面飞行姿态。

阶段 3：ITP Execution(ITP 命令执行)。收到允许 ITP 动作指令，ITP 飞机执行 ITP 根据阶段 1 确定的动作进行机动，在飞行操作上进行标准的爬升/下降机动。

阶段 4：ITP Termination(ITP 动作终止)。当 ITP 飞机达到预定的飞行高度或发生异常事件需要提前终止 ITP 动作时，发出终止指令给地面管制中心，地面管制中心随后向 ITP 飞机与 ITP 飞机确定的参考飞机发出终止 ITP 指令，代表一次 ITP 流程的结束。

5. 最优飞行高度带来的益处

总体来说，飞机在飞行过程中应尽量保持在最优飞行高度，这将会带来以下几点重要的效益。

(1) 飞行效率与飞行安全提升：大多数航空公司的越洋飞机必须在指定的飞行高度航路上飞行，并遵守规定的时间间隔排成一列纵队，各架飞机间保持 80n mile 左右的缓冲区。然而，当一架飞机能够转换到更加节油的航路高度飞行却受到附近飞机的阻碍时，就需要借助通过通信系统共享的空域中各个航班的位置信息，将上述 80n mile 左右的缓冲区缩小至 30n mile，使航班可以利用高度层变更程序(ITP)来配合空中交通管制部门的许可，确保飞机安全变更至最佳高度——提升飞行效率。通过这种方式，更多的飞机能够以最佳高度飞行，特别是当航班变更飞行高度是为了躲避不稳定气流时，在最优飞行高度飞行将带来更优的飞行体验和更好的飞行安全提升。

(2) 节省燃油，提升经济效益：飞机燃油成本受许多因素影响，包括飞行计划、飞行的操作和飞机维护。但对于任何飞行来说，最大的燃料效益提升主要是发生在最优巡航速度的情况下，对垂直飞行高度进行优化，实现可行的阶梯爬升。按照最优飞行高度巡航飞行可以为航空公司节省可观的燃油成本，提升航空公司的经济效益。

(3) 减少排放带来的绿色效益：飞机在飞行的各个阶段对环境有不同的影响，其中，飞机在高空巡航飞行，由于飞行高度高、距离长、时间久，对环境的影响呈放大效应。由于巡航是民航飞机主要的飞行阶段，航班飞行中绝大多数的燃油消耗、飞行时间和污染物排放量均发生在该阶段，因此通过对巡航高度参数的优化，从而降低飞行活动对环境的影响显得至关重要。研究表明，向飞机提供最优飞行高度，将是一项重要的减少污染物排放、提高绿色效益的措施。

3.4　精密进近着陆

3.4.1　精密进近着陆与机场可接入性

3.3 节着重介绍了新航行系统在航路飞行阶段导航方面预计产生的进步，航路飞行是飞行时间最长的航段，采用自由航路飞行能够带来的空域使用效率、安全性、容量、经济和绿色效率将会非常显著。本节关注航行中的另外一个重要阶段——进近和着陆，该阶段航班向着机场汇聚飞行，飞行密度增加、飞行冲突等安全风险加大。图 3-20 是航班飞行全程示意图。

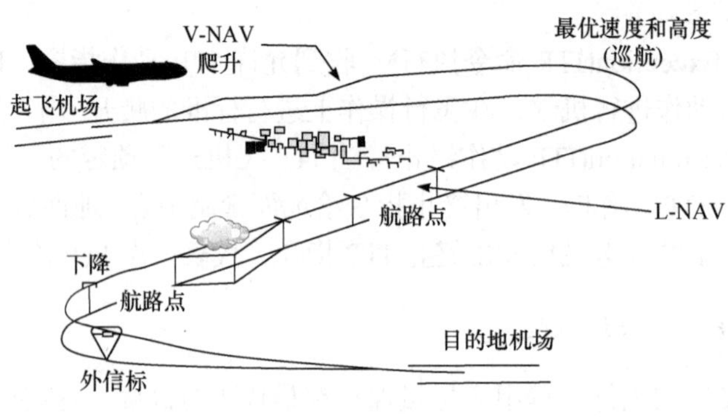

图 3-20　航班飞行全程示意图

1. 精密进近着陆的必要性及其分类

进近是指飞机下降对准跑道的飞行过程，在进近阶段，要使飞机调整高度，对准跑道，从而避开地面障碍物，飞行员必须要把注意力高度集中才能准确操作，因此进近是有着严格的标准和操作规程的。通常，进近又分为目视进近和仪表进近。目视进近受气象(特别是能见度)因素影响严重，时常会因气象的影响导致机场无法正常运行。现阶段，我国的飞机进近多借助 ILS 等导航设备进行仪表进近。仪表进近将飞机引导到一个安全的决断高度上，再由飞行员根据能否看清跑道决定是着陆还是复飞。由此可见，即使采用了 ILS 这样的自动化设备、仪表，气象因素仍然对飞机的进近和安全着陆有着非常大的影响，而这些气象因素不是人力所能控制的，是变化无常的。正因为如此，航空界对无线电导航系统给予了极大的重视，世界上绝大多数机场都装备了 ILS 和 MLS(微波着陆系统)等导航设备。尽管如此，进近和着陆阶段仍然是航空事故的高发段。据不完全统计，全世界高速喷气式飞机的事故有一半以上都是发生在进近和着陆阶段。行业需要高精度的进近和着陆导航设备，以便在安全的前提下进一步提高机场面对复杂气象影响的运行能力，这也是航空界研发精密进近设备、仪表的最原始的动因。

通常，民航业将精密进近和着陆做如下分类[①]：

Ⅰ类(CATⅠ)运行——决断高不低于 60m(或 200ft)，能见度不小于 800m 或跑道视程不小于 550m 的精密进近着陆。

Ⅱ类(CATⅡ)运行——决断高低于 60m(或 200ft)但不低于 30m(或 100ft)，跑道视程不小于 300m 的精密进近着陆。

ⅢA 类(CATⅢA)运行——决断高低于 30m(或 100ft)或无决断高，跑道视程不小于 175m(或 600ft)的精密进近着陆。

ⅢB 类(CATⅢB)运行——决断高低于 15m(或 50ft)或无决断高，跑道视程小于 175m

① 我国采用公制，ICAO 采用括号中的英制。由于换算存在误差，为方便记忆，我国的标准会取整，造成出现公制与英制数值不等的情况。书中其他地方多次出现与此类似的情况，后面不一一注释。

(或 600ft)但不小于 50m(或 150ft)的精密进近着陆。

ⅢC 类(CATⅢC)运行——无决断高和无跑道视程限制的精密进近着陆。

从图 3-21 以及上述的分类可以看出航空界对精密进近的不懈追求，精密进近的最终目标就是将飞机直接引导到跑道上，让进近着陆不再受气象因素的影响。

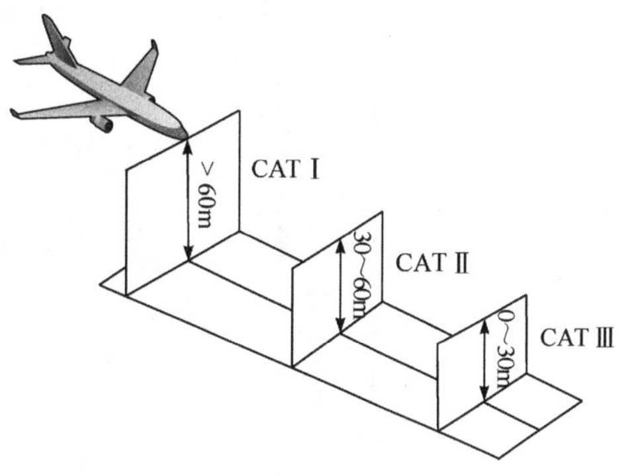

图 3-21　飞机进近与着陆分类
(英制与公制之间存在误差)

2. 机场可接入性的概念

机场可接入性主要是指航班由航路到机场跑道的进近和着陆性能。进近着陆技术的发展源于民航业对高精度着陆性能的需求，而现阶段着陆性能仍受制于导航设备的发展。我国目前主要采用的仪表着陆系统(ILS)尚达不到 CATⅡ、CATⅢ类精密进近引导的精度要求，所以需要研发 GLS 等其他技术及系统来提供一种能够满足高精度精密进近着陆性能的方式。

此外，与在航路上的 FRTO(自由航路运行)相比，航班在进近阶段的自由度将受到很大的限制，由于航班使用机场着陆的需要来自四面八方，机场终端区内着陆航班向着机场在做汇聚飞行，这里的航班密度骤升、情况变得较为复杂。为了使用同一 ILS，同时又为了便于管制员掌握航班流的运动规律、方便航班的指挥，并确保航班的飞行安全，管制部门不得不在机场终端区内划设出标准进离场飞行程序(实质上就是终端区内的进离场航路)，图 3-22 是一个机场的仪表进场飞行程序。从不同方向飞来的飞机就近先飞到不同的 IFA(起始进近定位点)，然后在 IF(中间进近定位点)汇聚，利用 ILS 指示的航向和下滑平面形成的下滑道，向着进场跑道进近着陆。

在机场终端区内的多条标准进离场飞行程序又像具有多个立交桥的高速公路进出口，让进离场航班从高度上彼此分离、不交叉，从而避免了飞行冲突。同时，航班都在标准进离场飞行程序上飞行，飞行有规律可循，管制员就可以把主要的精力放在进场航班的汇聚点(如 IF)上，给任意两个航班之间配备足够的安全间隔、避免冲突，让航班有序使用机场跑道着陆。除非航班密度小到不影响其他航班运行并得到管制员的许可，正常情况下，航班都必须严格按照标准进离场飞行程序进近着陆或者起飞离场。标准进离场飞行程序牺牲了一定的经济性和自由，换取了进近着陆和起飞离场航班的安全和整体运行效率。

综上所述，机场的可接入性主要取决于机场的进近着陆导航设备的性能，同时也受机场仪表飞行程序设计合理性的影响。在新航行系统中，将通过地基增强系统(GBAS)提升在 VNAV(垂直导航)方向上的性能，并且借助于卫星着陆系统(GLS)实施基于性能的导航(PBN)的飞行程序，将能够有效提升进近着陆的可靠性和可预测性，从而提升安全性、可达性和效率。PBN 飞行程序设计的灵活性也能够提升跑道的容量。

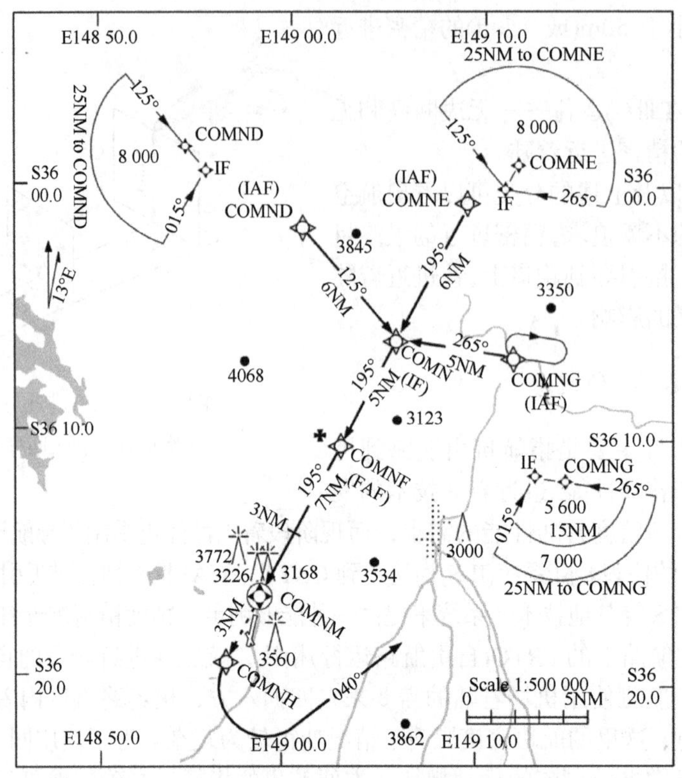

图 3-22　仪表进场飞行程序

注：图中 NM 表示海里(n mile)

3. ILS 仪表飞行程序

通常，进/离场飞行程序就是航班进近着陆或者起飞离场的航路、航线。以进场为例，如图 3-22 所示，进场航段来自四面八方，之后就顺序经过起始进近航段、中间进近航段和最后进近航段着陆跑道。飞机按照这种程序的飞行也称作程序飞行，这种程序飞行的航路、航线就自然称作飞行程序。

仪表飞行程序顾名思义就是借助导航设备、仪表的飞行程序。ILS 仪表飞行程序就是借助 ILS 的飞行程序。ILS 是我国现阶段用于飞机进近着陆的主要导航设备。

通常从是否具备垂直方向上的引导能力又将飞行程序分为精密进近程序和非精密进近程序两大类。如图 3-23 所示，ILS 的下滑台和航向台设置在机场跑道端和侧面，航向

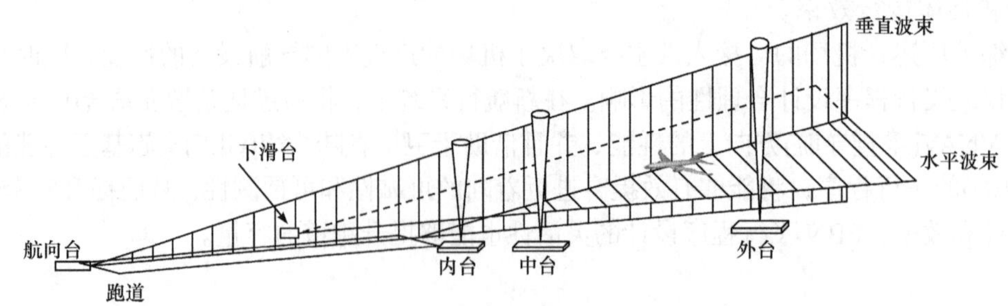

图 3-23　仪表着陆系统示意图

台和下滑台发射无线电信号波面交叉，形成了一条下滑道，飞机通过接收航向台和下滑台的信号，便可以沿着下滑道飞行。下滑道使得 ILS 具备了垂直引导能力，这样，借助 ILS 建立的飞行程序也就是精密进近程序。精密进近可以引导飞机在低能见度下下降至更低的高度，提高了机场跑道在复杂气象条件下的使用率。

在 ILS 中，除了航向台和下滑台，在 IAF、IF 和 FAF 每个进近定位点上都设置有指点信标台，仪表飞行程序就是围绕着这些导航台进行规划设计的。

图 3-24 是一个典型的标准进场仪表飞行程序。通常，标准进场仪表飞行程序包括 5 个阶段，分别是由航路至 IAF(起始进近定位点)的进场航段、由 IAF 至 IF(中间进近定位点)的起始进近航段、由 IF 至 FAF(最后进近定位点)的中间进近航段、FAF 至跑道的最后进近航段，以及进近着陆失败(到达最低超障高度仍看不清跑道状态)时的复飞航段。图中，MAPt 称作复飞点，一般是指该机场的最低 OCH(超障高度)与航空器下滑线的交点。

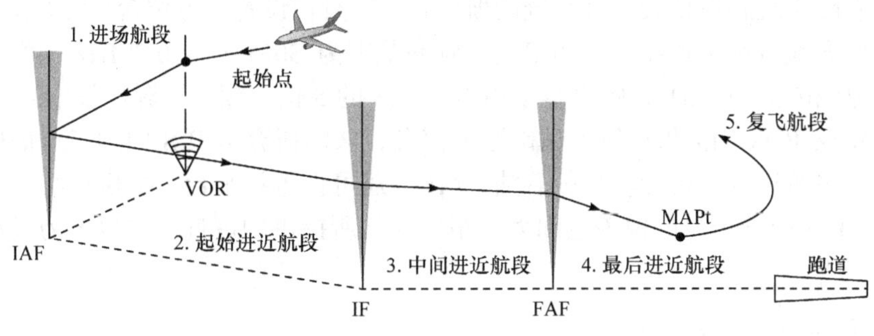

图 3-24　标准进场仪表飞行程序

ILS 仪表飞行程序的飞行航路航线是具有一定宽度的，如图 3-25 所示。图中的轮廓线是根据飞机所在位置导航设备误差确定的航路、航线安全飞行的保护区的宽度。

综上所述，ILS 仪表飞行程序都是基于 ILS 的地面台站划设的，具有如下一些难以克服的缺陷：

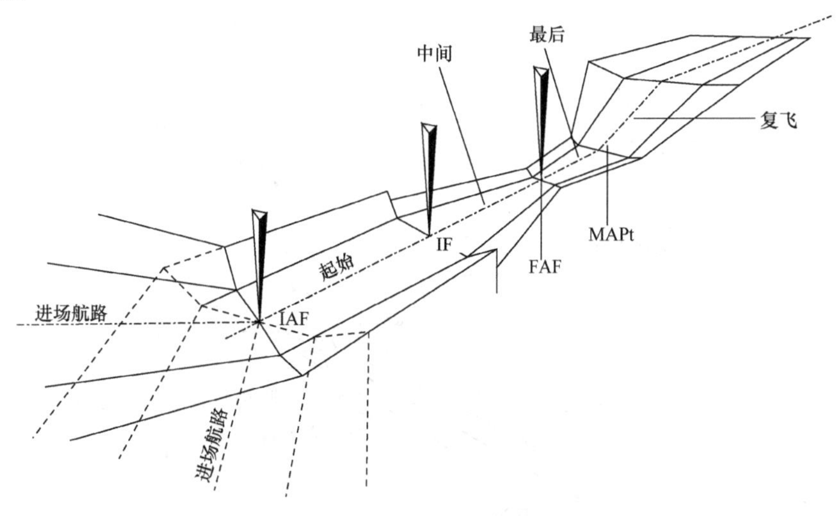

图 3-25　仪表飞行程序及其保护区

(1) 地面台址固定，对附近居民区噪声污染严重，且无法实施曲线进近；
(2) 航班航迹从 IF 开始汇聚，无法进一步提高空域的使用效率；
(3) 沿着跑道方向的航段繁多、飞行时间长，严重影响了跑道的使用效率；
(4) 固定的下滑道限制了短距起降和垂直起降飞机的性能的发挥；
(5) 受山体等地形影响严重，ILS 仪表飞行程序在一些地方无法规划和应用；
(6) 受垂直方向上的导航精度影响，无法实施更高精度的精密进近。

此外，ILS 仪表飞行程序需要的导航设备成本高。设备维护和飞行程序维护都需要投入过多的成本，产生较高费用。为提高机场的可接入性，还需要探讨更加精密的进近着陆引导设备及其相应的仪表飞行程序。

3.4.2　微波着陆系统

微波着陆系统相应仪表着陆系统的航向台、下滑台设置了方位台、反方位台、仰角台，而这些导航台都工作在同一频率上，频率范围为 5031～5090.7MHz，可设 200 个频道，频道间隔为 300kHz，频道容量相当于 ILS 的 5 倍，频率资源比较丰富。MLS 采用精密测距仪(PDME)提供连续的精确距离信息，从而摒弃了 ILS 中的指点信标台。为保证飞机拉平阶段的滑行和实现软着陆，MLS 还可设置拉平台，提供连续的精确距离信息，且 MLS 引导信号的覆盖空间大、精度高，所提供的进近方式也更为灵活，可支持曲线进近。

1. MLS 的组成及其职能

1) MLS 的地面系统配置

MLS 地面系统的基本配备包括方位台、仰角台、精密测距仪。可以有选择地增加其他功能，如反方位台、拉平台等。详见图 3-26。

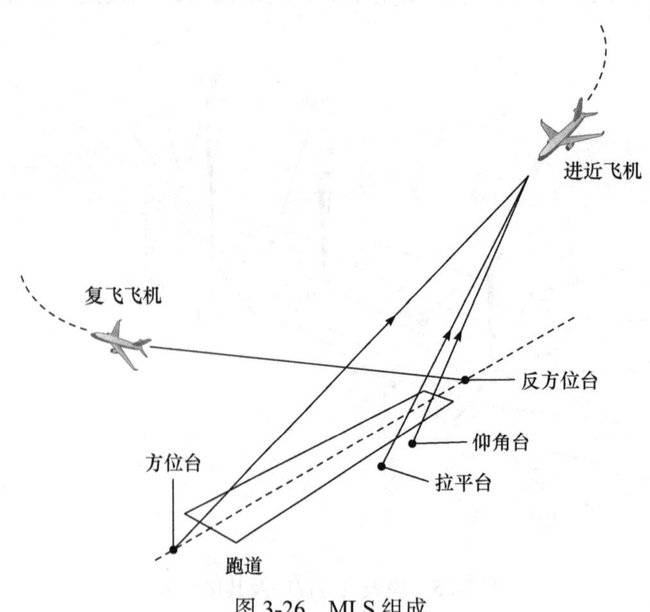

图 3-26　MLS 组成

方位台(AZ)和精密测距仪，一般位于机场跑道终端外的中心延长线上 150～600m；仰角台(EL)位于进场端跑道一侧 75m 处。

反方位台(BAZ)设置在跑道方位引导装置的另一端，距跑道端中心延长线上 150～600m；拉平台一般安装在靠近飞机接地点的跑道的一侧。

MLS 能够提供精密的方位角和下滑时的仰角引导。MLS 的方位台类似于 ILS 的航向台，为飞机提供航向的方位角引导；MLS 的仰角台类似于 ILS 的下滑台，为飞机提供下滑时的仰角引导。精密测距仪一般与方位台安装在一起，提供连续的距离信息，达到替代 ILS 中的指点信标台的作用。

反方位台与方位台类似，用来给起飞或进场失败而复飞的飞机提供背向航向引导，为了利用这一功能，大型飞机需要装备尾部天线。拉平台用来保证飞机进入跑道拉平至主轮接地的着陆过程。一般用于Ⅲ类精密进近着陆，尤其是$Ⅲ_C$类情况，在跑道能见度为零的条件下为飞机在拉平阶段提供距离地面的高度信息。

2) MLS 的机载设备

微波着陆系统的机载设备由天线、测距机询问器、MLS 接收及处理器、控制和显示器等组成。机载天线可以是一般的全向天线，或至少能覆盖前向 120°区域的弱方向性天线。测距机询问器发出测距指令，以便获得飞机距离方位台的准确距离。MLS 接收及处理器采用两次变频的超外差式接收机，并能在控制器的控制下接收和放大地面设备辐射的信号；处理器的作用是在多径干扰或其他干扰的情况下，正确识别并跟踪地面波束扫过飞机时出现的“去”脉冲和“来”脉冲，计算出飞机的位置，进而解算出各种数据信息以及地面台的识别信号。控制和显示器是 MLS 机载设备的人机交互界面。

2. MLS 的工作原理

1) MLS 的测角原理

下面以方位台为例说明这种体制微波着陆系统的测角原理。方位台天线在水平面内辐射的波束很窄(约 1°)，而在垂直面内则是较宽(约 30°)的扇形波束。该波束在水平面内从一个极端位置(例如，跑道另一侧的 60°)开始以恒定的角速度 v 沿规定方向扫描到另一极端位置(如跑道另一侧的 60°)。在这一极端位置作短暂停歇后(停止时间为已知的固定值)，再沿相反方向，以同样的速度扫描回到起始位置，再经过一段固定休止时间后，重复上述扫描过程，如图 3-27 所示。

若在波束扫描所及的空间区域内有飞机进入，则将能接收到方位台发射的信号脉冲。当扇形波束自初始位置开始，沿一个方向扫过飞机时，MLS 机载设备将在此时接收到信号，此信号形成“去”脉冲。在波束由另一个极端位置扫回其初始位置过程中，也将扫过飞机，则 MLS 机载设备将再一次收到信号，形成“来”脉冲。显然，飞机机载 MLS 设备接收到“去”“来”两个脉冲之间的时间间隔取决于飞机在扫描空间中的角度位置。因此，确定出这一时间间隔后，就可以确定出飞机相对于跑道中心线的方位角，如图 3-28 所示。

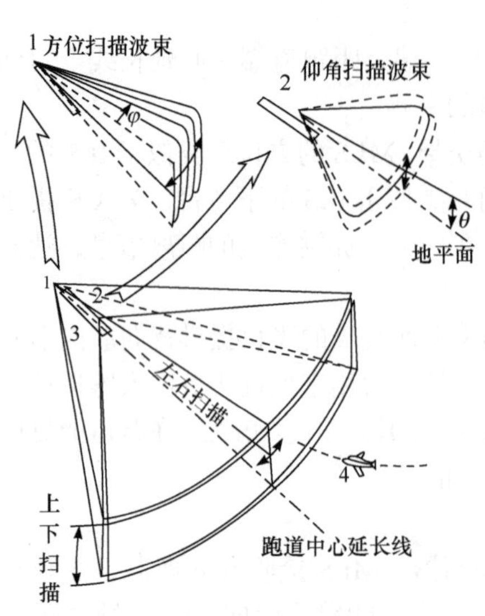

图 3-27　MLS 的测角原理

1-方位扫描台址；2-仰角扫描台址；3-跑道；4-进近飞机；θ-仰角；φ-方位仰角

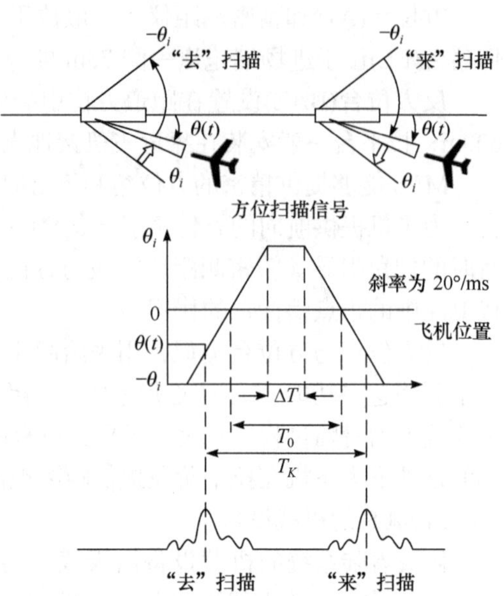

图 3-28　时基波束扫描微波着陆系统测向原理示意图

角度计算：

$$\theta(t)=\frac{1}{2}(T_0-T_K)v \tag{3-3}$$

式中，$\theta(t)$为方位制导角度值；T_0为以零角度进近时飞机接收到“去”和“来”脉冲的时间差(μs)；T_K为任意进近角时接收到“去”和“来”脉冲的时间差(μs)。

2) MLS 的测高原理

拉平台用在飞机拉平阶段为飞机提供距离地面的高度信息，这可以用两种不同方式来实现：一种方式是利用精密测距仪测出距飞机的距离，拉平台测出飞机相对于机场跑道平面的仰角，然后，通过计算得出飞机距离地面的高度；另一种方式是由拉平台单独提供飞机在拉平阶段距离地面的高度信息。此时，对拉平台的安装位置有一定的要求，它必须设置在飞机着陆点与跑道中心线相垂直的直线上，在跑道的一侧，距中心线 100～200m 处。拉平台天线辐射的波束为扇形平面波束，波束在水平面上的宽度为±80°，而在垂直面上的宽度为 0.5°，扇形波束在垂直面上作快速扫描，其作用距离不小于 8n mile。天线安装时，应保证扇形波束的中心线与跑道中心线相垂直。

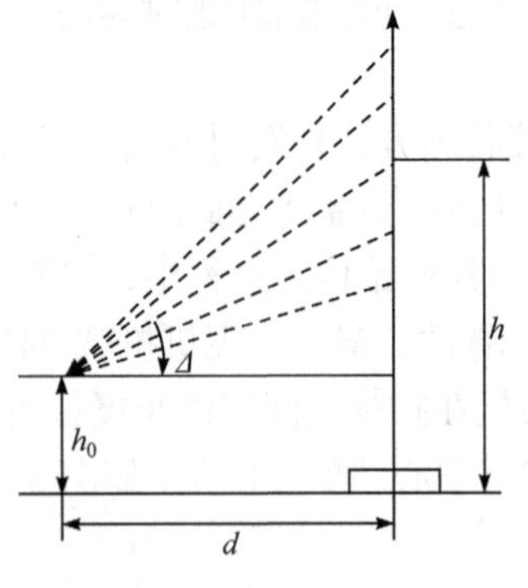

图 3-29　拉平台测定飞机高度的示意

当飞机处于拉平台的作用覆盖区内时，将收到扇形波扫过时产生的“去”脉冲和“来”脉冲。这样，可根据“来”“去”脉冲之间的时间间隔，确定出飞机相对于天线中心平面的仰角 Δ，如图 3-29 所示。然后，根据拉平台天线与跑道中心线相应的垂直距离 d 及拉

平台天线距离地面的高度 h_0 计算出飞机高度 h:

$$h = h_0 + d \tan \Delta \tag{3-4}$$

3) 微波着陆系统的覆盖区域

MLS 正向方位的引导区域应能覆盖到以跑道为中心线±60°的扇形区域，垂直方向覆盖区应达 20°，径向作用距离为 30n mile，如图 3-30 所示。

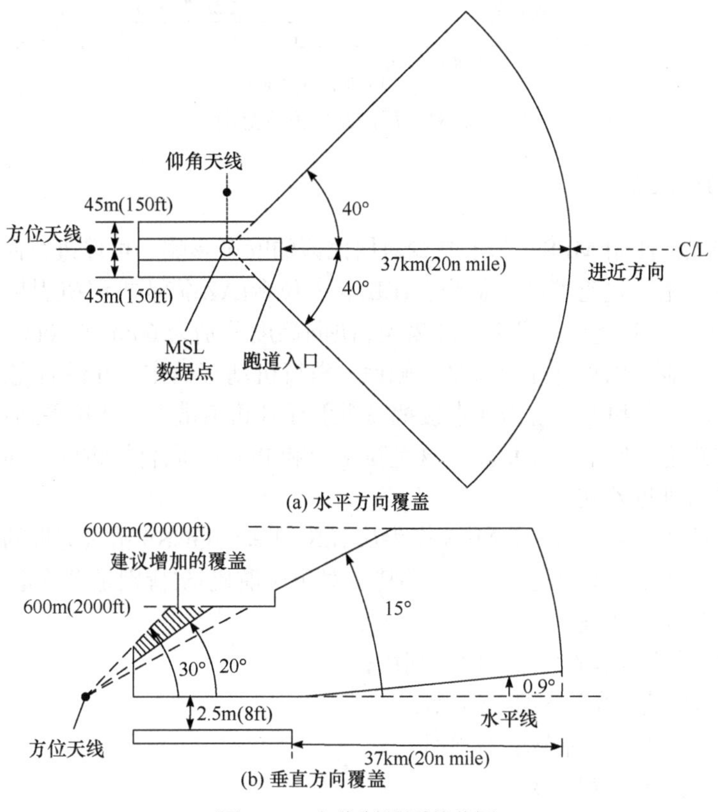

图 3-30 方位制导覆盖范围

反向的引导区域(进场失败，复飞)，能覆盖到以跑道为中心±40°的扇形区，径向作用距离不小于 5n mile，如图 3-31 所示。

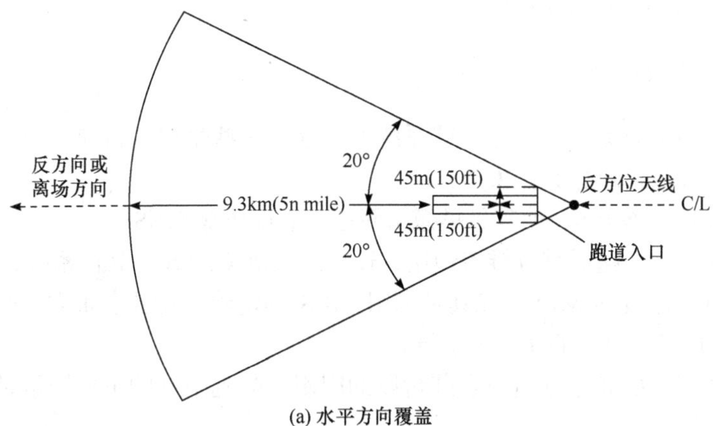

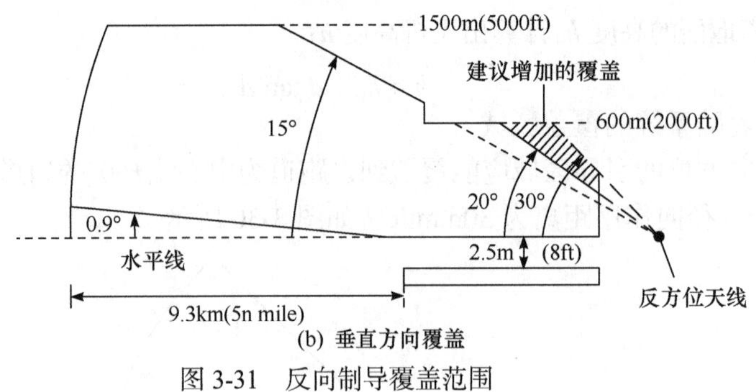

图 3-31　反向制导覆盖范围

3. MLS 的优缺点

进近着陆飞机使用 MLS，为了减少对居民区的噪声影响，可以进行曲线进近飞行。为完成Ⅰ、Ⅱ类精密进近着陆，仰角台(EL)和方位台(AZ)需要把飞机引导到Ⅰ、Ⅱ类的决断高度上，对Ⅰ、Ⅱ类精密进近着陆来说，决断高度分别为 60m 和 30m(在这个高度上，驾驶员需要判断能否用视觉完全拉平、触地、滑行机动等动作，并最后完成着陆)。为完成Ⅲ类着陆，仰角台和方位台需要直接把飞机引导到跑道端上。从拉平到着陆这一阶段，要提供飞机在跑道上空的高度信息，这是拉平台和 PDME 联合提供的，而现有的 ILS 只能实现Ⅰ类精密进近着陆。

根据以上所述，可以看到，MLS 作为从 ILS 到基于 GNSS 精密进近的过渡阶段的着陆设备，仍然具有许多重要的特点，这些特点对于民航机场(特别是多跑道机场)的发展是有益的。这些特点主要是：

(1) 200 频道的丰富的频率资源可利用；

(2) 精密而连续的角度和距离指示；

(3) 对场地和环境条件要求不苛刻；

(4) 更宽的引导覆盖扇形区；

(5) 同时支持多跑道精密进近着陆。

MLS 具有上述诸多的优势，在民航发达国家(特别是多跑道机场)得到了广泛的应用。带来的缺点是 MLS 和 ILS 并存，增加了机载设备的负担，飞机上需要同时配备 MLS 和 ILS 两套机载紧密进近和着陆设备。

4. 进近着陆系统的分歧

国际上关于新航行系统在进近着陆系统方面存在一些争议。目前，国际上主要的几种分歧归纳起来大致可以分为三大类：

第一类是不再发展 ILS，使其尽早撤出服务，立即依靠 GNSS；

第二类是对 ILS 改造后继续维持使用，逐步地发展 GNSS 或其他系统；

第三类是首先过渡到 MLS，尤其是利用 MLS 的优势支持Ⅱ、Ⅲ类精密着陆，因为 GNSS 当前尚不能解决Ⅱ、Ⅲ类精密着陆。

分析上述争议，GNSS 在进近着陆阶段的应用，受到限制的主要因素是其垂直精度低于水平精度，而垂直精度低的问题是 GNSS 固有的弱点之一。因为用于用户定位计算的可视卫星只能是在用户的前、后、左、右和天顶方向，用户不可能看见水平线以下的卫星，这种可视卫星的几何分布特点，导致卫星导航系统的垂直精度差于水平精度。这样，当 GNSS 用于进近着陆时，GNSS 只能解决精密进近中的侧向引导，垂直引导仍然需要借助气压高度表等其他方式测高来实现，即只装配 GNSS 接收机的飞机仅能用于Ⅰ类及以下的引导、进近着陆。当地面装备本地差分 GNSS 和仰角引导设备时，GNSS 将具有Ⅱ、Ⅲ类进近引导能力。当然，对早期 GNSS 只有美苏两个军事强国的 GPS 和 GLONASS 的忌惮也是出现争议的一个主要的原因。各国均根据自身的情况选择了不同的发展策略。例如：

(1) 全部依靠 GNSS 支持进近着陆(美、日、澳等)；

(2) 继续使用 ILS，改善其性能尽可能延长使用期，直至 GNSS 能够解决全部进近和着陆的引导(我国和一些发展中国家)；

(3) 当前仍然采纳 MLS 过渡方案，发展 MLS，然后逐步发展 GNSS(大多数欧洲国家)。

我国根据当时民航的发展进程，选择了继续使用 ILS、放弃研发 MLS，加大力度发展 BDS 及其在进近和着陆中的应用，但受相关技术和法律法规不健全等因素影响，GNSS 在进近和着陆中应用与推广不甚理想。目前，多跑道机场仍然只能被迫准备多套 ILS 作为精密进近和着陆的主要导航设备。

3.4.3　卫星着陆系统

GLS(卫星着陆系统)是 GNSS 的一个 GBAS(地基增强系统)，它得到了 ICAO“标准和建议措施(SARP)”的支持。GLS 是建立在 GBAS 增强的精确卫星定位信息基础上实现的精密进近和着陆功能(Ⅰ、Ⅱ、Ⅲ类)。GLS 具有其突出的优越性，必将代替现有的 ILS 和 MLS 成为新一代的精密进近和着陆系统。

1. GLS 组成

GLS 是基于全球卫星导航系统的飞机进近着陆引导系统，GLS 由空间段、地面段、机载段及监控段组成，详见图 3-32。实际上，GLS 只是加载在机载 FMS 的一款计算机应用软件，但 GLS 应用软件需要通过 GBAS 获得经过增强的精确导航信息。因此，这里所说的 GLS 的组成实际上依托 GBAS 的组成。

空间段由各种 GNSS 星座组成；地面段即 GBAS 和环境检测设备。GBAS 包括四组多模式基准接收机和天线、GBAS 地面站(地面数据处理设备)、VDB(VHF 数据广播台)及其天线等。机载段由机载接收机(GNSS 和 VDB)、GLS 应用软件及相关的飞行控制和显示设备组成。

2. GLS 工作原理

空间段即采用不同的 GNSS 星座提供的卫星导航信息，GLS 利用 GNSS 的各种星座提供的基本定位服务，如图 3-33 所示。

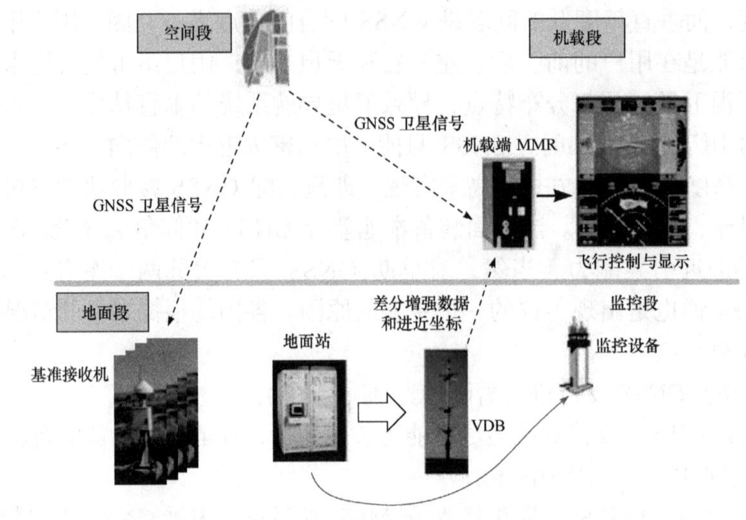

图 3-32　卫星导航设备原理及组成

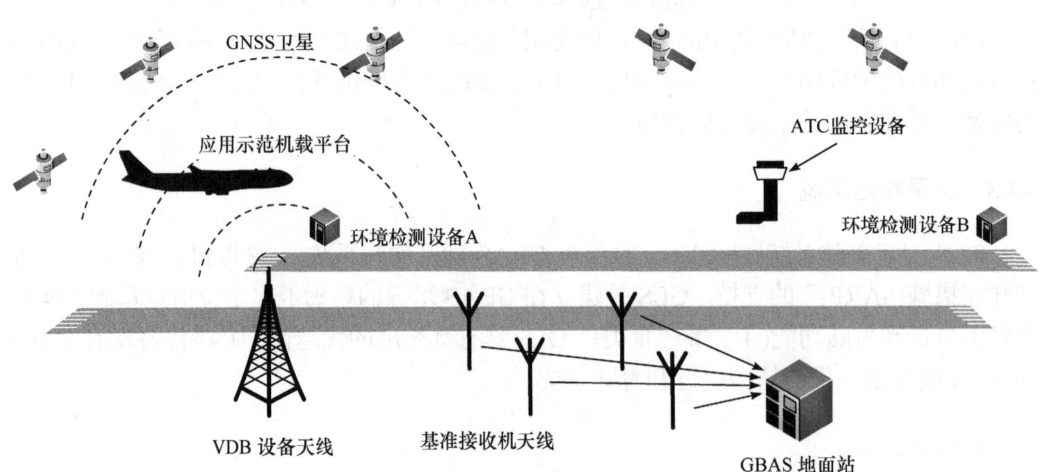

图 3-33　GLS 工作原理示意图

地面段中基准接收机(具有自身精确位置的)用于接收 GNSS 的导航信息(可以接收来自 BDS、GPS 和 GLOBNASS 等多种 GNSS 信号)，以便获得卫星导航信息的差分校正值(基准接收机自身的精确位置减去接收机获得的位置测量值)；GBAS 地面站通过获得各个基准接收机的差分校正值，形成本地局域的差分校正值，所以 GBAS 也经常称作 LAAS(局域增强系统)；VDB 负责将局域的差分校正值和设备完好性信息向空中广播，以便让机载段获得并利用这些信息。此外，VDB 上传的数据还包括跑道的入口点、飞行航迹对准点、下滑角和机场入口临界点高度等 FAS(最后进近航段)的准确信息，用以帮助 FMS 建立飞机的进近和着陆路径。环境检测设备通过实时监测卫星导航信号或者是地面站的异常，形成卫星导航系统和地面站自身的完好性信息。GBAS 在机场附近为基本定位服务提供局域增强服务。

机载段的 MMR(多模式接收机)同时接收和处理 GNSS 的导航信息和 GBAS 的局域差

分校正值与完好性检测信息；GLS 机载应用软件利用 MMR 获得的信息可以获得飞机的精确位置信息，并利用这些信息和 FAS 的精确数据为飞机计算出虚拟航向道和下滑道(空中进近和着陆几何路径，用以替代 ILS 的下滑道)。

图 3-34 展示如何利用 FAS 数据计算虚拟航向道和下滑道以及飞机的横向和纵向偏差。其中，LTP/FTP 是跑道入口/虚拟入口，它是跑道入口的中心点(FAS 提供了 LTP/FTP 的纬度、经度和高度数据)；FPAP 是跑道中心线上的虚拟坐标点(用于航向引导)，距离跑道另一端“Δ 长度”的距离；GPIP(下滑道切入点)是下滑路径与跑道中心线的交点，即着陆点；GPA 是下滑路径与在 LTP/FTP 的跑道水平面相切的角度，即下滑角；TCP(跑道入口临界点)是垂直于跑道的平面与下滑路径的交点；TCH(跑道入口高度)是 TCP 与 LTP/FTP 之间的高度差；CW 是在 LTP/FTP 点处允许的最大横向偏移量。

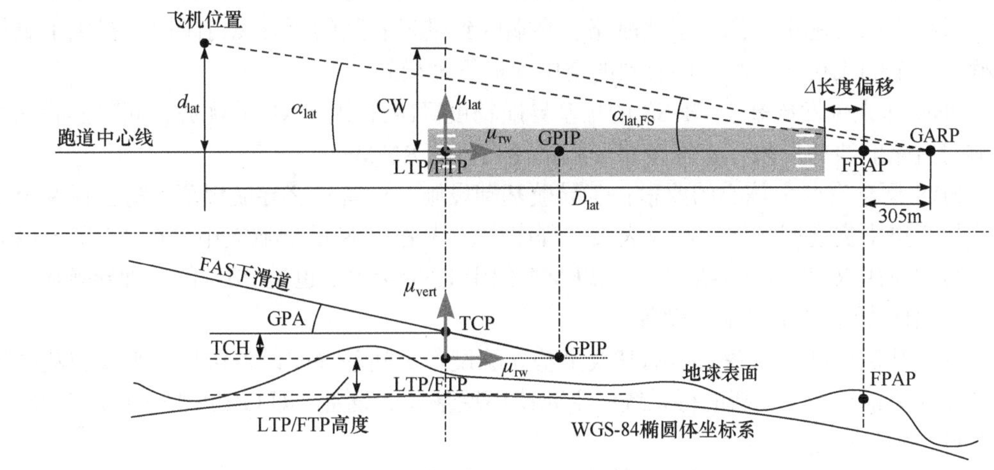

图 3-34　飞机进近路径示意图(俯视图和侧视图)

这种利用机载 MMR 接收到的差分校正值计算的航空器精确位置，与虚拟航向道和下滑道进行比较，引导飞机进近的程序称为 GLS 仪表进近程序。飞行员可借助显示在 PFD(主飞行显示器)上的飞机距离虚拟航向道和下滑道的水平和垂直偏差信息，实施目视进近。

3. GLS 的优点

(1) GLS 进近不需要过多占用频率资源。GLS 只需要在机载 NCP(导航控制面板)中输入该机场跑道程序的通道号，通道号由五位数字组成，每一个通道号对应一组 GLS 最后进近阶段(FAS)的数据，便于建立虚拟航向道和下滑道。

(2) 成本大幅降低。GLS 只需建立虚拟的航向道和下滑道，只要飞机的机载差分接收机处于 GLS 的水平和垂直信号服务范围内。

(3) 具备兼容性，易于操作。飞行员在实施 GLS 进近时，几乎与实施 ILS 进近在主飞行显示器(PFD)上观察到的航道偏离和下滑偏离信息是一致的。

(4) 精度更高。GLS 进近过程中，不再采用测距仪来测量距离，而是采用机载 MMR 接收 GNSS 和 GBAS 给出的差分校正信息，并计算出飞机的精确位置，这使得 GLS 得以实施最高的 CATⅢ类精密进近。

(5) 灵活、高效。GLS 还可以支持曲线进近，提高跑道的使用效率，甚至可以为了降低对附近居民的噪声污染，直接绕开居民区。

3.4.4 基于性能导航

1. PBN 的概念

PBN(基于性能的导航)是指航空器在指定的航路、仪表飞行程序或空域内飞行时，通过对导航基础设施的精确性、完好性、可用性、连续性以及功能等方面的性能要求，最大限度地发挥航空器性能的导航方式。这是 ICAO 在整合各国在 RNAV 和 RNP 运行实践及技术标准的基础上，提出的一种新型概念，是将飞机先进的机载设备与卫星导航及其他先进技术结合起来，涵盖了从航路、终端区到进近着陆的所有飞行阶段，提供了更加精确、安全的飞行方法和更加有效的空中交通管理模式。

PBN 即充分发挥基于 GNSS 的星基导航精度高(高精度 RNP)的优势，同时摆脱地基导航对航路航线的局限，实施按照希望路径飞行的 RNAV。

PBN 概念有两个核心的要素：①导航基础设施、设备；②导航规范。将上述两个要素应用于空中交通服务航路和仪表飞行程序中，就是 PBN 的导航应用。在 3.3 节自由航路运行中应用 RNP 和 RNAV 概念，以及类似于 RNP-4 规范也是 PBN 的一种导航应用。

1) PBN 导航基础设施、设备

导航基础设施、设备是指陆基或星基导航设备。陆基导航设备包括测距仪和甚高频全向无线电信标等；在新航行系统中主要使用星基导航设备，即 GNSS 是主要的 PBN 导航基础设施、设备。

如图 3-35 所示，PBN 将飞机先进的机载设备与卫星导航及其他先进技术结合起来，

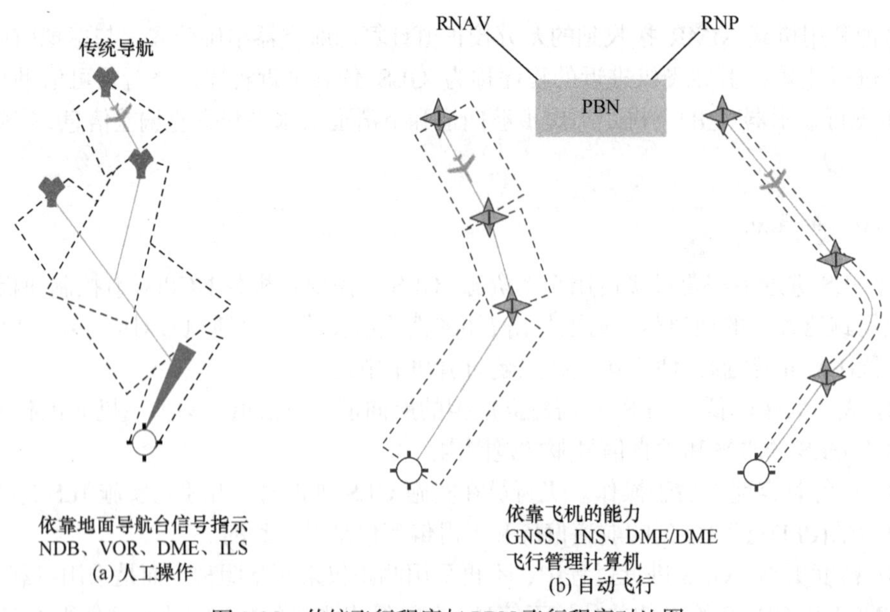

图 3-35　传统飞行程序与 PBN 飞行程序对比图

摆脱了传统的地基导航台的束缚，并提高了航空器飞行的精准性，有效缩小了航路航线保护区的范围。

2) PBN 导航规范

PBN 的导航规范分为两类：RNAV 规范和 RNP 规范。

RNAV 是指航空器可以在导航信号覆盖范围和机载设备工作能力范围内沿任意期望的航迹飞行的能力，用后缀的数值表示飞机实际位置与预计位置之间的偏差距离。例如，RNAV5，这是陆地空域航路阶段飞行的典型导航规范，表示在航路上 95%的飞行时间内，飞机导航系统显示的位置与飞机真实位置的偏差小于 5n mile。

RNP 是指航空器不仅具有在导航信号覆盖范围和机载设备工作能力范围内沿任意期望的航迹飞行的能力，而且具有通过机载设备对导航性能监视和告警的能力。例如，RNP2，这也是一种陆地空域航路阶段飞行的导航规范，表示在航路上 95%的飞行时间内，飞机导航系统显示的位置与飞机真实位置的偏差小于 2n mile，飞机应能够基于自身机载设备自主发现偏差超限的情况并告警。

2. PBN 飞行程序

PBN 飞行程序是将 PBN 导航规范及其导航基础设施、设备用于进近着陆阶段(在机场接入性方面)的一种导航应用。

图 3-36 是上海虹桥机场的传统标准仪表离场程序和 PBN 离场程序的对比图，从图中可以看出，PBN 飞行程序不再受地面导航台位置的约束，取而代之的是根据需要自定义且数量不受限制的航路点。这样，程序设计更加灵活，并且不再需要地面导航台站的建设投入，也免除了后期地面导航台站的运行维护成本。

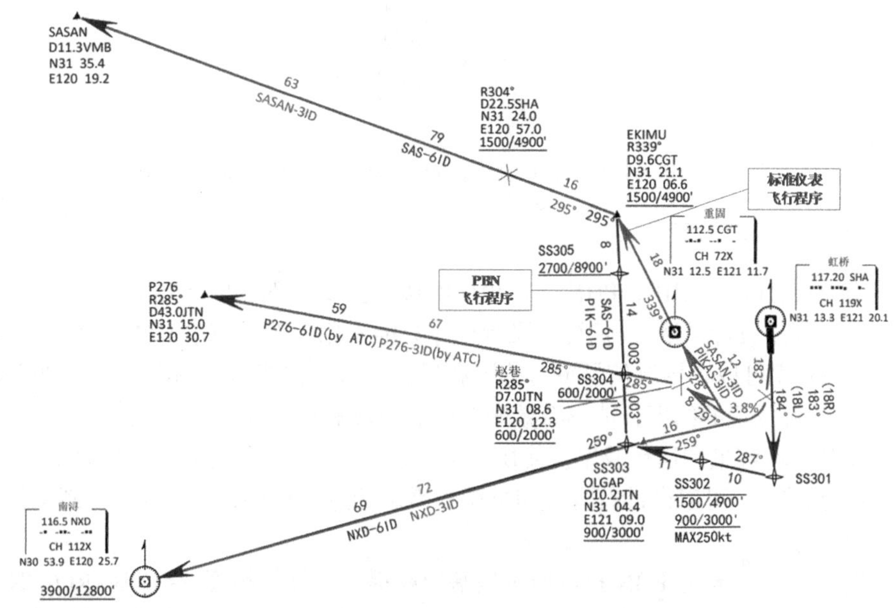

图 3-36 上海虹桥机场的传统标准仪表离场程序和 PBN 离场程序对比图

图 3-37 是广州白云机场的传统标准仪表离场程序和 PBN 离场程序的对比图，从图中可以看出，PBN 飞行程序通过增设 GG417 和 GG432 航路点提高了空域的使用效率，减少了飞行路径长度，降低了航班的燃油成本。

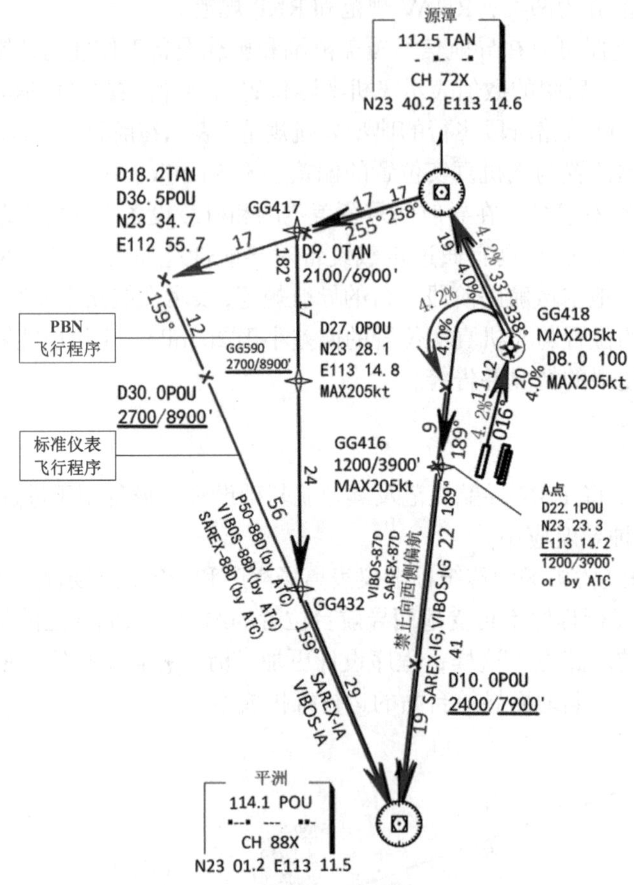

图 3-37　广州白云机场的传统标准仪表离场程序和 PBN 离场程序对比图

3. PBN 飞行程序的优点

与传统的飞行程序相比，PBN 飞行程序的优点主要体现在以下几个方面。

(1) 提升程序设计灵活性。传统的飞行程序只能采用向背台或沿 DME 弧的方式设计；而 PBN 飞行程序可以在导航信号覆盖范围和机载设备工作能力范围内自由规划航迹，不再受地面导航台位置的约束，能够有效避开限制空域和地面障碍物。

(2) 提升空域容量和运行效率。使用 PBN 技术可以建立平行航路，可以增加终端区内进离场的航路点，可以设计符合管制员调配需求的进近程序，从而减轻管制工作负荷、提升空域容量。

(3) 提升运行安全性。PBN 技术通过星基导航提高了导航精度，结合 BARO-VNAV(气压垂直导航)、RNP AR(要求特殊授权的所需导航性能)、GBAS(地基增强系统)等技术可以降低机场运行标准，提高复杂气象环境下机场运行的安全性。

(4) 降低运行成本。使用 PBN 技术可以减少地面导航台站的建设和维护成本，减少航路与终端区程序飞行的距离，降低燃油成本。

3.4.5 连续下降运行和连续爬升运行

1. CDO/CCO 概念

近年来，随着环境保护意识的加强，机场噪声、燃油消耗与排放等环境问题日益凸显，如何在安全运行的前提下，尽可能地降低燃油消耗、缓解机场噪声、减少废气排放等已成为民航业关注的焦点。连续爬升运行(CCO)与连续下降运行(CDO)正是在上述背景下相继提出的。

1) CCO

国际民航组织在其发布的《连续爬升运行使用手册》中对连续爬升运行的定义为：CCO 是一种辅以适当的空域和程序设计，以及空中交通管制间隔，使飞机能够根据自身运行能力执行最优飞行剖面的技术，这种技术可以使飞机通过在整个爬升期间的发动机最佳爬升推力设置，以最佳空速达到初始巡航飞行高度。CCO 可以减少整个飞行过程中的总燃料燃烧和排放。

2) CDO

国际民航组织在其发布的《连续下降运行使用手册》中对连续下降运行的定义为：CDO 是一种辅以适当的空域和程序设计，以及空中交通管制间隔，使飞机能够根据自身运行能力，在低发动机推力设置的情况下执行最优飞行剖面优化的技术，以减少飞机下降期间的燃料燃烧和排放。最佳垂直剖面采用具有仅根据减速和飞机配置或着陆引导系统建立所需要的最低水平飞行段的连续下降路径模式。

简单地说，CCO 是指通过设置飞机发动机的最佳速度、推力，以连续爬升的方式尽快到达初始巡航高度的飞机离场运行方式。CDO 是指飞机发动机使用最小推力或零推力，以连续下降方式到达机场的飞机进场运行方式。图 3-38 是连续下降与阶梯下降飞行剖面的对比图。

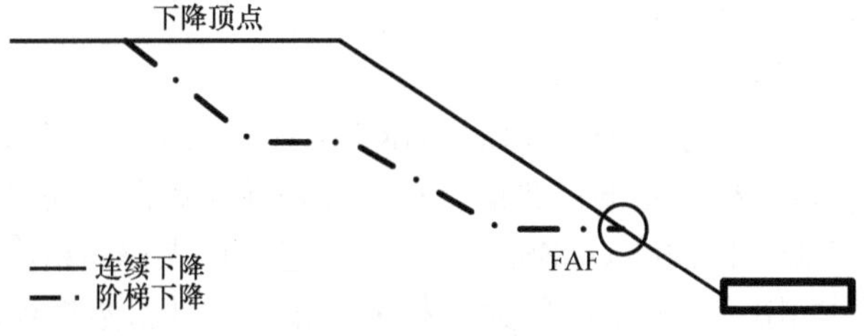

图 3-38 连续下降与阶梯下降飞行剖面对比图

在 CCO/CDO 中，飞行员或自动驾驶仪需要对飞机构型和发动机油门进行管理。随着 CCO 与 CDO 研究应用的不断深入，减少发动机损耗、降低机组人员工作负荷、缩短飞行时间等潜在优势也逐渐显现。CCO 与 CDO 结合能确保终端运行的效率、安全的最大化，且同时大幅减少环境污染物排放、燃油消耗，从而更好地保障民航行业的整体效益。

2. CCO/CDO 支持系统的组成及原理

实际上，CCO/CDO 是机载计算机的一种应用，它需要一些既有的机载或地面设施、设备的信息提供一些支持，但这些机载或地面设施、设备并不是专门为 CCO/CDO 提供支持服务的。例如，前面提到过的 FMS、GNSS、GBAS 等。

CCO/CDO 是一种从现行航行系统向新航行系统过渡过程中产生的新技术，在现行系统中已有应用(存在现行的支持系统)，而本节着重介绍面向新航行系统的 CCO/CDO 支持系统。支持 CCO/CDO 的核心系统是机载的 FMS，FMS 的总体结构图如图 3-39 所示。

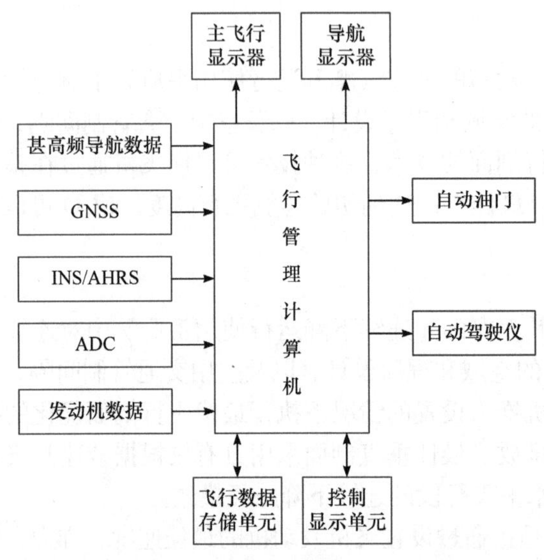

图 3-39　飞行管理系统的总体结构图

其中，FMC(飞行管理计算机)是整个 FMS 的核心，承载着 FMS 的各种功能软件，并采集、处理来自相关系统的数据，支持 FMS 的各种功能。飞行管理计算机和其他飞行管理系统组件，由数据总线联系，一起实现飞行计划、性能管理、导航、制导以及数据管理的功能。

INS/AHRS 是采用惯导/航姿基准系统(AHRS)的计算机系统；GNSS 是指机载 GNSS 接收机，用以实时获取飞机自身的位置信息；甚高频导航数据模块用于接收来自地面的 GBAS、采用 VHF 数据链传输的 GNSS 差分校正信息，以支持高精度的精密进近引导；ADC(大气数据计算机)用于获取实时的大气相关数据；发动机数据模块用于实时获取发动机当前的各种参数信息；FMC 还具有显示、输入控制和飞行数据存储等外部设备。此外，FMC 的输出数据直接用于飞机的自动油门控制和飞机的自动驾驶。

FMS 的主要功能包括导航功能、飞行计划、四维制导、性能优化、数据接口、人机界面等，如图 3-40 所示。

FMS 将(发动机输入与飞机姿态变化之间的)性能管理和(根据机载设备信息实时计算飞机当前位置的)区域导航功能相结合，进行综合管理，实现自动飞行和最优性能管理，并能够引导包括起飞、爬升、巡航、下降及自动着陆全过程，并利用 4D 航迹进行闭环控制，使航班到达机场的时间从1～2min的误差减少至秒级。

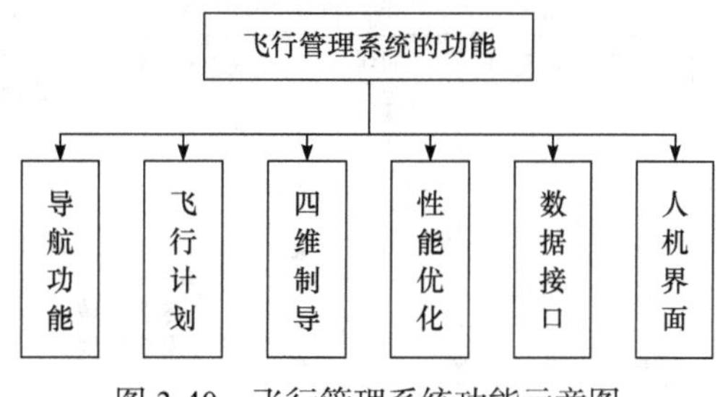

图3-40　飞行管理系统功能示意图

归纳起来，FMS具备了如下三种功能。

(1) 导航功能——结合GNSS和差分校正信息，给出飞机的位置(FMC位置)。

(2) 性能功能——根据计划飞行剖面信息，给出发动机的目标速度(或推力)。

(3) 制导功能——向DFCS(数字式飞行控制系统)和自动油门系统发送飞行路径和操纵指令：对于横向导航(LNAV)，FMC计算航路并将其与飞机位置相比较；对于垂直导航(VNAV)，FMC计算垂直速度和目标速度并将它们送到DFCS，FMC还计算目标推力和目标速度并将它们送到自动油门(A/T)，自动油门和自动驾驶仪跟随目标和指令以保持航空器在事先规划好的飞行航迹上。

由此可见，飞行管理系统可以根据飞行员预先输入的飞行计划和导航数据库生成飞行的参考轨迹，并通过组织、协调和综合多个机载电子设备确保飞机沿着该参考轨迹飞行。与此同时，飞行管理系统还可以与空中交通管理、空中防撞系统、地形感知和告警等系统通过信息交互改变飞机轨迹，并重新优化航迹和为飞机提供导航。飞行管理系统是民用飞机机载航空电子设备和系统的核心。飞行管理系统在飞机整个飞行过程中起着至关重要的作用，实现自动导航和航迹引导，使飞机性能最优，从而降低成本，取得经济和环境效益，并且在现代飞机安全、自动化、经济的飞行中扮演着不可或缺的角色。

为了保障CCO/CDO的顺利实施，地面管制员还需要ADS-B(广播式自动相关监视系统，现阶段是使用雷达)等监视设备，保持对飞机起降空域态势的关注，确保空中交通安全。

3. CDO/CCO程序设计方法

1) CCO程序

连续爬升运行旨在通过空域程序设计以及相应的空中交通管制，以确保飞机采用优化的爬升推力与速度剖面持续爬升至初始巡航高度，因此CCO程序垂直剖面(高度/速度剖面)的设计是基础和关键。考虑到终端空域运行的特点，实际运行中初始巡航高度或位于航路阶段，或位于终端空域边界，图3-41为终止于巡航高度的连续爬升运行的垂直剖面示意图。

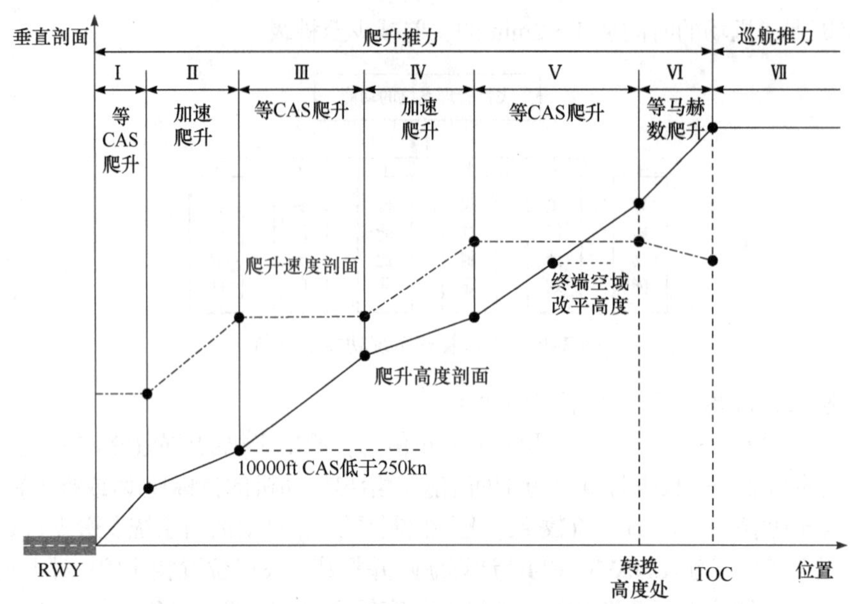

图 3-41　连续爬升运行典型垂直剖面

图 3-41 展示的是利用飞机飞行管理系统的垂直导航功能生成的参考垂直剖面，在航路阶段终止的连续爬升运行大致可以分为七个阶段。

阶段Ⅰ：航空器采用爬升推力，以固定的 CAS(校正空速)爬升。

阶段Ⅱ：由于 10000ft 处具有校正空速 250 节(250kn)的约束，航空器采用爬升推力，以等爬升率加速爬升直至 10000ft。

阶段Ⅲ：航空器采用爬升推力，以固定的校正空速 250kn 爬升。

阶段Ⅳ：航空器采用爬升推力，以等爬升率加速爬升，加速至机型的爬升速度。

阶段Ⅴ：航空器采用爬升推力，以固定的爬升速度等速爬升，直至到达转换高度处(该高度的爬升马赫数与爬升 CAS 对应的真空速相等)。

阶段Ⅵ：到达转化高度以后，航空器以爬升马赫数等速爬升至巡航高度。

阶段Ⅶ：在巡航高度处，航空器以巡航推力加速至巡航马赫数之后，等速巡航。

前五个阶段油门固定，第六个阶段马赫数固定，只有到巡航高度上再加速，避免油门频繁切换，才能有效地减少燃油消耗和噪声污染。由于连续爬升运行终止于航路阶段，一方面需要进近管制与区域管制之间的有效协调，另一方面需要合理分配进场航班与飞越航班的通过交叉点的时隙，这些都离不开管制决策支持工具的辅助。因此，现阶段 CCO 的实施往往终止于终端空域的边界。此时大致可以分为六个阶段：①等 CAS 爬升；②加速爬升至 250kn；③等 CAS 爬升；④加速爬升至爬升速度；⑤等 CAS 爬升至移交高度；⑥等 CAS 平飞。

2) CDO 程序

连续下降运行旨在保障进场航空器以闲置推力、低阻构型实现连续下降运行，因此垂直剖面(高度/速度剖面)的设计是基础和关键。国际民航组织将连续下降运行分为“闭合式”与“开放式”两类，而且建议或从航路阶段或从终端空域开始实施连续下降运行，从航路阶段实施“闭合式”的连续下降运行典型垂直剖面示意图如图 3-42 所示。

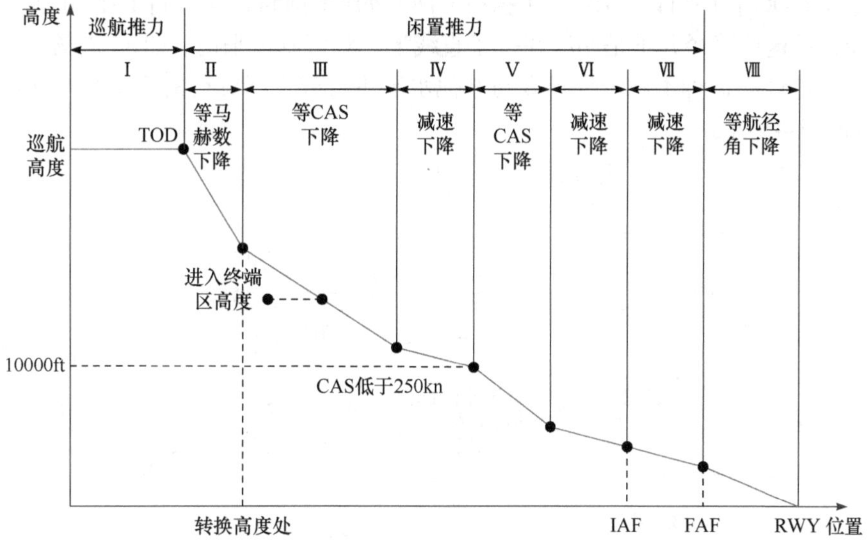

图 3-42　“闭合式”CDO 典型垂直剖面示意图

由图 3-42 可见，从航路阶段实施“闭合式”的连续下降运行大致可以分为八个阶段。

阶段Ⅰ：航空器从巡航马赫数逐渐减速到下降马赫数，采用巡航推力巡航，到达下降顶点(TOD)。

阶段Ⅱ：航空器从下降马赫数实施等马赫数下降，到达转换高度处(该高度的下降马赫数与下降 CAS 对应的真空速相等)。

阶段Ⅲ：航空器以下降校正空速实施等校正空速下降。

阶段Ⅳ：由于 10000ft 处具有校正空速 250 节(250kn)的约束，该阶段采用等下降率实施减速下降，直至航空器高度为 10000ft。

阶段Ⅴ：航空器以校正空速 250kn 下降。

阶段Ⅵ：由于 IAF(起始进近定位点)处对航空器有速度限制，此阶段实施减速下降，至 IAF 处。

阶段Ⅶ：进入进近阶段，调整构型，放下起落架，减速下降，至最后进近定位点处。

阶段Ⅷ：航空器以固定的航径角(3°)实施最后进近。

从 TOD 开始的整个 CDO 过程，航班始终处于等速、发动机小推力或零推力的状态下，有效地避免了发动机油门的频繁切换，减少了航班的燃油消耗和噪声污染。由于航路阶段实施“闭合式”的连续下降运行，一方面需要区域管制与进近管制之间的有效协调，另一方面需要进场航班落地时隙的合理分配，这些都离不开管制决策支持工具的辅助。因此，现阶段连续下降运行的实施往往只能从终端空域开始至 IAF(起始进近定位点)结束的“开放式”CDO。此时大致可以分为五个阶段：①进入终端空域，等 CAS 平飞；②等 CAS 下降；③减速至 250kn 下降；④等 CAS 下降；⑤减速至 IAF 处限制速度下降。“开放式”CDO 是一种不完全的 CDO，在 IAF 之后仍然需要管制员的指挥和安全保障。在缺少 CDO 相关的管制决策支持工具的情况下，“开放式”CDO 是一种不得已采取的权衡下的策略。

3) GBAS-CDA 程序

从上述 CDO 程序可以看出，由于执行 CDO 程序的航班使用各自 FMS 中独立的垂直飞行路径，且这些路径并不是始终在一条直线上。对管制员来说，CDO 进场飞行剖面就存在着不确定性，这种不确定性导致与其他水平飞行或下降穿行的飞机都可能产生飞行冲突，如图 3-43 所示。

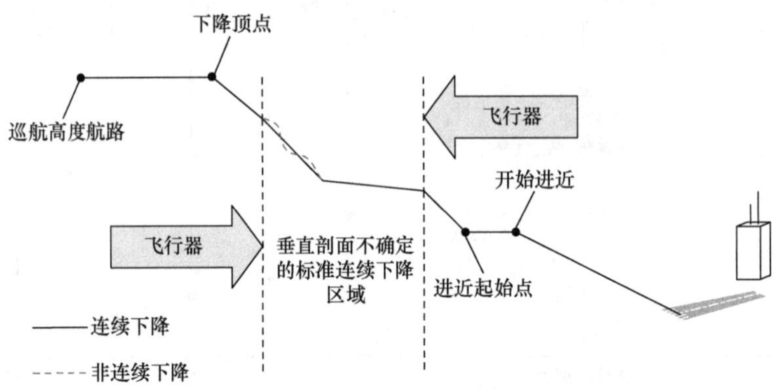

图 3-43　CDO 进场剖面不确定性

也正是由于垂直剖面的精度和完整性的缺失，从航路飞行阶段通过 FMS 采用 CDO 下降到 IAF 的航班，在 IAF 后的精确进近阶段，负责该空域的空中交通管理部门仍必须采用严格的管制程序来确保这些空中流量在垂直剖面上不产生冲突，导致空域流量的减小。

GBAS-CDA 程序可以较好地解决这个问题。CDA 表示连续下降进近之意，因飞机下降一般是在进近阶段，所以 CDA 与 CDO 并无本质不同，为了表示对参考文献作者的尊重，本书沿用 CDA 词汇。GBAS-CDA 相对于前面的 CDO 程序或非 CDO 程序的主要好处是该程序/系统可以为飞机提供准确的垂直引导，允许执行该进场飞行程序的飞机的垂直飞行剖面保持在如图 3-44 所示的垂直飞行剖面上。

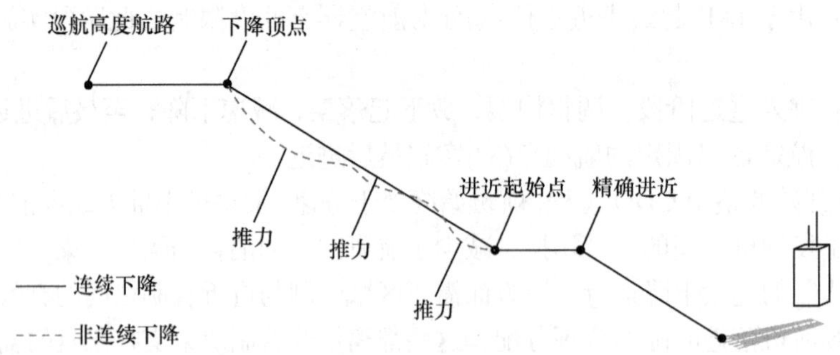

图 3-44　GBAS-CDA 与 CDO 的飞行剖面对比

这就可以给出负责该空域的管制部门更多的选择空间来处理复杂交通流产生的冲突。因此，GBAS-CDA 程序在空域复杂或交通量很高的情况下都可以实施。GBAS-CDA 程序是设计给装配有 GNSS 和 GLS 等航空电子设备可以获取 GBAS 和 GNSS 信息的飞机。

GBAS-CDA 是一种进场程序，它要求飞机从位于图 3-45 所示的 TOD 开始下滑到 IAF(起始进近定位点)，飞机必须在这整个过程中保持该下滑道直到到达 GPIP(下滑道切入点)，GPIP 标志着 GBAS-CDA 程序的完结。一旦飞机到达 GPIP 就开始进入平飞阶段，并且在到达已发布的精密仪表进近的 FAF 之前连续减速到进近速度。

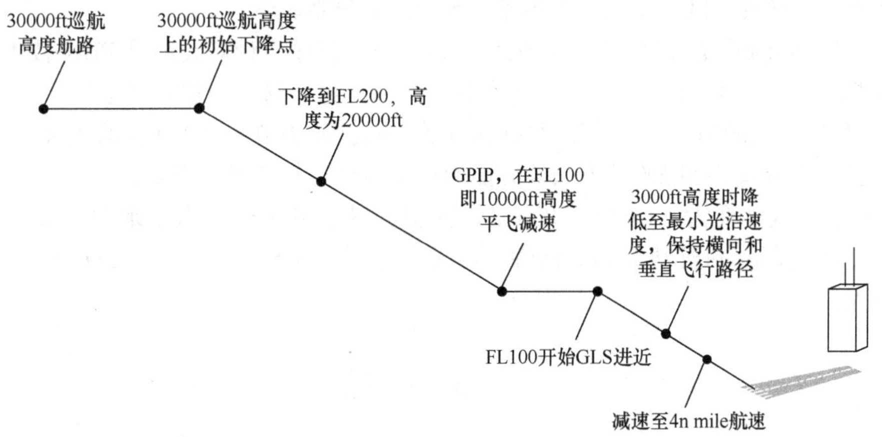

图 3-45 融合 GLS、GNSS 着陆系统的 GBAS-CDA 进场

为了使用该程序，需要加强陆基设备，由 VDB(甚高频数据广播)传输 GBAS 的差分矫正(消息类型 1)和最终进近阶段数据(消息类型 4)，这些信息可以被距离 GBAS 基站 100n mile 以上的进场飞机接收到。

GBAS 将允许飞机在距 GLS 30000ft 高度、94n mile 远处开始下降运行(进近)。下滑角不必限制为 3°，增加了程序设计的灵活性。这种 GBAS-CDA 下降程序增加了 TMA(终端管制区)的交通流量可预测性，进而支持后续的程序优化。

连续下降运行程序设计要综合考虑进离场航路航线结构、航空器飞行性能以及终端区空域结构等。在连续下降运行过程中，航空器处于一个不断下降的状态，这样就使得航空器不能以高度层来保持间隔，只能以水平距离来保持间隔。设计的垂直剖面，要统筹研究多种型号飞机的类型、大气气压、温度、风等的变化影响；从飞行员和管制员的角度考虑，增加飞行稳定性和路径的精确性，从而设计出一条满足大多数机型需要的能够减少噪声污染、燃油消耗和二氧化碳排放的最优下降梯度。

4. CCO/CDO 方法的优点与不足

实施与推广 CCO 与 CDO 的优势如下。

(1) 提升安全性和舒适性。实施 CCO 与 CDO 的航空器在降落、起飞的关键阶段减少了改平频次和出错的概率，同时提高了飞行的稳定性与乘坐舒适性。

(2) 实现节能减排。借助优化的飞行程序、运行剖面，实施 CCO 与 CDO 不但能够有效节省燃油消耗和飞行时间，还可以减少噪声的影响、减少污染物的排放量。

(3) 降低工作负荷。通过优化的飞行程序和先进的机载设备，驾驶员拥有更多的自主权和预判力，管制员的干预指令也大幅减少，大幅降低频繁通话和互操作导致的出错概率。

(4) 提高空域使用效率。简洁的 CCO 与 CDO 程序以及航迹的可预测性，可更好地提高空域运行效率。

实施与推广 CCO 与 CDO 的不足包括以下几方面。

(1) 程序不存在普适性。程序的实施依赖于特定的空域和空中交通管理环境，程序设计受到地形、空域、机队导航及观测能力等因素的限制。

(2) 设计协调的复杂性。为获取最佳运行效益，程序设计需要满足 PBN 技术标准，适合各类航空器的性能限制(剖面)，适合管制空域流量、管制习惯和气象条件等。

(3) 程序实施的渐进性。需要管制员的理解和支持，并在 CDO 涉及的航班排序预判、水平间隔保持和垂直间隔监控方法等方面通过实践进行持续磨合与优化。

(4) 运行难度变大。CCO/CDO 需要管制员尽量采用速度指令来调配水平间隔，降低了交通流调配的机动性和灵活性。在复杂空域和天气条件下，CCO 与 CDO 运行难度较大。

本章小结

本章参照新航行系统在导航领域的主要特征，首先介绍了全球导航卫星系统及其导航增强技术，卫星导航将是未来飞机从起飞爬升、航路巡航、进近着陆，乃至场面滑行等飞行全过程唯一的导航系统；其次介绍了在自由航路运行、在支持航空用户按照希望路径飞行领域的探索和进步，自由航路运行将是航班巡航飞行的主要模式；最后介绍了卫星着陆系统、基于性能导航和连续下降技术对精密进近着陆性能的提升。

思考题

1. 简述全球卫星导航系统的组成及其工作原理。
2. 简述北斗卫星导航系统对比其他导航卫星星座的优势。
3. 简述所需导航性能的定义。
4. 详述区域导航的特点和优势。
5. 详述灵活使用空域的概念及其内涵。
6. 阐述实施动态扇区对自由航路运行的意义。
7. 精密进近着陆分为哪些等级?
8. 详述卫星着陆系统的组成及其工作原理。
9. 基于性能导航带来哪些益处?
10. 简述 CCO/CDO 方法的优点与不足。

第 4 章　监　　视

4.1　引　　言

在新航行系统中，监视包括地空(地面运行管理人员对空中态势)监视和空空(飞行员对航班周边态势)监视。监视的目的(也是空中交通管制的目的)就是防止航空器与航空器，以及航空器与障碍物发生碰撞，维护空中交通的安全和顺畅。管制员是通过为航空器之间或者航空器与障碍物之间提供足够的间隔，以确保在各种扰动或误差出现时，航空器不会出现碰撞风险，而监视系统就是管制员为航空器在空中保持足够的安全间隔的必要手段。

航空器在进行航路和航线飞行时，应当按照所配备的飞行高度层飞行(除 8400～8900m 外，通常 300m 为一个高度层)，如图 4-1 所示。

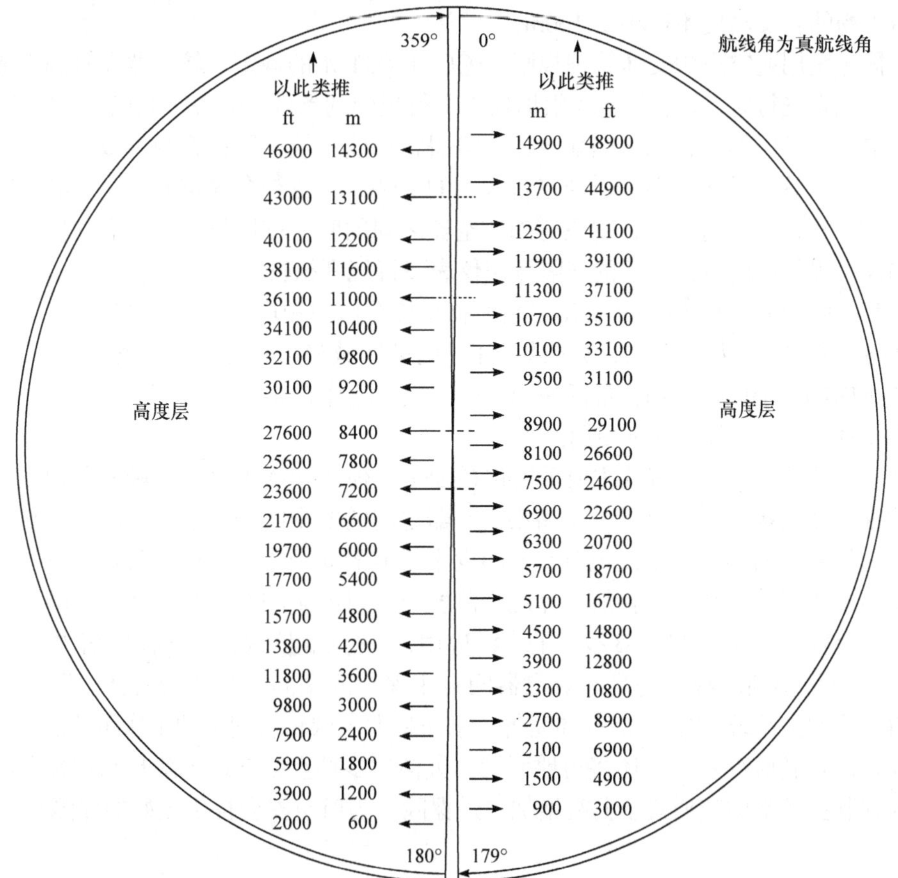

图 4-1　飞行高度层配备标准及显示差异示意图

在机场管制地带或者进近管制空域内，管制员为航空器之间配备的垂直间隔都不得小于 300m。由于气压高度表存在测量误差，航空器的高度显示在某一高度上下各 60m 范围内时，则可认为航空器保持在该高度上飞行。

当实施程序管制时，间隔以时间计量。同航迹、同高度、同速度飞行的航空器之间，纵向间隔为 10min；同航迹、同高度、不同速度飞行的航空器飞越同一位置报告点应当有 3～5min 的纵向间隔。

当实施雷达管制时，间隔将以距离计量。航空器之间间隔为航路 10km，终端区 6km(CCAR-93TM 第四百零六条——航空器之间水平间隔在进近管制不得小于 5.6km，在区域管制不得小于 9.3km)。安全管制间隔会随着监视技术(仪表误差)的不断进步而减少，达到提高空域容量的目的。

目视飞行时可以不考虑仪表误差，同航迹、同高度航空器之间纵向间隔为：指示空速 250km/h(含)以上的航空器之间，5km；指示空速 250km/h 以下的航空器之间，2km。

航空器与地面障碍物之间的最小垂直间隔：航路、航线飞行或者转场飞行的安全高度，在高原和山区应当超过航路中心线、航线两侧各 25km 以内最高标高 600m；在其他地区应当超过航路中心线、航线两侧各 25km 以内最高标高 400m。只有当巡航表速在 250km/h(含)以下的航空器，且在机场区域内目视飞行规则飞行时的最低安全高度，距离最高障碍物的真实高度不得小于 100m。

依据《民用航空空中交通管理规则》(CCAR-93TM)的规定，航空器在管制空域内按仪表飞行规则飞行时，管制员应当根据仪表飞行规则的条件，配备符合规定的安全间隔，防止航空器与航空器、机动区内航空器与障碍物相撞；航空器在管制空域进行目视飞行规则飞行时，管制员应当根据目视飞行规则的条件，配备符合规定的安全间隔。同时，有目视飞行和仪表飞行时，目视飞行的航空器之间的间隔按照目视飞行规则执行；目视飞行和仪表飞行的航空器之间的间隔按照仪表飞行规则执行。

在第一版的 Doc 9750 中，提出了新航行系统在监视领域的三个主要特征：

(1) SSR(二次雷达)的 A/C、S 模式将用于终端区域和高密度陆地空域；

(2) ADS(自动相关监视)将广泛使用并由二次雷达作补充；

(3) PSR(一次雷达)将减少使用。

新航行系统中地空监视的主要手段包括 SSR S 模式和 ADS 系统，随着监视技术的进步、监视精度的提高，可以进一步缩小航空器之间的安全间隔标准。管制员为航空器之间提供的间隔有两种，除了避免航空器间发生碰撞的安全间隔，还有防止后机受前机尾流影响的尾流间隔，特别是在航空器起降阶段对后机的影响有时是致命的。随着信息化技术的高速发展，以及 ADS-B 技术的广泛应用，飞行机组对航空器周边的空中交通态势的感知能力将得到大幅度提高，航空器间自主保持安全间隔将成为可能。随着新一代 ACAS(机载避撞系统)功能的提升和完善，未来将大大减轻管制员的工作负荷。

此外，在新航行系统中还将为地面管制员构建多种空中交通风险自动化预警的安全网，为管制员的空中交通安全监视增加一道保险，为航空安全提供更好的保障。

4.2 新一代监视系统

4.2.1 ADS

1. ADS 的定义

ADS 是 Automatic Dependent Surveillance 的简写，即自动相关监视。Automatic 是指飞机上机载系统的各种信息是自动发送、自动收集处理、自动显示的；Dependent 是指监视要依赖飞机机载设备提供的各种飞行导航信息。

ADS 是一种监视技术，机载导航系统导出的数据将通过空地数据链自动发送，这些数据至少包括飞机识别码、四维位置和所需附加数据。这里所说的四维位置是指飞机的纬度、经度、高度和时间。

ADS 的特征包括：

(1) 由机载导航设备(GNSS 接收机、INS、气压高度表、FMS 等)提供导航信息数据；

(2) 报文数据帧有精确的 UTC(世界协调时)时间标记；

(3) 具有飞机与地面设施、设备数据传输的空地数据链路；

(4) ATC 部门具有接收 ADS 报文和为管制员提供导航信息数据的地面基础设施；

(5) 利用这些导航信息数据为航班提供 ATS(空中交通服务)的程序。

早期的 ADS 是通过在飞机和地面终端之间协商建立点对点通信协议，飞机向地面终端发送 ADS 报告，地面终端接收到 ADS 报告后，还要向飞机发送消息，所以 ADS 需要建立地空双向通信链路，这种点对点通信的自动相关监视系统通常又称作 ADS-C。

2. ADS 的组成及工作原理

1) ADS 的组成

ADS 的空地系统分为三部分，即机载系统、传输系统和地面用户系统。

机载系统主要由机载导航设备接口、控制显示单元和收发部分组成。其主要功能是从机载导航系统采集飞行数据，格式化后发送数据，接收地面发送的 ATC(申请)信息，从而决定报告率和选择发送数据。

传输系统主要包括 ADS 地空通信数据链，可选用 VHF 数据链、HF 数据链、S 模式数据链和卫星数据链。通过数据链传输，可自动地转发各方的 ADS 数据报文。

地面用户系统包括地面通信网、飞行数据处理系统(FDPS)和地面空中交通管制席位上的操纵和显示设备。主要功能是解析飞机发出的 ADS 报文信息，显示空中交通态势，并根据管制员的要求发送 ATC(申请)信息。

2) ADS 的工作原理

图 4-2 是我国 ADCC(民航数据通信有限责任公司)开发的基于 VHF 数据链的 ADS 系统。飞机的位置信息可以来源于 GNSS，也可以来源于其他机载导航设备，但在未来的新航行系统中将主要使用 GNSS 的定位信息。ADCC 的 ADS 地空通信数据链采用的是 VHF 数据链。

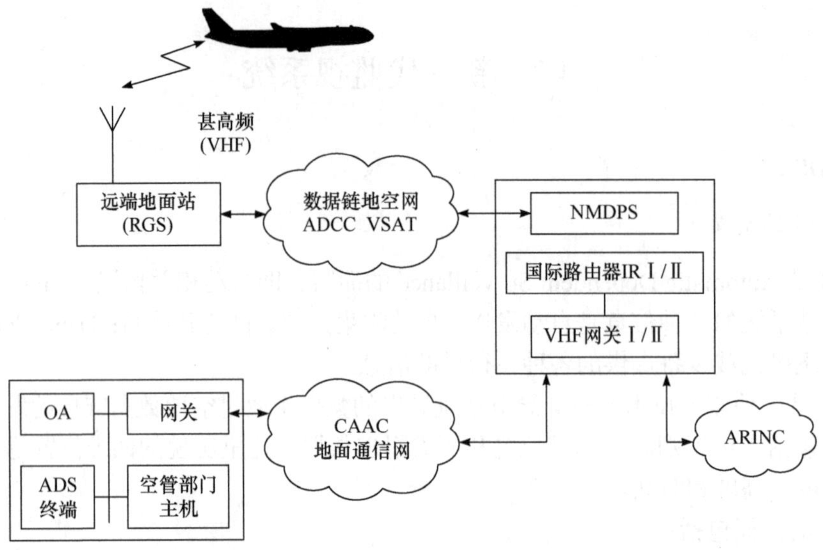

图 4-2　基于 VHF 数据链的 ADS 系统

其中，RGS(远端地面站)通过 VHF 数据链与 ADS 机载系统实现机载导航数据或 ATC(申请)信息的双向传输；ADCC 的 VSAT(小型卫星通信地球站)负责收集分布在全国各地的 RGS 收到的机载导航数据，并将这些数据传送至 NMDPS(网络管理与数据处理系统)；NMDPS 将 ATC 信息通过路由器上传给指定的飞机，同时处理通过 VSAT、ARINC(航空无线电公司基于 VHF 的航空寻址报告系统)下行的机载导航数据，并通过路由器和 CAAC(中国民用航空局)的地面通信网络传送至空管部门的主机，最终将所有的机载导航数据呈现在具有 GIS(地理信息系统)和航图信息的 ATC 部门的 ADS 终端上，形成对空中交通态势的感知。

3. ADS 报文的内容

ADS 报文的数据可以概括性地分为以下三大类：

(1) 机载导航系统(如 INS、IRS、GNSS 等)获得的四维位置(经度、纬度、高度、时间)和定位质量指标 FOM、速度(航迹角、地速、航向、马赫数或指示空速)等信息；

(2) 飞行管理系统所储存的飞机标识(标识码、地址码)、4D 飞行计划剖面中下一个航路点的经度、纬度、高度、预计到达时间，再下一个航路点的经度、纬度、高度、预计到达时间，以及后继航路点的经度、纬度、高度、预计到达时间等；

(3) 有关的气象数据(风速、风向、气温和气压等)。

4. ADS 的优势

实施 ADS 具有以下优势：

(1) 在非雷达的环境下，如海洋、沙漠、高山等地区，提供类似于雷达的监视手段；

(2) 飞机自动发送位置报，减少了陆空对话的次数，减轻管制员的工作负荷；

(3) 减少间隔，提高空域的利用率；

(4) 随着四维导航能力的增强和位置报告率的提高，可使用最佳飞行剖面和径直飞行，提高航空公司的经济效益，同时可以提高管制和飞行的灵活性；

(5) 卫星通信传输监视信息使得管制中心的设立不受地点、数目的限制。

此外，与雷达相比，ADS 技术成本低，可节约大量的设备建设和维护成本。

4.2.2 SSR S 模式的空中交通监视

实际上二次雷达已经广泛用于空中交通监视，通过传统的 A/C 模式，二次雷达地面设备和离散寻址信标系统(DABS)，二次雷达的 A/C 模式和 S 模式数据链均可以通过1030MHz 的频率向机载二次雷达发出询问信号；A/C 模式的二次雷达通过波瓣确定方位、通过对回答信号的延时比对确定距离，实现对空中飞机的定位监视；S 模式的二次雷达更可以直接通过数据链获得机载导航设备中的位置数据，实现对空中飞机的定位监视。这些都属于地空监视的范畴，这里介绍另外一种二次雷达用于空中交通监视的情况——空空监视，即 TCAS(空中交通警戒与防撞系统，在欧洲等地又称机载避撞系统、ACAS)。

1. TCAS 概述

空中交通管制规定了空域中对不同走向的飞机分别占用各自的高度层，以保证它们之间能够保持安全的垂直间隔；对航路规定了航路宽度和平行航线之间的间距，保障其侧向具备安全间隔；在飞机起飞前放行时，预先安排好同航路上同向飞行的飞机之间的时间间隔或距离间隔，保障其纵向具备安全间隔。三维的安全间隔标准是飞行安全的保障。当出现因管制员或驾驶员的疏忽造成飞机违反了三维安全间隔标准的情况时，将对空中交通造成威胁和冲突。在雷达监视环境下，这种潜在的危险会被地面雷达发现。为了提高驾驶员空中的自主觉察和冲突规避能力，20 世纪 80 年代出现了机载避撞系统(TCAS)。实践证明，TCAS 确实是一种防止和避免空中相撞的有效设备。现在，驾驶员驾驶飞机在空中飞行时，不仅有空中交通管制系统为他们提供安全可靠的间隔距离，还可方便地使用 TCAS 去发现附近的飞机，主动避免可能出现的危险，TCAS 是避免碰撞的另一道屏障。TCAS 是 SSR 在高密度空域的一种典型应用。

2. TCAS 组成

如图 4-3 所示，TCAS 由下面这些部分组成。

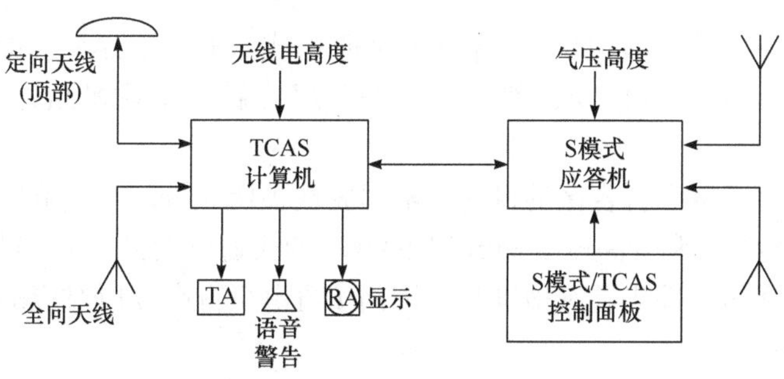

图 4-3 TCAS Ⅱ 的组成

(1) S 模式/TCAS 控制面板：选择和控制所有 TCAS 组件，包括 TCAS 计算机，S 模式应答机和 TCAS 显示等。如图 4-3 所示，控制信息经由 S 模式应答机输送到 TCAS 计算机。

(2) S 模式应答机：执行现有 A/C 模式应答机的正常 ATC 功能。因其具有选择地址的能力，S 模式应答机也用于装有 TCAS 的飞机之间的空中数据交换，以保证提供协同的、互补的解脱信息。

(3) TCAS 计算机：用于监视空域中闯入飞机与本机之间的态势、探测和判定威胁，并产生解脱信息。气压高度被 TCAS 计算机用作避撞控制的逻辑参数，这些参数也决定了装载 TCAS 的飞机周围的保护范围。如果一架监视的航空器是一个碰撞威胁，计算机将选择最好的避让机动，如果产生碰撞威胁的航空器上也装备了 TCASⅡ，这种机动是相互协作的。

(4) TA(交通信息)显示：交通警戒信息显示可以是专用的 TCAS 显示器，也可以是气象雷达与交通显示合用的显示器。

(5) RA(解脱信息)显示：解脱信息显示是一个标准的垂直速度指示器。

(6) 语音警告：用来补充显示的交通警戒信息和解脱信息。在交通警戒显示出现时，系统发出“Traffic，Traffic”(交通，交通)的声音，告诉飞行员应当看 TA 显示以确定闯入航空器的位置。如果冲突不能自行解决，系统会继而通报解脱信息，如“Climb，Climb，Climb”(爬升，爬升，爬升)。此时，飞行员应当调整或保持飞机的垂直速度，使 VSI(垂直速度表)的指针尽快处于红色弧段之外。

(7) 天线：TCASⅡ使用的天线包括一组安装在飞机顶部的定向天线和三组全向天线。通常，定向天线发射的频率是 1030MHz；全向天线仅用于接收数据，用 1090MHz 接收其他应答机的回答，并且送到计算机。在底部也可以选装一组定向天线来获得这些目标的方位信息。

3. TCAS 功能及工作原理

1) TCAS 的功能

TCAS 的主要功能就是提高两级告警，对应两个区，即警戒区和警告区。若目标飞机进入警戒区，TCAS 发布 TA，使驾驶员觉察并引起他的注意，为后续措施做好准备，如图 4-4 所示。

当目标飞机进入警告区时，对自身飞机便构成威胁，TCAS 立即发布 RA，提供解脱冲突所需避让的垂直机动，驾驶员应据此尽快做出避让操纵，并向地面管制员报告。

TCAS 设定警戒区和警告区的目的是给驾驶员预留充分的应变响应所需的时间和空间。由于在接近终端区和低高度(3000ft 以下)空域的交通密度大，飞机的回旋余地小，预留给驾驶员的时间短，即告警灵敏度高，因而 τ 值由飞行高度所对应的灵敏度等级所确定，如表 4-1 所示。

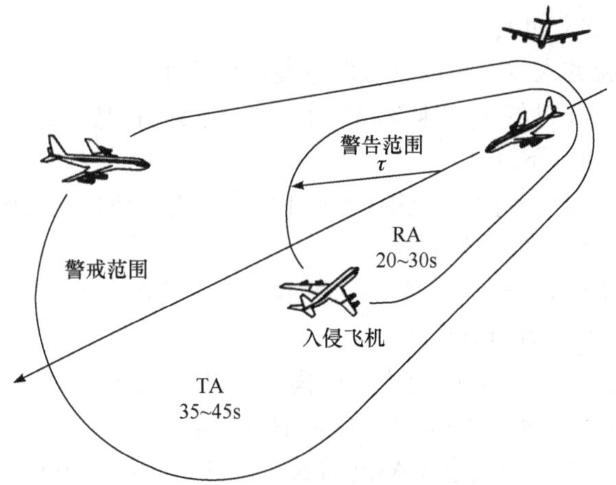

图 4-4　交通信息(TA)与解脱信息(RA)

表 4-1　高度和预留时间 τ 值的关系

飞行高度/ft	灵敏度等级	TA 预留时间/s	RA 预留时间/s
无线电高度<500	2 级	20	—
无线电高度 500～2500	4 级	35	20
气压高度 2500～10000	5 级	40	25
气压高度 10000～20000	6 级	45	30
气压高度>20000	7 级	48	35

2) TCAS 的工作原理

(1) 交通信息。

TCAS Ⅱ的功能是对装有 A/C 模式或 S 模式应答机的飞机作询问，并从入侵飞机的回答中来确定这些飞机的距离、高度和大致的方位，并计算出与每架入侵飞机发生碰撞的风险。TCAS Ⅱ能在 CDTI(驾驶舱交通信息显示器)上提供交通信息，如图 4-5 所示。

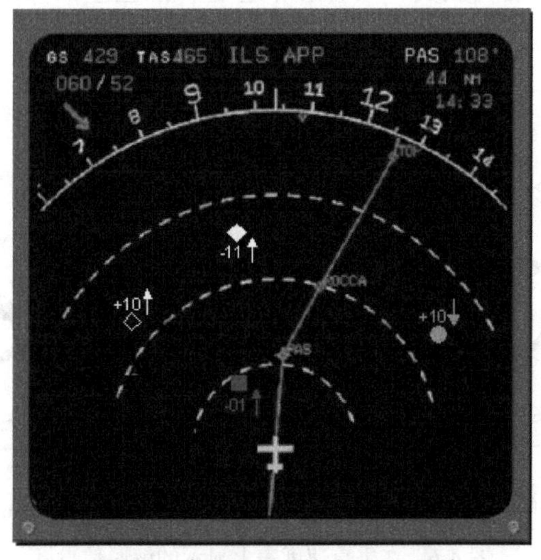

图 4-5　在 CDTI 上的 RA/TA 显示

图 4-5 中的标号意义如下：

① 尚不构成威胁的入侵飞机以空心白色菱形体表示。

② 箭头表示入侵飞机的垂直速度≥500ft/min。箭头指向上表示入侵飞机在爬升；箭头指向下表示入侵飞机在下降。

③ 入侵飞机在交通警戒信息(监视)范围(TA)时，则以琥珀色的圆体来表示。

④ 本机用黄色飞机状的符号表示。

⑤ 指出威胁飞机的相对高度。负号(–)指出威胁飞机在本机下方的相对高度；正号(+)指出威胁飞机在本机上方的相对高度。

⑥ 接近飞机(相对高度 1200ft 以内、距离 6n mile 以下)以白色实心菱形表示。

⑦ 指出入侵飞机接近距离的刻度用白色虚线表示。

⑧ 指出入侵飞机在解脱信息(RA)范围内，以红色实心正方形表示。本例指示威胁飞机在下方 100ft、以≥500ft/min 的垂直速度在爬升，需要立即采取措施规避可能发生的碰撞。

TCAS 收发组接收到各入侵飞机的回答数据，确定这些装有 A/C 模式或 S 模式应答机和 TCAS Ⅱ 的飞机是否构成碰撞威胁，并通过与其他装有 TCAS Ⅱ 飞机的 S 模式应答机的数据传输功能，互相配合操纵飞机，以规避碰撞。

(2) 解脱信息。

TCAS 向机组提供目视和声音(发出“爬高”或“下降”的声响信号)两种解脱信息。

TCAS 的目视解脱信息是在垂直速度表上显示需要立即对飞机进行的“修正”操作，图 4-6 是在垂直速度表上显示的解脱信息。在垂直速度表的刻度上，解脱信息用绿色和红色亮弧表示，飞机以红色亮弧显示的速度做爬升或下降会有与入侵飞机碰撞的可能，驾驶员应该立即将飞机的垂直速度调整到表上绿色亮弧显示的垂直速度区间，以规避飞行冲突。如图 4-6(a)所示，告知驾驶员立即操纵飞机以大于 1000ft/min 的垂直速度爬升，可规避可能的碰撞。在图 4-6(b)中，解脱信息在垂直速度表刻度中的下降速度为 1000～5000ft/min，这意味着警告驾驶员，飞机下降速度不能超过 1000ft/min，否则就有与入侵飞机碰撞的可能。

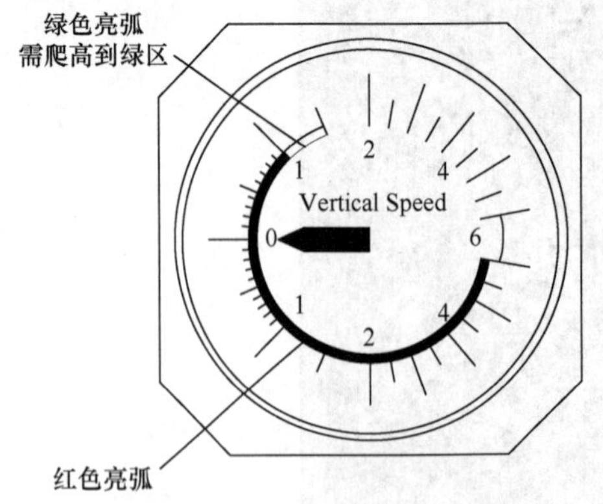

(a) 爬升速度应>1000ft/min以规避碰撞

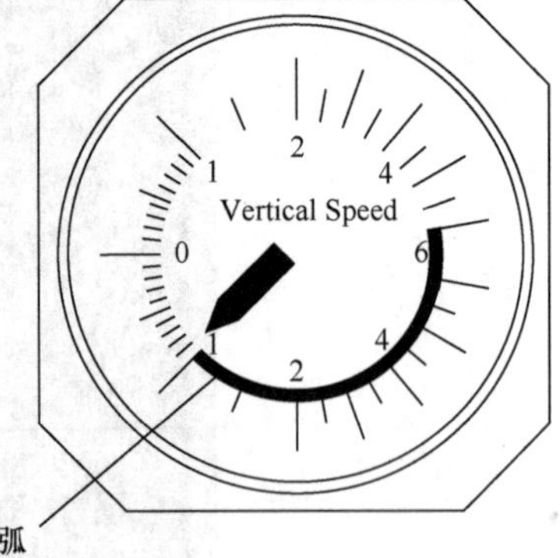

(b) 下降速度<1000ft/min，否则有碰撞可能

图 4-6　在垂直速度表上显示的解脱信息

4. TCAS 的缺陷

TCAS Ⅱ 虽然能提供监视周边交通态势的 TA 和 RA，但这些解脱决策信息只能给驾驶员操纵飞机“爬高”或“下降”的在垂直方向上的建议，还未能提供向左或向右转弯及向左、右爬升或下降的建议，且 TCAS Ⅱ 并不完善，如图 4-7(a)所示，飞机在机场附近低高度飞行时，TCAS Ⅱ 的“下降”指令可能会导致飞机发生撞地的事故。TCAS Ⅱ 的“爬升”或“下降”指令存在与其他飞机相撞的风险，如图 4-7(b)所示。

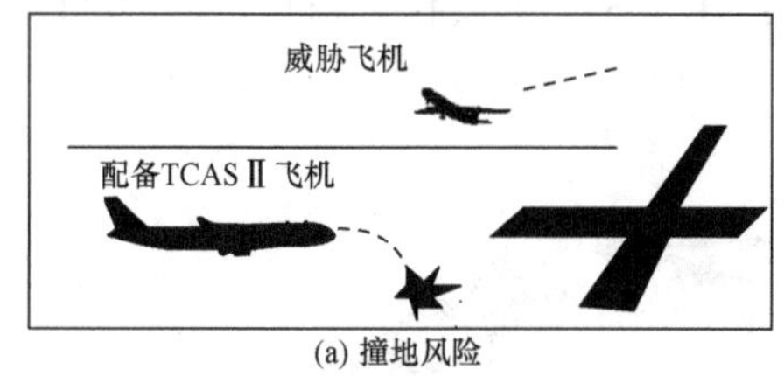

(a) 撞地风险

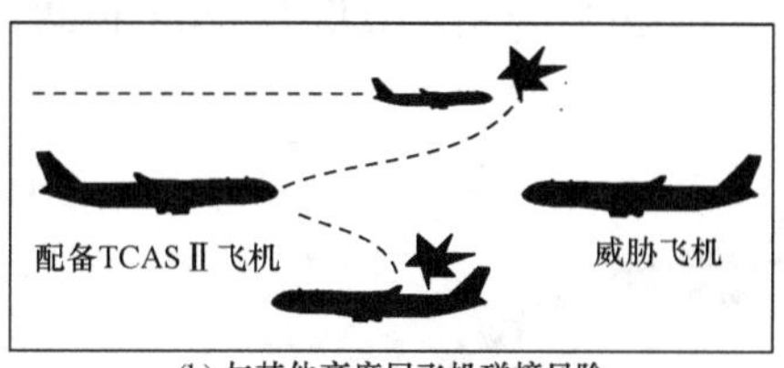

(b) 与其他高度层飞机碰撞风险

图 4-7 TCAS Ⅱ 存在的问题

因此，航空工业界正在加速研究发展新型的机载避撞系统，使其既可提供“爬升”或“下降”的指令，同时又能提供向“左”或“右”转弯的指令，使驾驶员能采用机动、灵活的冲突解脱决策，提高飞机躲避碰撞的能力，达到防撞的目的。

4.2.3 ADS-B 技术

1. ADS-B 的概念

ADS-B 数据链，也称广播式自动相关监视。ADS-B 是指所有的飞机周期性地广播自己的四维信息(经度、纬度、高度和时间标记)、运动方向和速度等数据，在广播覆盖范围内的其他飞机和地面 ATC 设备可以获得这些数据，这些数据可以精确地表示飞机的位置、航向等信息。

ADS-B 不仅可以用于地面 ATC 设备对空中飞机的地空监视，空中每架飞机也都能够接收邻近飞机的位置报告，互相了解对方所处位置和行踪，实现飞机间的空空监视。依靠 ADS-B，飞行员将不再依赖地面的雷达监视和管制指挥，可以自主保持空中交通安全间隔、自主地承担起维护空中交通安全的责任，这就是 ADS-B 的作用。ADS-B 将引起空中交通监视和管制上的革命，空中安全的责任将逐渐从管制员方交还给飞行员自己来承担。

航空界一直在追求自由飞行，就是想恢复到早期航空的自由飞行状态，但没有相当的技术措施是不可能的。在飞机上，ADS-B 报告可以直接与机载的 CDTI 相连，与 TCAS 相比，ADS-B 利用广播自发位置报的模式，将航班(飞行员)的视程扩大到上百公里之外，不仅能够知道邻近飞机的位置，还能够知道对方的相对高度和接近率，极大地提高了航班空中交通态势的感知及预警能力。ADS-B 将在空中交通监视的各个领域取得广泛的应用，为自由飞行打下坚实的基础。

2. ADS-B 的组成及工作原理

ADS-B 系统由机载和地面两部分组成。机载部分有 GNSS 接收机、ADS-B 收发机、天线和 CDTI；地面部分有 ADS-B 收发机、天线和 ATC 基础设施。当 ADS-B 用于航班之间空对空的交通监视时，一般只需要机载部分，不需要任何地面设施、设备。

机载 ADS-B 既可以播发本机的导航信息，同时又可以接收来自周边飞机的导航信息和来自地面 ATC 用户播发的交通服务信息、飞行情报信息等，如图 4-8 所示。当 ADS-B 处于播发状态时，称作 ADS-B OUT 模式，当 ADS-B 处于接收状态时，称作 ADS-B IN 模式。

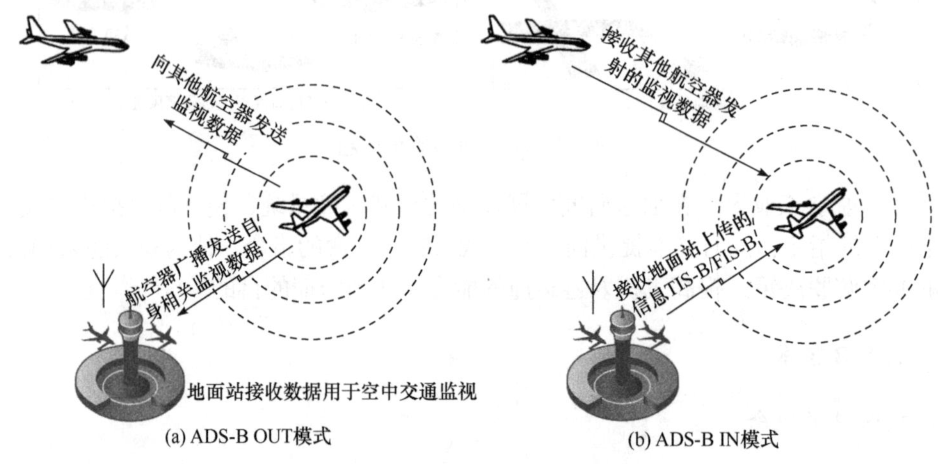

图 4-8　ADS-B 组成及工作原理图

在 ADS-B OUT 模式中，ADS-B 收发机利用 GNSS 接收机获得 GNSS 星座的导航信息、解算出本机的实时位置数据，并发送包含这些位置数据的 ADS-B 报文。ADS-B 收发机具有专门收发和处理 ADS-B 报文的软件。

ADS-B 系统向空中和地面 ATC 等用户提供的信息包括：

(1) 飞机的识别信息，如飞机类型、航班号、所属航空公司代码等；

(2) 飞机的位置信息，如飞机的经度、纬度、高度，以及相应的时间标记等；

(3) 飞机的速度向量，如飞机的地速、指示空速、垂直速率、转向速率等；

(4) 导航性能指标等。

在 ADS-B IN 模式中，ADS-B 收发机接收周边飞机包含这些位置数据的 ADS-B 报文，以及地面 ATC 用户播发的 TIS、FIS 的信息。CDTI 根据本机和收到的邻近飞机的实时位置数据呈现出周边的空中交通态势，CDTI 可以将气象、地形、FIS 等信息综合重叠地呈现在显示器上。

地面 ATC 用户 ADS-B 收发机与机载 ADS-B 收发机一样用于接收和处理来自周边飞机的实时位置数据/气象信息，并最终将它们呈现在管制员的终端上。

机载 ADS-B 除了可以接收其他航班的上述位置信息外，还可以接收来自地面 ATC 用户提供的如下信息：

(1) TIS 系统的信息：含周边所有没有加装 ADS-B、加装不同数据链 ADS-B 航班的实时位置信息。

(2) FIS：与航空安全、正常运行和效率相关的情报和资料。

3. ADS-B 可用数据链

目前，ADS-B 可用数据链有三种，分别如下。

1) S 模式数据链

S 模式数据链频率：1090MHz，基于 S 模式数据链的能力。S 模式数据链的地面站现在是可用的，ADS-B 报文向上传输(地对空)需要较大的功率，可以考虑使用 S 模式二次雷达或专门的 S 模式通信装置。

2) VDL 模式 4

VDL(甚高频数据链)波段：118～136.975MHz，时分多址，是按照对所有用户都有效的 UTC(协调世界时)组织的。VDL 模式 4 的协议允许管理几个甚高频频道：包括 2 个全球的频道(如 136.8MHz 和 136.9MHz)，如果需要地方性的频道，还可以增加(如 136.5MHz)。

3) UAT

UAT(普通无线电收发机)波段：960～1215MHz，是一个波段很宽的频道(1Mbit/s)，可传输 1Mbit/s 的数据。地面广播：32 个时间片段(每段 464B)；空中广播：3200 个时间片段(每段 16B 或 32B)。

S 模式计划在全世界范围内服务，而 VDL 模式 4 或 UAT 在地方使用，也可以用于增强完好性和可用性。

4. ADS-B 的优点

1) 增加航空的安全性

对所有的使用者(管制员和机组人员)都能够洞悉空域动态环境，避免被管制的班机误入禁飞区之内，提高了地基监视系统的安全性。

2) 增加航空运行效率和能力

监视方法和新的程序的改进，减少了飞机间的飞行间隔，如减小目视进近间隔，并在非雷达环境中提供“像有雷达一样”的监视服务。

3) 改良决策支持工具的性能

ADS-B 使人们感觉到，未来可能将 ADS 与 TCAS 的功效综合在一起，成为空地一体化的监视与安全保障系统。

4.2.4　多点定位系统

1. MLAT 的概念

MLAT(多点定位)系统是基于多个无线电射频应答机的监视系统，是一种与传统监视雷达不同的新的监视手段，它通过地面多个接收机捕获应答机标识脉冲并计算目标的位置，可以精确地对机场周边空域和场面上的移动与静止的飞机、车辆等目标进行监视。该系统具有较高的可靠性和准确性，能够满足空中交通管制对目标的高精度定位要求。

MLAT 与一次、二次雷达相比，具有高精度、低成本、易安装等一系列优点，因此在世界很多地方被广泛应用，正在逐步取代一次、二次雷达等传统监视设备。最近几年，MLAT 已经被成功应用于机场监视活动中，成为 ICAO 提出的 A-SMGCS (高级场面活动引导与控制系统)的一项核心技术；现在这一技术也正在被应用于航路、进近等较大范围空域的监视中。

2. 多点定位系统组成

系统主要由系统基站、时间同步单元、中央处理系统、显示单元与监控单元，以及系统其他辅助系统，如天线、供电系统、防雷系统等组成，如图 4-9 所示。

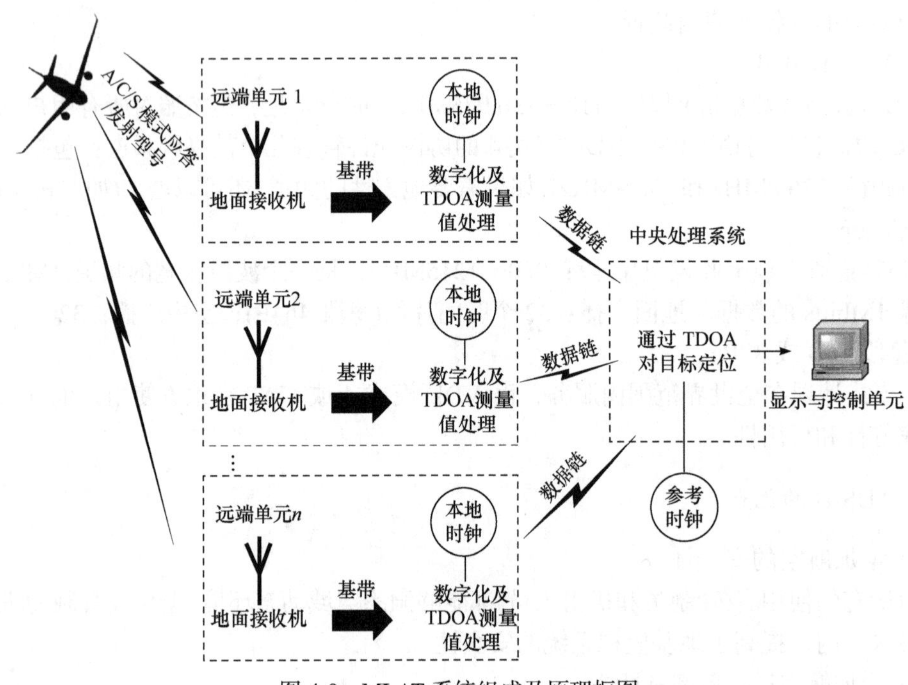

图 4-9　MLAT 系统组成及原理框图

1) 基站

基站包含两个模块，即射频前端模块和数字信号处理模块。射频前端模块的主要功能是从天线接收 1090MHz 的应答信号，对其进行滤波、放大等预处理，完成信号从高频到中频的变频和解调，最终将处理完的模拟中频信号送至 A/D 模块实现数字采样。数字信号处理模块的主要功能是对 S 模式、C/A 模式应答信号进行识别和相应的处理，测得脉冲信号的到达时间，再将测得的时间数据和处理以后的数字信号送给中央处理系统。

2) 时间同步单元

在基于 TDOA(基于信号到达时差的定位方法)的 MLAT 中，基站之间的时间能否同步是影响系统定位精度的重要因素。时间同步单元通过 GNSS 的授时功能，让各个基站的时间保持同步。

3) 中央处理系统

该单元功能比较多，主要有：对来自基站的数据信息进行分析并且处理，包括飞机

ID识别、多个基站的时间汇算、目标位置信息处理；在对目标位置解算成功、获得飞机位置坐标以后，将目标位置报告发送给显示模块，及A-SMGCS等其他应用。

4) 显示单元与监控单元(界面)

显示单元接收中心处理单元送来的目标位置报告，读取目标位置信息，并且将其以图形化的形式显示出来，由于目标报告不断更新，目标位置信息也不断更新，最终显示模块显示出各个目标运行的航迹。监控单元是MLAT的控制界面，提供数据记录和回放、系统设置、系统控制、状态监控以及数据显示的功能。

5) 系统的其他辅助系统

MLAT系统除以上主要功能模块以外，还有一些其他必备的设备，如天线(视距可见，可以安装在已有的建筑上)、系统内部通信单元、系统接口、防雷系统、无中断供电系统和障碍灯等。

3. 多点定位原理

该系统由较小的室外机箱和非旋转天线组成，如图4-10中S1、S2、S3所示，可以很容易地安装在现有的通信塔、跑道或其他建筑物上，它可以与任何机载应答机一起工作。

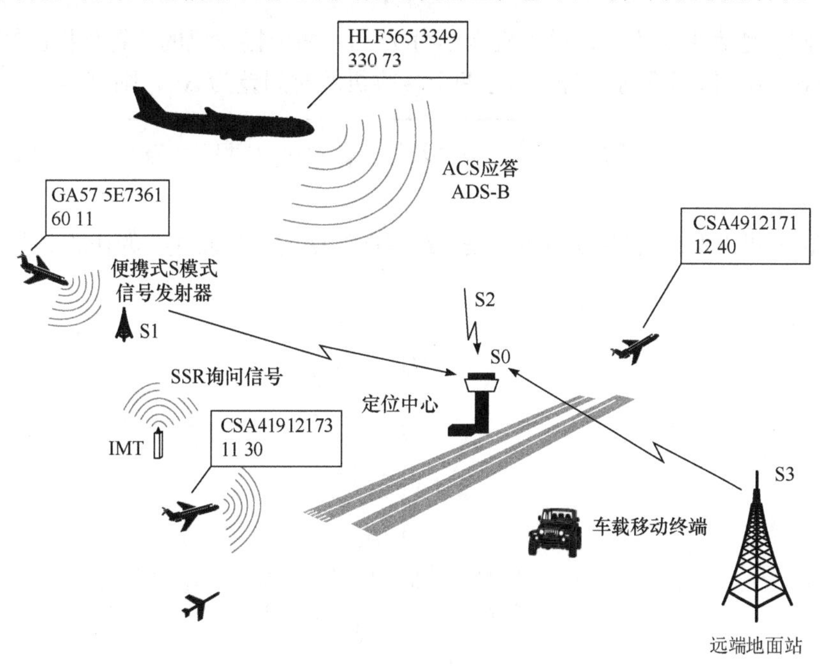

图4-10 多点定位系统工作原理示意图

多点定位系统是通过地面接收机，精确地对机场场面和周围地区移动或静止的飞机等目标进行监视。在同一时刻，监视目标至少同时被三个地面接收机视距内可见。每个地面接收机接收目标的信息并进行解码，然后将数据传送至目标处理器。目标处理器比较来自多个接收机的报告，根据每个接收机的信号接收时间计算出目标位置。

多点定位系统称为MLAT(Multilateration)系统，也称为双曲定位方法，是通过精确计算目标向不同接收机发出信号的到达时间差(TDOA)来为该物体定位的方法。

由于每个接收站点与目标的距离不同，发射信号从目标发出后，到达两个不同地点的接收站的时间略有差别，如图 4-11 所示，事实上，若已知两个接收机的位置和到达时间差，将有一系列的发射地点满足这一条件。

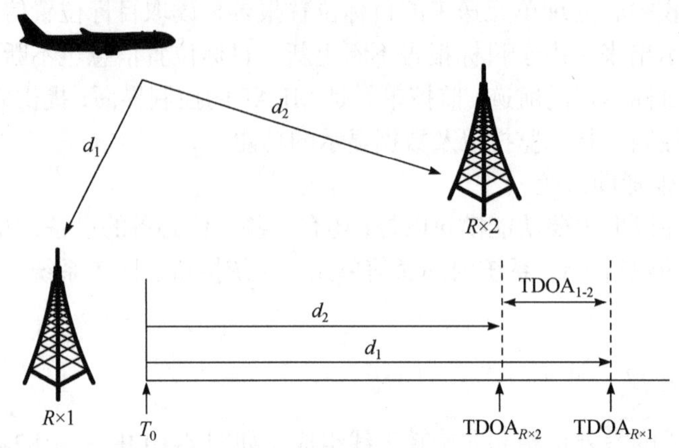

图 4-11　到达时间差的形成

以在同一地表平面为例，设飞机坐标为(x, y)，两个接收机的位置坐标已知，分别为(x_1, y_1)和(x_2, y_2)，目标发射的信号到达两个接收机的时间差为 Δt_1，则可得

$$\Delta t_1 C=\sqrt{\left(x-x_1\right)^2+\left(y-y_1\right)^2}-\sqrt{\left(x-x_2\right)^2+\left(y-y_2\right)^2} \tag{4-1}$$

式中，C 为光速。

从式(4.1)可以发现，目标位置可能是一组双曲线中的一条曲线上的任意一点，如图 4-12 所示。

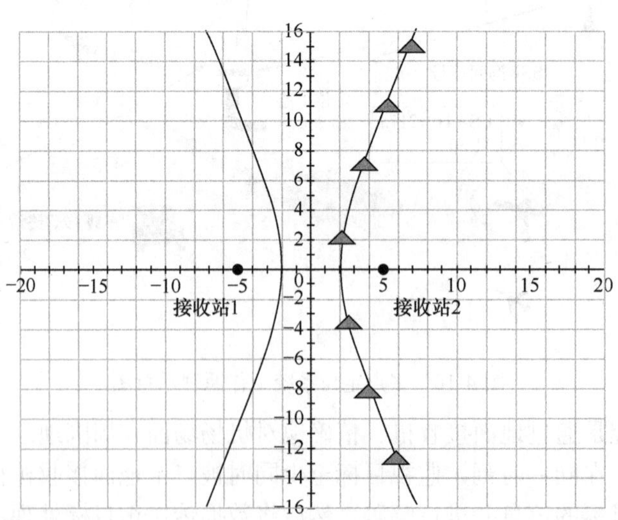

图 4-12　已知两个接收站的位置以及信号到达两站的时间差的双曲线(单位：n mile)

若还有第三个坐标为(x_3, y_3)的基站可以接收到目标发送的信号，目标发射信号到坐标(x_2, y_2)基站和(x_3, y_3)基站的时间差为 Δt_2，则可以列出如下方程：

$$\Delta t_2 C=\sqrt{(x-x_3)^2+(y-y_3)^2}-\sqrt{(x-x_2)^2+(y-y_2)^2} \tag{4-2}$$

此时又可以得到一组双曲线，而目标所在位置的航迹同样是双曲线中的一条。很明显，两条曲线的交点就是目标实际所在的位置，如图 4-13 所示。

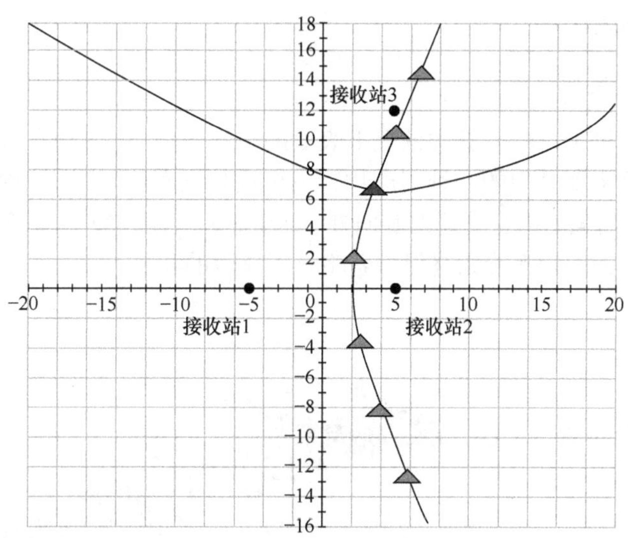

图 4-13　已知三个接收站位置以及两组信号到达的时间差的双曲线(单位：n mile)

通过将式(4-1)、式(4-2)联立得到的方程组，可以求解得出目标坐标(x, y)。

同样地，若目标航空器的位置在三维空间之中，至少需要有四个基站(的坐标)才可以在三维空间中确定出目标的三维位置(x, y, z)。

在实际应用中，多于四个接收站点可以增强计算得出的目标位置精确度。一般来说，用 N 个接收站点可以计算出 $N(N-1)/2$ 个双曲面。在模型和测量均为理想状况下，当 $N>4$ 时，这时 $N(N-1)/2$ 个双曲面就应该交于一点。

4. MLAT 系统的优点

多点定位系统是一项在有助于空中交通管理的技术，从“类似雷达”实现对空中交通监视到提高管制员对场面活动的情景意识，多点定位系统具有其他监视系统在特殊环境下所没有的优点，它也可以与其他监视系统协同工作，改善整个监视环境：

(1) 可以对低高度及无雷达地区进行低成本覆盖，提高空域利用率；

(2) 能够对场面活动或机场局部地区进行有效监视；

(3) 提高机场安全性及吞吐量；尤其在低能见度的条件下，通过提供机场场面监视，可以有效防止航空器及其他交通工具之间的跑道入侵事件的发生；

(4) 监视精度提高可以为空域的组织结构与管理的优化创造条件，同时监视性能的提高使得管制员可以为航班提供较优的路线选择；

(5) 可以把航空器的 MLAT 监视数据用于许多其他应用中，如场面冲突告警、最小安全间隔告警、危险区域接近告警等；

(6) 在 MLAT 覆盖的空域可以大大减少基础设施的投资和维护成本，MLAT 会淘汰一些雷达设备。

4.3　空中交通间隔技术

4.3.1　优化尾流间隔标准

1. 尾流的定义及其危害

尾流，是指飞机飞行时，翼尖处上下表面的空气压力差会产生一对绕着翼尖的闭合涡旋。尾流是飞机机翼升力的一种副产物，飞机从起飞离地到降落的整个过程中都会产生尾流。从飞机的后面看时，尾流涡旋向外、向上，并环绕在翼尖周围，如图 4-14 所示。大型飞机测试表明，两侧涡旋始终保持着略小于翼展的间隔。

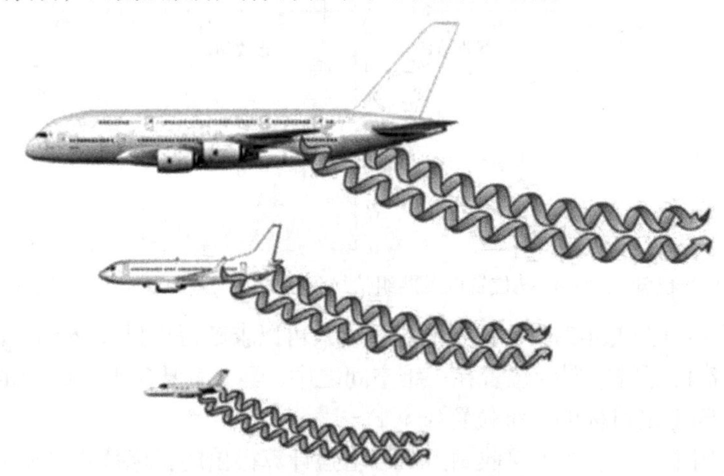

图 4-14　尾流和飞机大小的关系

尾流的强度由产生尾流的飞机重量、载荷因素、飞行速度、空气密度、翼展长度和机翼形状所决定。尾流强度与飞机重量和载荷因数成正比，与飞行速度、空气密度和翼展长度成反比。襟翼等装置的使用将改变飞机的尾流强度，在其他条件不变时，飞机由光洁外形变化为其他构型时会使尾流衰减。最大的尾流强度发生在重量重、速度慢、光洁形态的飞机上。

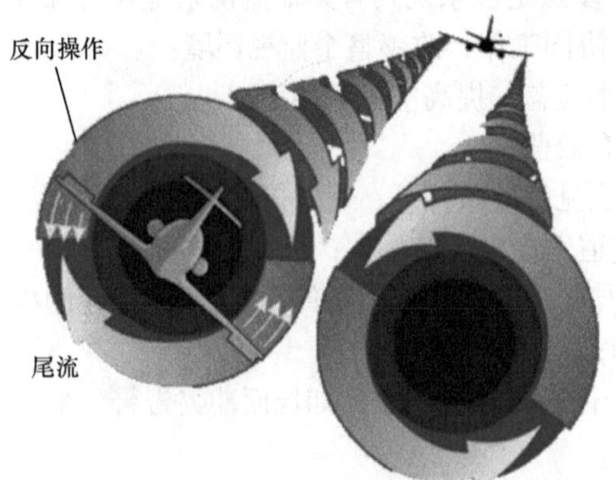

图 4-15　尾流的危害

当进入前面飞机的尾流区时，根据进入尾流区的方向、前机的重量和外形，后机的大小、前后机的距离、遭遇尾流的高度等因素的不同，后机会出现机身抖动、下沉、飞行状态急剧改变、发动机停车甚至飞机翻转等现象。后机从后方进入前机的一侧尾流中心时，一个机翼遇到上升气流，另一个机翼遇到下沉气流，飞机会因承受很大的滚转力矩而急剧滚转，如图 4-15 所示。滚转速率主要取决于后机翼展的长度，翼展短的小型飞机滚转速率大。如果滚转力矩超过飞机的控制能力，飞机就会失控翻转。小型飞机尾随大型飞机起飞或着陆时，若进入前机尾流中，处置不当可能更容易发生飞行事故。

2. 现行尾流间隔标准

显然，由于飞机的大小不同，尾流的影响也不同，为了区分不同飞机尾流的影响，《民用航空空中交通管理规则》(2000 年 1 月 5 日起施行)规定，尾流间隔最低标准根据机型种类而定，将航空器机型种类按照航空器最大允许起飞全重分为以下三类。

(1) 重型机：最大允许起飞全重等于或大于 136000 千克的航空器。

(2) 中型机：最大允许起飞全重大于 7000 千克，小于 136000 千克的航空器。

(3) 轻型机：最大允许起飞全重等于或小于 7000 千克的航空器。

依据《民用航空空中交通管理规则》(CCAR-93TM)和《空中客车 A380 机型尾流类型及尾流间隔标准的规定》(AC-93-TM-2008-03)，尾流间隔标准适用于以下情况。

(1) 同一跑道。

(2) 平行跑道，且跑道中心线之间距离小于 760m。

(3) 交叉跑道，且后方航空器将在前方航空器的同一高度上，或者低于前方航空器且高度差小于 300m 的高度上穿越前方航空器的航迹。

(4) 平行跑道，跑道中心线之间距离大于 760m，后方航空器将在前方航空器的同一高度上，或者低于前方航空器且高度差小于 300m 的高度上穿越前方航空器的航迹。

当侧风不大于 3m/s 起飞和进近着陆时需保持的尾流间隔标准见表 4-2 与表 4-3。

表 4-2 起飞离场非雷达间隔的尾流间隔

前机	后机			
	A380	重型	中型	轻型
A380	无	2min	3min	3min
重型	无	无	2min	2min
中型	无	无	无	2min

表 4-3 进近着陆非雷达间隔的尾流间隔

前机	后机			
	A380	重型	中型	轻型
A380	无	2min	3min	4min
重型	无	无	2min	3min
中型	无	无	无	3min

在雷达管制条件下的尾流间隔标准见表 4-4。

表 4-4　起飞离场雷达间隔的尾流间隔标准

前机	后机			
	A380	重型	中型	轻型
A380	7.4km	11.1km	13.0km	14.8km
重型	7.4km	7.4km	9.3km	11.1km
中型	无	无	无	9.3km

注：①这些标准均是将 A380 从重型机中单独分列出来的尾流间隔标准；②为了叙述方便，本章对规章内容做了大量简化，故不可直接当作规章使用。

3. 尾流间隔技术的发展方向

国际民航组织第十二次空中航行会议对尾流重新分类(RECAT)的工作，规划成以下三个阶段。

第一阶段(RECAT-1)：将 ICAO 尾流紊流间隔类型分成多达六类间隔类型以达到最优。

第二阶段(RECAT-2)：用静态“前机/后机双机尾流紊流间隔”替代间隔类型，使得每个航空器对都有适合的尾流紊流最低间隔标准。

第三阶段(RECAT-3)：采用动态的前机/后机双机尾流紊流间隔，并且在确定所需的尾流紊流最低间隔标准时，同时考虑航空器质量和大气/气象条件等实际情况。

1) 第一阶段(RECAT-1)短期的适用和效益

之前所使用的唯一标准是，任何一架航空器所面临的尾流紊流风险不应大于国际民航组织现有类型和相关最低间隔标准下所存在的风险。研究发现，相比国际民航组织最低间隔标准，对重型航空器之间运行时可能遭遇的尾流紊流风险的评估显然过于保守。同样，相比国际民航组织最低间隔标准，对超重航空器与在后面飞行的轻型航空器运行时可能遭遇的尾流紊流风险的评估显然没那么保守，这就是把 A380 分出来的原因。

显然，如果将航空器划分成更多的类型，每类所包括的航空器类型和保护需求的范围更窄。如果范围可以更窄，则能使得所需间隔更加精确，将安全地缩小一些间隔。当然，更多的类型将让空中交通管制工作变得复杂，从而有必要使用决策支持工具。由于目前在一些机场已经在使用六类间隔类型，所以从短期实施来看，采用六类间隔类型将是一个无须额外的支持工具的最好的折中办法。

空中交通管制部门的研究机构和航空业之间的多年合作研究得出结论，可以安全地减少某些飞机之间所需的间隔。除重量外，其他飞机特性(如速度和翼展)也会影响所产生的尾流强度。利用这些信息，飞机被重新分配到六个新类别(A～F)。产生的分类如表 4-5 所示。

表 4-5　六类间隔分类标准

类别	翼展/cm	总计飞机种类数量
CAT-A	>245	4
CAT-B	>175 且≤245	45
CAT-C	>125 且≤175	132

续表

类别	翼展/cm	总计飞机种类数量
CAT-D	>90 且≤125	541
CAT-E	>60 且≤90	632
CAT-F	≤65	7714

由于航空器分类的细化，各类别之间的间隔标准得以更合理地确定，实现尾流间隔的安全审慎缩减。拟定的新标准中各类别航空器组合下的尾流间隔如表 4-6 所示，其中各单元格右上方区域代表 RECAT-1 间隔标准，左下方区域表示现行尾流间隔。

表 4-6　基于距离的尾流间隔

前机	后机					
	CAT-A	CAT-B	CAT-C	CAT-D	CAT-E	CAT-F
CAT-A	3n mile	4n mile / 8km	5n mile / 10km	5n mile / 10km	6n mile / 10km	8n mile / 12km
CAT-B		3n mile / 8km	4n mile / 10km	4n mile / 10km	5n mile / 10km	7n mile / 12km
CAT-C			3n mile / 6km	3n mile / 6km	4n mile / 6km	6n mile / 10km
CAT-D						5n mile / 10km
CAT-E						4n mile / 10km
CAT-F						3n mile / 6km

与现行雷达尾流间隔(距离)的对比：以常见的配对为例，重型机(CAT-B/CAT-B)之间的间距从 8km 降低至 3n mile(5.556km)，降低了约 30%；重型与中型(CAT-B/CAT-D)之间的间距从 10km 降低至 4n mile(7.408km)；中型与中型 CAT-C/CAT-D 之间的间距从 6km 降低至 3n mile(5.556km)。RECAT-1 间隔标准明显提升了机场对于重型、中型机起降的效率。另外，RECAT-1 增加了轻型机与重型机之间的间隔标准，例如，CAT-A/CAT-F 的间距从 12km 增加到了 8n mile(14.816km)，进一步增加了轻型机在尾流间隔中的安全性。实际上，这种间隔的增加对繁忙机场的起降效率的影响几乎可以忽略不计，因为繁忙运输机场通常对航空器种类有着严格的限制，轻型的通航飞机一般不允许在繁忙运输机场使用。

综上所述，对航空器分类细化的 RECAT-1 间隔标准，将使得机场运行更加安全、高效。

2) 第二阶段(RECAT-2)前机/后机双机尾流紊流间隔

目前正在对 RECAT 的第二阶段进行研究。在第二阶段，预计将用一种新的做法来替代第一阶段的六类间隔分类，即为每组航空器对规定最低间隔标准，并将侧重点放在对大约 100 种型号航空器(可满足全球 99%的需求)之间间隔的优化上。实际上，可以将所有轻小型的航空器视为一样的，并且由于大多数航空器对没有受到尾流的限制，而只是受到最小雷达安全间隔的限制，这样一来，预计独一无二的航空器对的尾流紊流最低间隔标准的数量便处于可控范围之内。

RECAT-2 阶段的研究是建立在 TBS(基于时间的间隔)基础之上的，定量地研究飞机与飞机之间的合理间隔。从 RECAT-1 间隔标准的实践知道，航空器分类的细化有助于提高跑道和空域的使用效率，但是航空器分类建立尾流间隔标准总是为了保护同类群体中最脆弱的飞机而留出较大的安全裕度，造成效率上的损失。进一步细化航空器分类、减少安全间隔仍然大有文章可做。欧美在 RECAT-2 阶段的通用方法是将尾流间隔划分为 96×96 航空器对的尾流间隔矩阵，直接用飞机的型号避免分类造成的间隔损失。

即使像现在这样对尾流间隔标准值进行取整，96×96 这么多的数据也是管制员无法一一记住的，这加重了管制员的工作复杂程度。为了使用这么多个复杂的间隔标准进行管理，需要利用雷达等监视信息构建向机场管制员提供间隔决策的工具软件，为管制员提供决策支持。因此，RECAT-2 的实施需要对空管自动化系统进行技术升级，在管制指挥界面中直观地显示出各个飞机之间的尾流间隔。

LORD 是欧洲 SESAR(欧洲天空一体化空中交通管理研究)支持研发的 RECAT 管制决策工具。LORD 允许管制员采用距离间隔或时间间隔两种不同的间隔模式进行管理；为了防止间距过小产生飞行冲突，LORD 中还增加了冲突警告功能，并且该警告功能将用于安全网(后面将有介绍)中，以快速识别进近/着陆阶段的潜在冲突问题，方便管制员采取适当措施进行纠正。因此，LORD 通过减小飞机间最小间隔标准成为解决机场拥堵的有效工具，同时还能够保持当前的安全水平。

如图 4-16 所示，LORD 在进近或塔台管制员的空管自动化系统显示屏的 HMI(人机界面)上提供间隔标准的决策支持。空管自动化系统的显示屏上通常有飞机之间间距的动态信息。LORD 计算出前后两架飞机机型之间的最小间隔，并在屏幕上提供最小间隔标准的最终目标间隔(FTD)和初始目标距离(ITD)，这两个间隔值一般是在跑道延伸的中心线上。

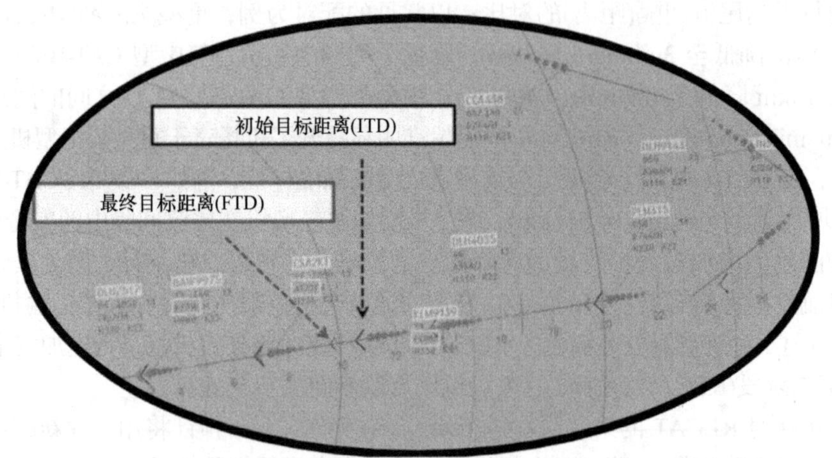

图 4-16　LORD 在 HMI 上的 FTD 和 ITD

图 4-16 中在 HMI 上的 FTD 和 ITD 是用“<”符号表示的。在进近过程中，管制员通过观察飞机队列的状况，在飞机之间的距离仍然可以缩小的情况下，管制员可以让跟

随飞机在一定时期内更快地飞行。当跟随飞机接近FTD并且比被追赶飞机飞行得更快时，追赶告警就会被激活。在这种追赶的情况下，必须降低跟随飞机的速度，以避免ITD出现“侵权”(小于最小间隔标准)的情况。在LORD的HMI中，该告警通过飞机的雷达标签上显示的带“追赶”字样以黄色高亮度长方形的可视化形式进行表示。

各国可以自行决定实施什么样的前机/后机双机尾流紊流最低间隔标准。实施过程中，可以根据国际民航组织的RECAT-1将航空器分成几个组别。组别的划分将取决于本地和国家的需要，因此可以根据本地的飞机流的构成情况进行调整。由于升级了空管自动化系统，尾流间隔管理能够向着新航行系统所设想的RECAT-3(动态间隔管理)的目标发展。空中交通管理部门可以决定增加航空器尾流间隔类型的数量，或者直接使用机型对间隔将航空器尾流间隔类型全部取消。

RECAT-2阶段只是一个中期项目。根据欧美在RECAT-1阶段所获取的经验,RECAT-2阶段重点在前机/后机双机尾流紊流最低间隔标准上，从而可为空中交通管理部门提供一个按照本地容量最优化的目标进行进一步细化尾流间隔分类的机会。RECAT-2阶段具有一定的灵活性，使空中交通管理部门能够在遵守前机/后机双机尾流最低间隔标准的情况下，随时可对尾流分类进行优化、调整。ICAO(国际民航组织)正在通过协作，对静态前机/后机双机最低间隔标准全球解决方案进行分类，由ICAO制定前机/后机双机最低间隔标准，确保全球协调一致。

3) 第三阶段(RECAT-3)动态前机/后机双机尾流紊流间隔

第二阶段(RECAT-2)前机/后机双机尾流紊流间隔的工作只是一个阶段性成果，尾流间隔技术发展的最终目标是RECAT-3，采用动态的前机/后机双机尾流紊流间隔。在确定所需的尾流紊流最低间隔标准时，还要同时考虑航空器质量和大气/气象条件等实际情况的影响。目前也正在开展基于航空重量、性能参数、气象条件等信息实时动态尾流间隔计算方面的研究工作。未来，将在考虑当前风速、飞机速度等真实环境情况下，动态地计算出前后飞机所需的基于时间的间隔(TBS)，然后将该TBS通过数据链路发送并显示于管制员的指挥系统和飞机驾驶舱中，辅助管制员和飞行员的尾流间隔决策，进一步提高机场的使用效率。

4.3.2 ASEP

1. ASEP的概念

ASEP即机载间隔，指支持航空器与其他航空器保持间隔的功能。

航空器自主保持间隔的能力建立在飞行员对ATSA(空中交通情景意识)的掌握，如下两个空中交通情景意识应用系统将向驾驶员提供加强交通情景意识和更快地目视搜索目标的方法，从而提高安全性和效率：

(1) AIRB(飞行运行期间基本机载情景意识)；

(2) VSA(进近目视间隔)。

飞行员在传统简单的飞行目视、观察周围环境的情况下，运用加强情景意识和相关情景系统，便于飞行员和飞行机组更快地掌握飞机周边的情况，它们提供了一种更为快捷简便的方式，可减轻飞行员观察周边空中态势的工作负荷。

同时，管制员通过 IM(间隔管理)系统能够加强对交通流和航空器间隔的管理，通过对航迹相同或相近的航空器之间的间隔进行精密管理，将空域流量最大化的同时减少空中交通管制的工作负荷，并提高航空器燃油效率、减轻对环境的影响。间隔管理系统能够在保证安全间隔的基础上进一步缩小间隔，从而增加空域容量，提高飞行航线的灵活性。

最终，可以授权驾驶舱负责为航空器之间配备并保持适当的间隔，从而降低发出冲突解脱指令的必要性，并在减少 ATC 的工作量的同时使航空器沿着更加高效的飞行剖面飞行。

飞行机组负责确保与指定航空器之间配备并保持适当的间隔，以此免除管制员对这些航空器之间的间隔进行管理的责任，但是，管制员继续负责空中交通的指挥，只是指令中不再包括航空器之间的间隔保持的指令。机载间隔系统减轻了管制员的工作负荷，将航空器间隔管理责任交还到飞行员的身上。

2. ATSA-AIRB

ATSA-AIRB 被定义为基于 ADS-B 的一套地面和空中监视应用程序。在新航行系统中几乎所有监视应用都是基于 ADS-B 的，只要航空器广播 ADS-B 信息，且地面站和其他航空器具备接收和处理这些数据的能力。

和大多数基于 ADS-B 的应用结构一样，ATSA-AIRB 监视功能体系结构如图 4-17 所示。

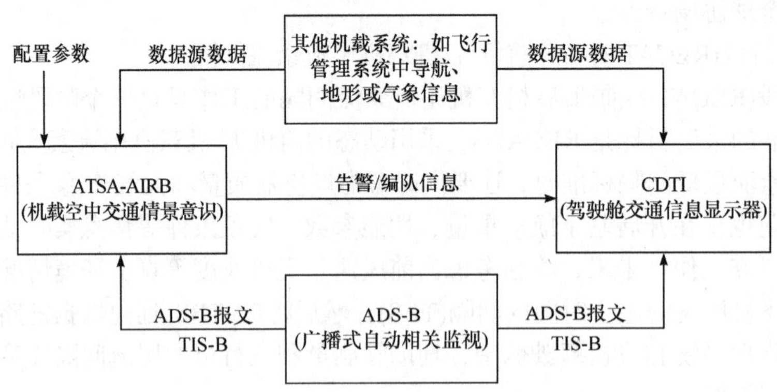

图 4-17 ATSA-AIRB 监视功能体系结构

其中 ATSA-AIRB 应用与其他应用一样都安装在 FMC(飞行管理计算机)中，综合各种数据链路获取空中交通信息并形成空中交通态势情景，最终呈现在 CDTI(驾驶舱交通信息显示器)上。ATSA-AIRB 应用获取的信息包括：①飞机机载系统存储的本机导航信息、地理信息和气象信息等；②ADS-B 接收的其他飞机的导航信息；③通过 ADS-B 接收 TIS-B(交通信息服务广播)周边所有航空器(含未加载 ADS-B 的航空器)的导航信息。在正常情况下，ATSA-AIRB 应用也会集成一些偏离或冲突告警等功能，并通过 CDMI 及其他 HMI(人机界面)向机组人员提供相关信息。

ESVS(增强合成视觉系统)也是空中交通情景意识增强系统，它全面融合红外和毫米波传感器的探测信息、数字地图、气象和导航数据等信息，输出舱外视图，如图 4-18 所示。

如图 4-19 所示，ESVS 最终生成了简洁统一的可视化图像，直观地呈现出空中交通情景，并将各种飞行制导符号叠加在屏幕上。

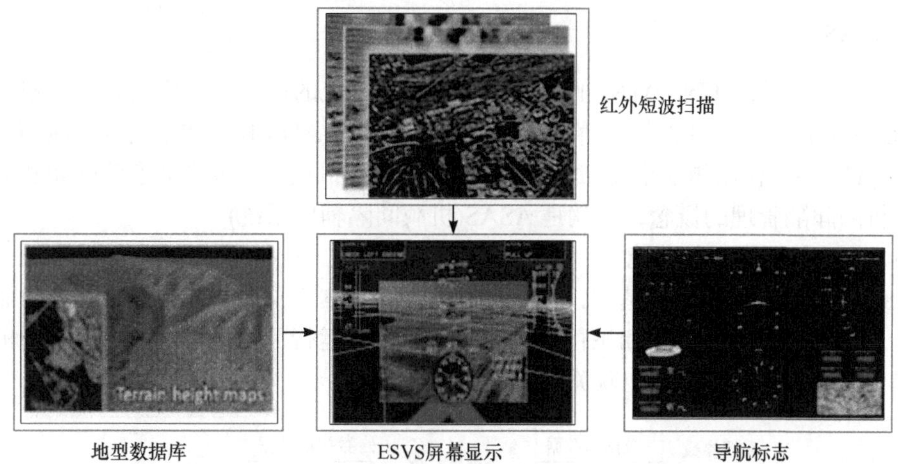

图 4-18　ESVS(增强合成视觉系统)功能示意图

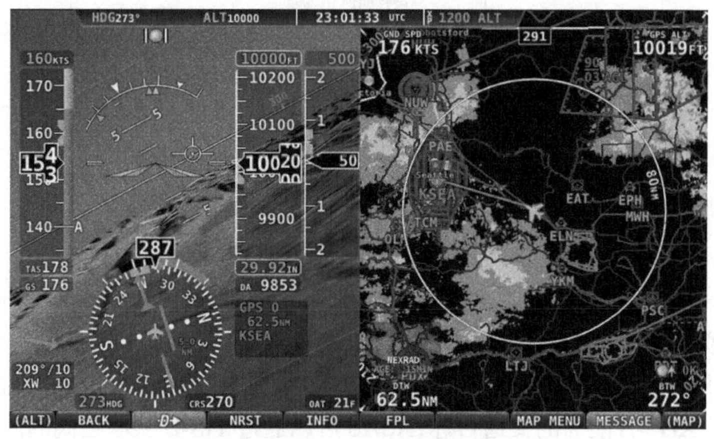

图 4-19　ESVS 呈现的交通场景

3. VSA

VSA 是一种态势感知功能的应用，VSA 是间隔管理应用中的一种。VSA 监视的功能体系结构图同 AIRB，只需将 ATSA-AIRB 功能体系结构图中的 ATSA-AIRB 模块替换成 VSA 即可。VSA 应用在目视进近程序飞行期间，它可以在 CDTI 上更快地获取目视进近的前序的飞机，并协助飞行机组保持自己与前机的间隔，如图 4-20 所示。

IM 应用同样可以用于仪表程序飞行中的间隔管理和间隔保持。

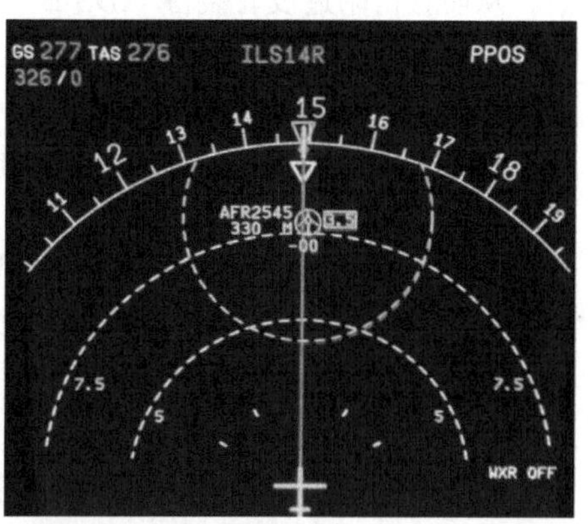

图 4-20　VSA 呈现在 CDTI 上的监视功能

4. ASAS

随着新航行系统(CNS/ATM)的发展，新的监视系统的使用，如广播式自动相关监视(ADS-B)系统和交通信息服务广播(TIS-B)，特别是随着ADS-B在空空监视的应用，机载系统在ATM中的作用越发重要，逐渐发展成提高飞行机组对周围交通态势感知和更多地参与飞机的间隔管理的概念，这就是ASAS(机载间隔辅助系统)。

1) ASAS的组成及其功能

ASAS是以机载监视为基础，协助飞行机组支持本机与周边其他飞机保持间隔的应用系统。ASAS也是管制员和飞行机组为达到规定的运行目标而采用的一套使用机载间隔的操作程序。系统组成及交联关系如图4-21所示。

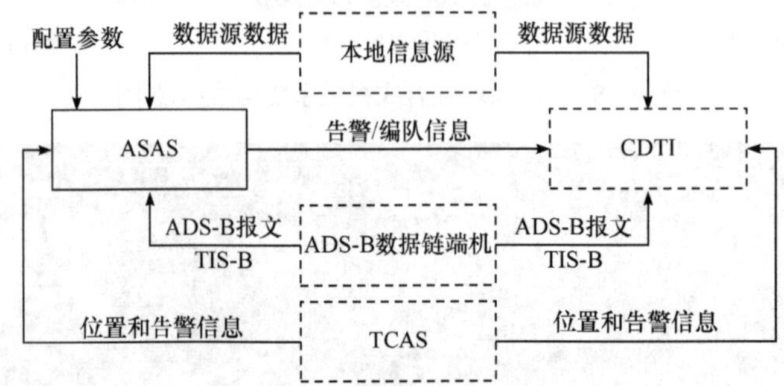

图4-21　ASAS组成及交联关系

要协助飞行机组支持本机与其他航空器保持间隔，ASAS必须具有如下相应的功能。

(1) 机载交通监视与处理功能。

ASAS利用ADS-B的空空监视能力，获取对周围具备ADS-B能力的交通目标的监视；对于不具备ADS-B能力的交通目标，ASAS可以通过TIS-B获取它们的监视信息。TIS-B安装在地面上，利用地面监视系统(如一、二次雷达)的监视信息来生成与ADS-B类似的监视信息，并在指定的服务空域内广播这些监视信息，装备了ASAS的飞机能接收到这些信息，从而获得附近没有装备ADS-B飞机的交通情况。机载监视功能可以使用单一的监视源，也可以对多种监视源进行数据融合。

(2) 数据链通信功能。

使用广播式数据链通信，与其他机载或地面导航相关的设施设备进行通信。

(3) 交通信息显示功能。

交通信息显示功能就是用交通符号来描绘目标位置，大多数情况下是使用CDTI，如图4-21所示。ASAS的显示可以是单独的，也可以与其他机载系统信息(如FMS中的导航显示、气象雷达信息)共同显示。

(4) 机载安全间隔功能。

机载安全间隔功能是为飞行机组提供引导，通过改变速度和航向的机动飞行来保证安全间隔在希望的偏差之内。

为了检测在一个指定时间范围内的交通冲突危险，TCAS的冲突检测功能被集成在ASAS之中，用于分析自身飞机和其他飞机之间潜在的间隔减小的风险，并将检测到的潜在风险提供给飞行机组。ASAS 指引飞行机组采取纠正措施避免飞行冲突，飞行机组可以采用人工干预的方式来解脱冲突，也可使用自动化的决策支持系统解脱冲突。

图 4-22 是 ASAS 探测和规避潜在冲突的简单描述，图中 S_{Target} 表示目标飞机，S_{IM} 表示与 S_{Target} 存在潜在冲突并需要进行间隔管理的跟随飞机。

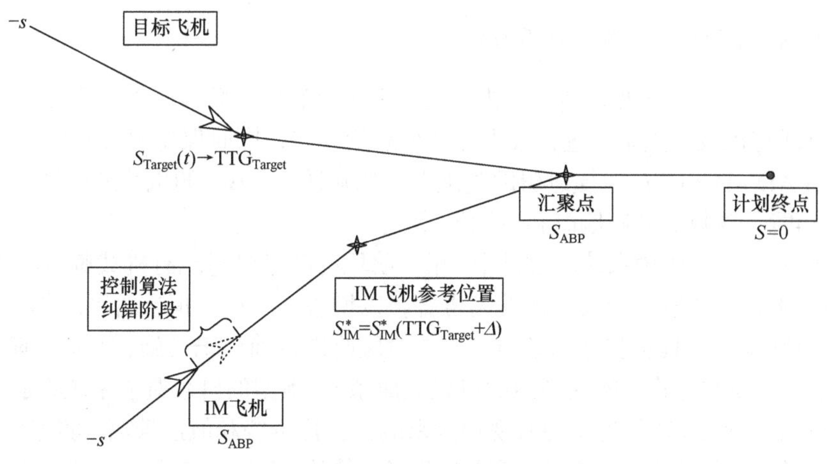

图 4-22 汇聚航线上的 IM 算法

IM 飞机和目标飞机被显示在汇合的航线上，其可能的冲突点在水平面中的当前位置的下游。每架飞机在水平面上的位置都被映射成沿航迹的一个位置，然后可以从它们各自的 4D 航迹中找到距离可能的冲突点的时间(TTG)。ASAS 根据 TTG 确定目标飞机和需要 IM 的飞机，根据两架飞机的机型确定出适合的间隔，并控制 IM 的飞机与目标飞机之间拉开足够的安全间隔，并保持该间隔。

2) ASAS 的优势

(1) 提高了飞行安全性。

ASAS 通过感知情景意识来协助飞行机组实施“看到和避让”的职责，协助飞行机组避免失误或错误，提供信息以便正确决策，并且给管制员提供和飞行机组一样的信息。

ASAS 使用不同数据源的位置和意图数据，支持不依赖于管制员操作的应用，产生指引信息给飞行机组，从而保证及时的冲突解决或维持安全的间隔。

ASAS 的指引不依靠地空通信，这样可以防止地空通信导致的遗漏或无线电通信误解的危害。

(2) 用户更灵活，飞行效率更高。

ASAS 提供的监视或间隔功能可以补充或取代 ATC 的间隔，运用这些可以支持飞行机组选择优先航路或航迹，从而减少燃油消耗并提高时间效率。

(3) 科学管理间隔，增加吞吐量或容量。

缓解严重的瓶颈限制。

(4) 环境效益。

ASAS 支持飞行机组灵活选择最佳的飞行剖面、优先航路或航迹，可以极大地减少对环境的影响，减少飞行时间和使用最佳爬升与下降剖面，可以减少飞机尾气排放和噪声。

4.4 安全监视与预警

4.4.1 机载避撞系统

1. 新一代 ACAS 的两阶段发展目标

相比于现有的 TCASⅡ，新一代机载避撞系统具有两个阶段性发展目标：

(1) 对现有机载避撞系统进行改进，减少骚扰告警，同时保持现有安全水平。

(2) 在 ADS-B 和相应避撞逻辑的基础上，构建适合 TBO 的机载避撞系统(ACAS)，改进监视功能，并减少航迹偏离和骚扰告警。

在这两阶段空中防撞系统的改进中，第一阶段的改进是对现有机载避撞系统的改进，即减少频繁出现的骚扰告警及航迹偏离告警，以增进安全性，但空管系统仍维持原水平不变，目前基本上已具备实施的基础。第二阶段改进目前尚未实施，与第一阶段改进的区别是，第二阶段改进将是构建新型的机载避撞系统。新型的机载避撞系统将适应于 TBO 场景，通过完善 ADS-B 所支持的监视功能来减少骚扰告警和航迹偏离。实施新型的机载避撞系统，将能够采用未来的空域程序并提高运行的效率，同时遵循安全间隔规范。新型的机载避撞系统将能够准确地区分必要的告警和骚扰告警。第二阶段改进因减少了用在回应骚扰告警上的时间，将减少管制员和飞行员的工作负荷，也将减少空中危险接近的概率。

ADS-B 将拓展冲突告警的范围，TCAS 有效工作范围为 40n mile，而 ADS-B 有效工作范围在没有遮挡的情况下可达 125n mile，有利于在更大的范围内探测与入侵飞机的冲突情况并提前避让，也可避开密集飞行区域。

ACAS 是机载的安全监视与预警系统，用于避免飞机与飞机之间的冲突；机载的安全监视与预警系统还包括 EGPWS(增强型近地告警系统)等。EUROCONTROL 把它们均纳入了航空 SNET(安全网)中，但 ICAO 只把地基安全监视系统纳入 SNET 中，4.4.2 节将介绍 SNET 的内容。

2. TCAP

TCAP(预防 TCAS 虚警)有两方面目标：①通过引入新的能使飞机平缓到达预定高度的方法，减少在 1000ft 垂直距离内发生的骚扰告警数量；②通过提前持续降低到达目标高度的垂直速度，避免飞机性能不必要的降低，特别是在下降的时候。

TCAP 的触发逻辑基于 TCAS 的 TA 信息，触发前提条件包括：

(1) 自动驾驶飞行；

(2) 两架飞机正朝着选定的高度会合；

(3) TA 选取的海拔差(距离)低于接下来定义的"TCAP 可用性阈值"。

"TCAP 可用性阈值"的定义是为了将 TCAP 的激活限制在与目标遭遇几何结构相对应的 TA 上。为了避免在其他 TA 情况下激活 TCAP，"TCAP 可用性阈值"被定义为，当另一架飞机从相反方向接近相同的目标高度飞行，TA 触发时，此架飞机与所选高度的距离，如图 4-23 所示。它的值取决于 TA 产生时飞机的垂直速度和高度。

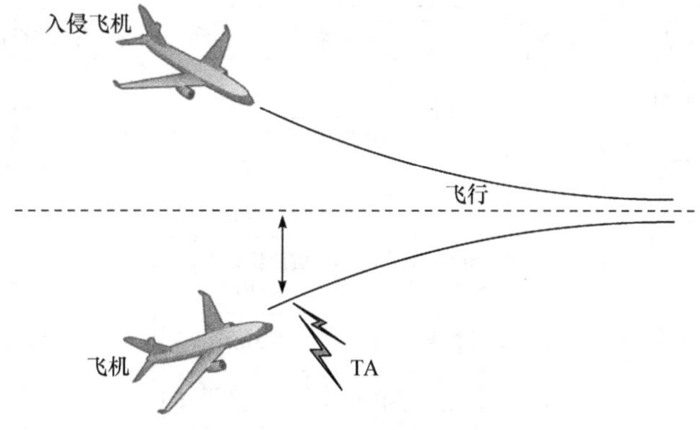

图 4-23 TCAP 可用性阈值

在 TA 上激活 TCAP 后飞机进入使用新的高度控制协议的垂直引导模式。

TCAP 激活后，通过新的 TCAP 控制协议，采用经典的抛物线航迹来获得并保持连续的垂直速度，直到飞机达到其预定高度。由于新的控制协议使得垂直速度得以快速降低，从而可以有效地避免产生不必要的冲突预警。同时 TCAP 还向机组人员提供“TCAP 功能激活”这种明确、安全的反馈信息。一旦激活 TCAP，新的 TCAP 控制协议在到达目标高度之前一直有效，从而避免触发新的冲突预警，如图 4-24 所示。

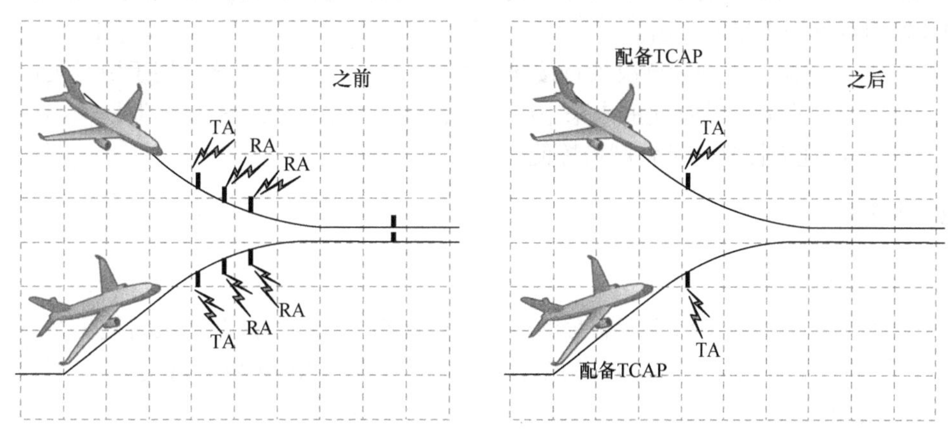

图 4-24 有无 TCAP 的对比图

3. 新一代机载避撞系统

新一代机载避撞系统(ACAS)是能够适用于 TBO 的，该系统具有 ADS-B 支持下的改进监视功能，以及旨在减少骚扰告警和最大限度地减少偏离、规避碰撞的逻辑。实施新型的机载避撞系统，能够保障更高效的运行和适应未来空域程序、减少“骚扰告警”、减轻驾驶员和管制员的工作负荷，同时将减少航空器碰撞的概率。

新一代 ACAS 用以解决现有 TCAS Ⅱ 的不足，并支持未来的空域需求。新一代 ACAS 架构如图 4-25 所示。其中，外部结构是指 ACAS 处理器引接的其他机载设备信息，包括获取本机导航和周边侵入航空器的导航信息、机载间隔组件中的位置信息、气压高度表信息、GNSS/INS 信息、ADS-B 或 SSR 及其数据链获取的 TIS 等。

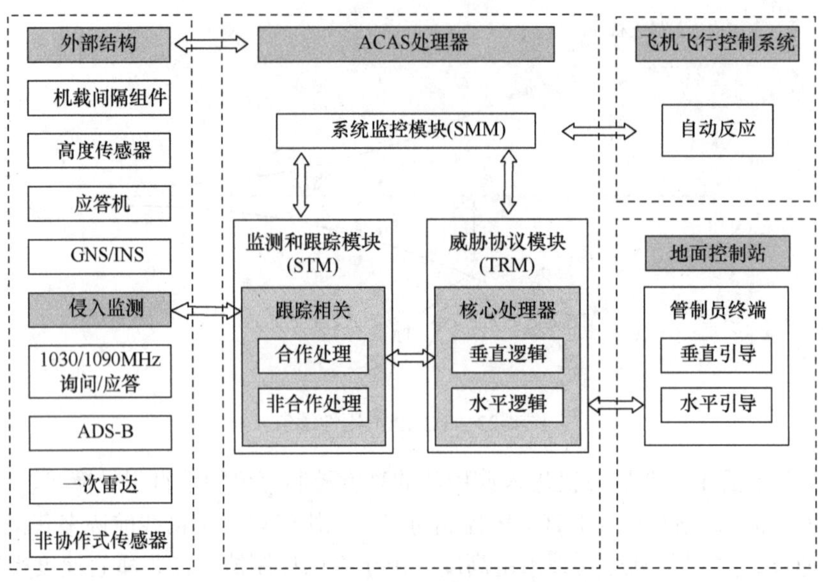

图 4-25　新一代 ACAS 架构

ACAS 处理器是 ACAS 的核心处理器，加载的功能软件主要用于周边飞机的监视和跟踪功能、与冲突航空器之间的协作辅助冲突解脱决策协议功能，并通过 CDMI 显示 ACAS 处理器处理结果的输出。

ACAS 处理器的辅助冲突决策直接输出给飞机的飞行控制系统，用于引导飞机从冲突中解脱出来。在高度信息化的未来空中交通管理系统中，ACAS 处理器的输出也可以直接下传 ATC 地面控制站供管制指挥使用。

4.4.2　安全网

1. 安全网的概念

安全网用于地面对空中飞行态势的监测，以便在飞行安全风险增大时提供及时的告警，包括 STCA(短期冲突告警)、APW(区域接近警告)、MSAW(最低安全高度警告)和 APM(进近航道监测器)等。

(1) STCA：通过及时生成潜在预期或实际上已经侵犯最低安全间隔的警报，协助管制员防止飞机与飞机之间发生碰撞。

(2) APW：通过及时生成潜在预期或实际上已经侵犯某些空域的警报，协助管制员防止飞机进入未经授权的空域(如禁飞区、限制区等)范围。

(3) MSAW：通过及时生成飞机接近地形或障碍物的警报，协助管制员规避 CFIT(可控飞行撞地)事故发生。

(4) APM：通过及时生成飞机在最后进近阶段接近地形或障碍物的警报，协助管制员规避 CFIT 事故发生。

这里所提到的告警系统均是地基(地对空的)安全监视系统，是为管制员提供的告警服务，飞机需要在管制员指令的指挥下执行必要的解脱操作以摆脱危险。安全网能够对提高航空安全做出贡献，只要民用航空的运行概念仍然是以人为中心的，这种告警就仍然非常必要。

图 4-26 说明了安全网的工作时序，具体解析为两个松散耦合循环回路的事件序列，对应于每个状态的发生和转换。作为一个以人为中心的系统，地面回路反映了管制员的工作状态，空中回路反映了机组人员的工作状态。

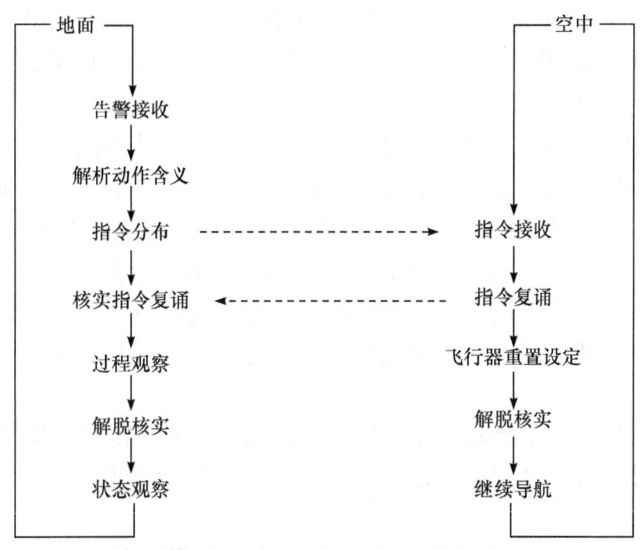

图 4-26 安全网的工作时序示意图

值得注意的是，ICAO 的安全网与 EUROCONTROL 的概念范围是不同的：ICAO 中的安全网只包括 EUROCONTROL 中地基安全网部分，EUROCONTROL 中机载安全网部分(如 EGPWS，和 4.4.1 节介绍的 ACAS 等)并不在 ICAO 的安全网范围之内。这里按照 ICAO 安全网的范围进行阐述，也就是说，机载安全预警系统不在本节讨论的范围之内。

2. 安全网的工作原理与流程

和本章介绍的多数监视应用功能一样，安全网也是建立在 ADS-B 等机载系统获取的导航信息基础上的应用，只不过处理这些数据及告警逻辑的服务器是在地面上，这些数据也需要空地数据链由 FMC 下传至地面系统。除了告警逻辑不同，安全网的四个不同告警应用的工作流程和原理基本一致，故本节对安全网四个子系统做统一介绍。图 4-27 为安全网的工作流程和原理示意图。

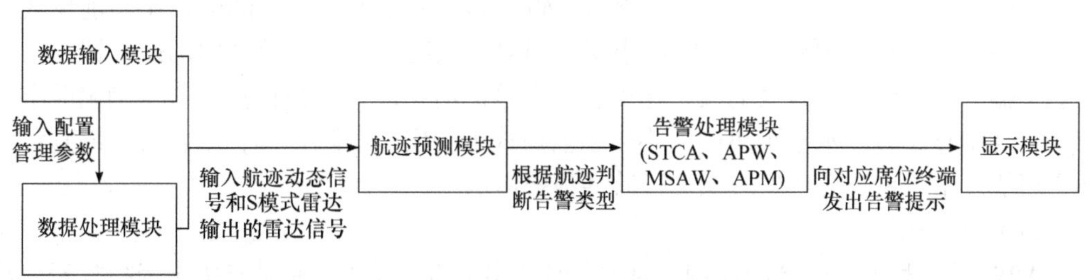

图 4-27 安全网工作流程和原理示意图

安全网是由数据输入模块、数据处理模块、航迹预测模块、告警处理模块和显示模块五部分组成的。

首先，数据输入模块包括从空管自动化系统(包括 ADS-B IN，以及新旧系统过渡时期的监视雷达)获得的周边交通信息(含各飞机机型、位置、状态、气压高度表等导航信息)，以及自动化系统自动匹配的地形和障碍物等环境数据；也包括管制员从空管自动化系统控制面板输入的(目视或仪表)飞行规则，以及自动化系统自动匹配的指定飞行规则下的航空器对之间的最低安全间隔标准，以及与生成警报所需要的其他参数等。

数据处理模块融合、处理来自不同数据源的动态航迹信息，形成空中交通态势信息。

航迹预测模块接收解析处理后的空中交通态势信息，并根据空管自动化系统(包括 ADS-B IN，以及新旧系统过渡时期的飞行计划报文)获取的飞行计划剖面信息，对空域中各航班的下一阶段的航迹进行预测。安全网将给管制员和飞行员留出足够时间来解决突发情况，称为“告警时间”。航迹预测时间必须大于“告警时间”。

告警处理模块运用告警逻辑及安全间隔标准等警报需要的参数，根据与数据处理模块给出的空中交通态势信息、航迹预测模块给出的下一阶段航班的预测航迹，给出风险告警或预警信息。

最后，显示模块，用于显示输出告警处理模块的告警与预警分析结果。所有安全网相关的数据都会被实时记录、存储起来，以备事后离线分析使用。

1) STCA 逻辑

如果 STCA 应用软件判断两架飞机的航迹当前处于小于安全间隔标准的状态，则 STCA 应用认为两架飞机已构成短期冲突，STCA 会向管制员发出警告信号；如果 STCA 应用判断两架飞机当前尚未构成冲突，但外推一段时间的飞机位置存在危险接近的风险，则 STCA 应用认为两架飞机存在潜在的飞行冲突风险，STCA 会向管制员发出预警信号。

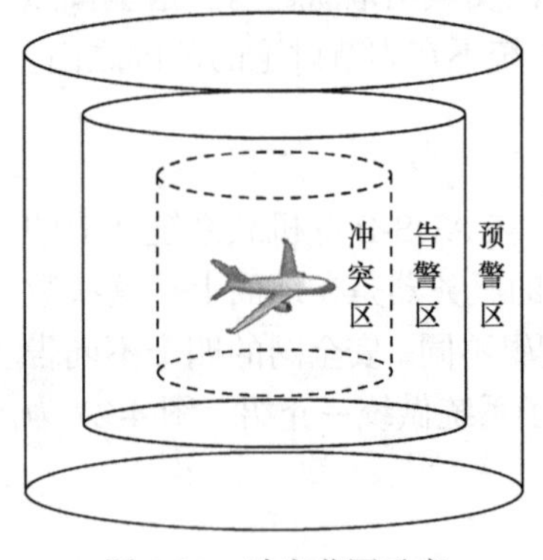

图 4-28　冲突范围示意

如图 4-28 所示，从内往外依次是飞机的在水平和垂直方向设置的冲突区、告警区和预警区的范围。告警区的范围取决于指定飞行规则下在水平和垂直方向的最小安全间隔标准值。

告警逻辑：检测航空器“对”的当前位置，并计算垂直距离及水平距离，如果该垂直距离和水平距离同时小于当前模式下的安全间隔标准，则告警系统判定为冲突发生，系统应立即产生告警提示。

预警逻辑：如果航空器“对”间隔大于当前模式下的最小安全间隔，系统应检测预警区内的航空器，结合本航空器的当前位置、最大的飞行速度，对航迹的潜在冲突进行计算。若预测出航空器将会出现垂直距离和水平距离同时小于当前模式下的安全间隔标准，则告警系统判定为冲突可能发生，系统会产生短期飞行冲突预警提示。

2) APW 逻辑

APW 是一种地面安全网应用，通过及时发出警告，提醒管制员有关未经授权侵入某一空域的情况。

APW 的数据存储模块存有告警及预警区域的范围，告警及预警的区域是一块立体的三维空间区域，告警及预警区域可以是多边形、圆形、椭圆形、扇形、跑道形等多种形状。APW 的告警模块的告警区域可设置为激活和非激活两种状态。在非激活状态，该空域与其他飞行区域无异，航空器可依据飞行计划在其中自由飞行，系统不会产生任何的警示信息；而在激活状态下，系统对航空器航迹的当前位置和运动趋势进行实时监视，推算在指定时间内存在的对禁区、限制区的危险区的侵入情况或侵入趋势，并向各管制席位报告。若当前已侵入，则发出侵入告警信息；若在预警区域内且有可能侵入，则发出侵入预警信息，预警信息包含目标的预警时间。一般告警标准小于预警标准，即先预警后告警。

3) MSAW

MSAW 主要是把目标航空器的高度与附近的障碍物的高度进行比较，能够尽早地发现航空器与地形、地物之间的冲突。MSAW 通过综合考虑航空器航迹高度、高度标识、位置、速度方向及 MSAW 区域，当目标航空器的高度低于 MSAW 设置的最低安全高度门限值时，就产生最低安全高度告警。在探测到目标航空器将违反该区域的最低安全高度时，及时将探测的结果报给正在负责该航班管制工作的管制员。

4) APM

APM 告警是进近和塔台最关注的告警项，它能对航空器在航向道和下滑道两个维度进行持续不断的监测。APM 能够在最后进近过程中及时生成航空器接近地形或障碍物的警报，提醒管制员可能出现有控飞行撞地事故的风险。

如图 4-29 所示，APM 的进近路径的形状也是相当典型的，但不同的 APM 的进近路径的精确形状是不同的，APM 适配参数会根据实际航空器的数据进行调整。

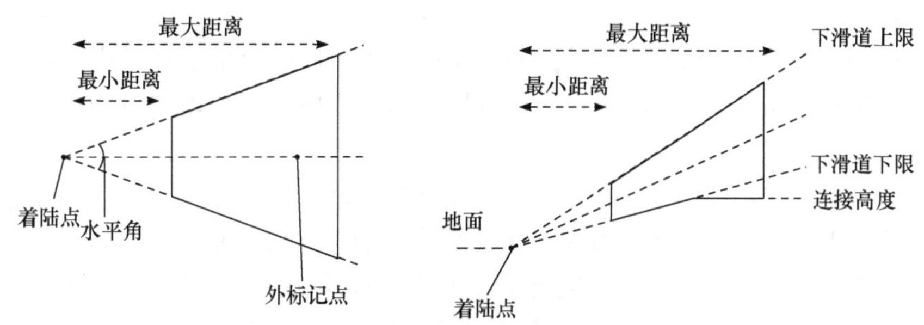

图 4-29　典型进近路径的水平视图和垂直视图

如果 APM 在最后进近过程中探测到目标航空器离开上述水平或垂直区域，则认为航空器偏离了理想的进近路径，则会给管制员生成航空器的偏离警报。

4.4.3　基于多模态信息的智能空管预警系统

1. 基于多模态信息的智能空管预警系统的概念

空管自动化系统是实施对空指挥的核心系统，通过处理航班的实时位置、飞行计划、气象等信息，为管制员提供空中交通的态势显示和不安全事件告警，在航空安全保障中发挥着重要的作用。然而，随着空中交通流量的不断增长，现有的空管自动化系统难以适应大流量、高负荷的交通环境，逐渐暴露其自身的一些严重不足，主要包括以下几方面。

(1) 交通信息模态单一，安全预警能力严重不足。

丰富的信息是强大预警的前提，而现有空管自动化系统只能处理飞行计划、航行情报等文本信息和来自一、二次雷达的航班位置与高度信息。而含有飞机位姿等丰富信息的机场视频和包含管制员指挥、飞行员航班位置报告与飞行意图的陆空通话等与空中交通安全息息相关的其他模态信息却始终无法纳入空管自动化系统，导致现有系统对飞机擦尾、偏出跑道等着陆姿态错误、管制指令错误与误解等问题均无法感知和预警，与之相关的事故征候乃至事故仍时有发生。

(2) 信息呈现形式不直观，管制员对交通态势感知困难。

现有空管自动化系统只能将飞机的位置数据二维呈现在管制员使用的终端上，而高度数据仍然只能以数字标牌的形式呈现。管制员需要认知标牌中的数字、理解数字的含义，然后在脑海中形成对航空交通态势的三维映射。这种困难的认知过程导致管制员对空中交通态势反应迟钝，造成管制员群体的精神高度紧张；同时也会对空中交通安全产生不利的影响。

(3) 辅助决策功能欠缺，管制决策缺乏安全保障。

现有空管自动化系统具备短期冲突告警等一些异常态势的告警能力，但缺乏辅助决策功能。常规管制工作通常不需要辅助决策的帮助，然而人在精神紧张时往往会做出条件反射式的决策。2002 年，德国的“7 · 1”空难就是因管制员在慌乱中给出了与机载避撞系统完全相反的指令，导致两架飞机相撞。在交通密集空域，空管自动化系统需要具备对不安全事件的应急辅助决策功能，减轻突发事件对管制员的心理影响、保障航空安全。

虽然 ICAO(国际民航组织)在文件 Doc 9750 的 ASBU 中提出了新一代空管系统(含提升情景意识等内容)的美好愿景，但受时代科技进展的局限，ASBU 仍无法彻底解决上述这些问题。

近几年，获得突破性进展的新一代人工智能为空管自动化系统提供了新的发展机遇。首先，人工智能已经在视频和语音识别等多模态信息识别领域取得了突破，甚至超越了人类的识别能力，使得开发基于多模态信息的空管自动化系统成为可能；其次，基于新一代人工智能的数据融合、数字孪生技术能够将空中交通态势实时、三维地呈现出来，为管制员直观地认知交通态势提供了可能。最后，新一代人工智能可以用优秀管制员的管制行为做样本，通过对深度神经网络进行学习训练，获得智能空管辅助预警系统，为管制员提供高质量的辅助决策指令，减轻高负荷下管制员的心理波动影响，提高空中交通安全的水平。

综上所述，音视频多模态信息提取、数据融合与数据孪生再现、智能预警与决策技术将构成基于多模态信息的智能空管预警系统的核心技术。

2. 基于特征基的“超视觉”多任务识别网络识别技术

视觉是人类感知世界最直观的途径，人类视觉系统之所以能够在短时间内完成多项任务的识别，得益于人类视觉神经系统的高效信息提取及特征融合能力。构建高效的多任务识别系统，首先需要继承生物视觉系统(图 4-30)的优势，并弥补和完善生物视觉(含相关的部分脑神经)系统的缺陷和不足。

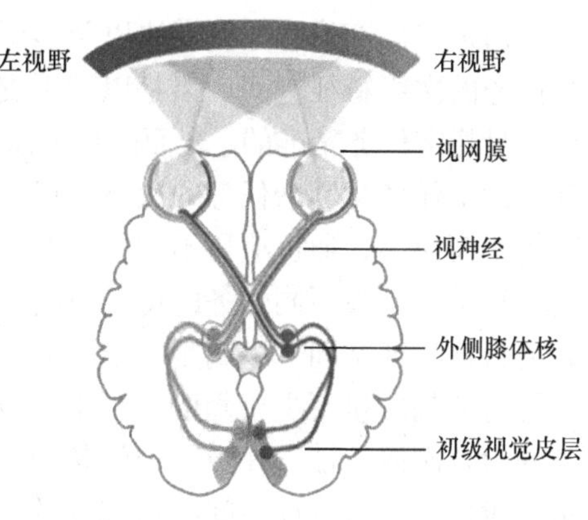

图 4-30　生物视觉系统的组成示意图

生物视觉系统通过视网膜上的感光细胞捕获外界反射进入视网膜的光能量信号，并转换成相应的神经电信号，以神经脉冲的形式将视觉信号传递给下游的各个视觉区域进行信息的分析和处理，最终实现目标的识别和分类等，但人脑的思维是单线程的，在识别下一项任务时往往又需要重新进行信息采集或者信息补充，这也是人类视觉和脑神经系统进行多任务识别效率低的主要原因。利用计算机的多线程工作的优势，基于串行的特征提取网络完成多任务的全部特征信息的提取以实现多线程并行识别的多任务识别是弥补人类视觉和脑神经系统对多任务信息低效串行识别缺陷的必然选择。

综合上述对生物视觉系统优缺点的分析，以及通过输入单个视频信息实现多任务识别的需求，拟设计串行的集中特征提取、并行的多任务特征空间构建和识别的网络框架，如图 4-31 所示。首先，利用骨干网络对输入视频图像进行初步的特征提取，并通过多尺度信息挖掘模块获取大量的高层语义信息。由于多任务系统中每个任务都需要特定的特征空间以进行表达，因此所有任务所需的特征信息的总和是巨大的。为了满足这种需求，多尺度信息挖掘模块由多个空洞卷积串联组成，并通过残差连接将不同膨胀率的空洞卷积输出进行融合；在训练过程中，通过自适应膨胀系数赋值法为每个空洞卷积分配合适的膨胀系数，保证目标特征的充分挖掘，同时避免连续单一膨胀系数造成的网格效应。随后，将特征金字塔中不同尺度的特征进行融合，实现多层级的次级特征表征，以达到提高信息总量的需求。

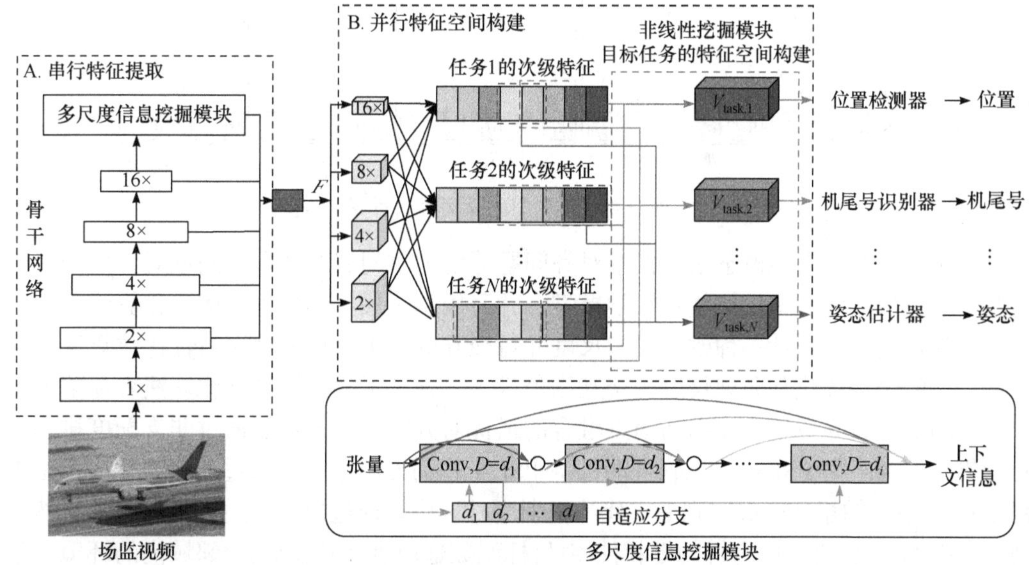

图 4-31　基于特征基的机场空侧视频全面分析方法

通过多尺度信息挖掘模块以及多层级的特征表达可以获得大量的特征并用于构建每个任务的次级特征空间，但是以“干支”的形式构建的次级特征空间是较为粗糙的，无法满足特定任务精准的、全面的特征需求，通过采用基于自适应的非线性特征挖掘方法，针对每个任务从其余任务的次级特征空间中选择信息，从而实现信息互补。在非线性特征挖掘模块中，通过遍历不同任务的次级特征之间的线性关系，对多个任务的次级特征进行解析，寻找不同任务的特征空间中具有线性无关的特征基向量并组成能表征特定任务的目标特征空间，以满足特定任务所需的精准、全面的信息需求。为保证目标特征空间的特征基向量不少于阈值，利用非线性激活函数对单个任务的次级特征、任意两个任务的组合次级特征、任意三个任务的组合次级特征进行并行处理。通过以上方法，可以实现对任务次级特征空间的精练以及任务之间信息的进一步交流，提升多任务系统的性能进而完成对机场空侧视频的全面分析。

多任务系统中，不仅存在单个任务之间训练难度差异大的问题，任务之间的耦合关系差异较大也会导致任务之间出现相互干扰的情况。为了评估任务之间的关联性，可以采用正交策略，将不同任务的梯度看成梯度空间的基向量。若两个任务的梯度之间的差异大，则表明两个任务的收敛情况不一致。对于具有强耦合关系的多任务来讲，两者的训练进度将会相似，反之亦然。

3. 异频、非均匀采样多模态信息的时空对齐与精准融合

多模态信息的对齐是信息融合的前提。在管制运行过程中，各模态采样数据往往存在采样频率各异、采样周期不均匀等特点，导致多模态时序数据难以准确对齐。如图 4-32 所示，对于采样周期不均匀的异频时序数据而言，在时间轴上一般存在 1 : $l(t)$的数据比例关系，其中 $l(t)$为时变量。

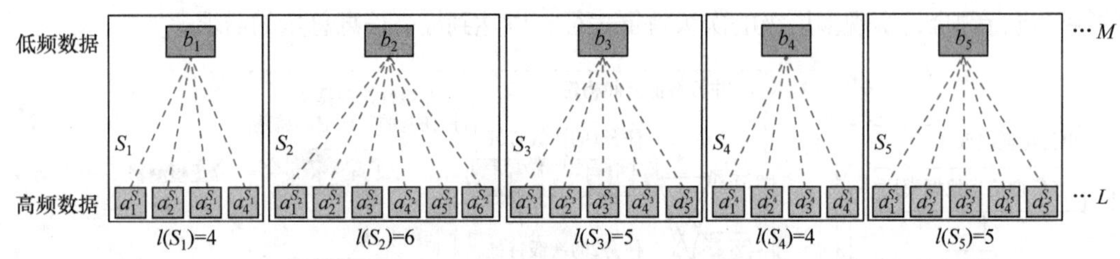

图 4-32 采样周期不均匀的异频数据对齐示意图

针对此问题，将多模态信息样本对齐问题分解为时间域对齐和空间域对齐两个优化问题建立离散非线性多目标优化数学模型，并采用基于最新的哈里斯鹰优化算法思想，结合元胞自动机，设计一种改进的多尺度并行交互的元胞哈里斯鹰多目标优化算法，从宏观尺度的全局优化和微观尺度的交互竞争入手，弥补了哈里斯鹰优化算法容易陷入局部最优的缺点，高效地生成面向信息融合的最优对齐方案。该算法通过非支配度排序得到帕累托外部解集(PSEA)，元胞自动机将 PSEA 作为元胞空间，通过迭代演化决定是否将 PSEA 中的帕累托解保留到下一代哈里斯鹰种群中。通过模拟“适者生存”的自然法则，根据帕累托-哈里斯鹰解的健壮性(由目标函数适应度计算得到)、邻域内的环境竞争(由拥挤距离计算得到)和资源承载力(设为常值)，演化其“生存或死亡”的状态；如果当

前时刻元胞的状态是“生存”，它将被保留在下一代哈里斯鹰种群中等待迭代更新。

多模态样本经过准确对齐后，还需要实现有效的信息融合，才能实现空中交通态势的保真呈现。文本、语音、图像、轨迹等是复杂异构的空管多模态信息，且都存在观测噪声的情况下，融合变得十分困难。因此，可以采用如图 4-33 所示的级联降噪多模态信息融合方案，它包括多模态特征映射协同、多模态信息融合两部分内容。

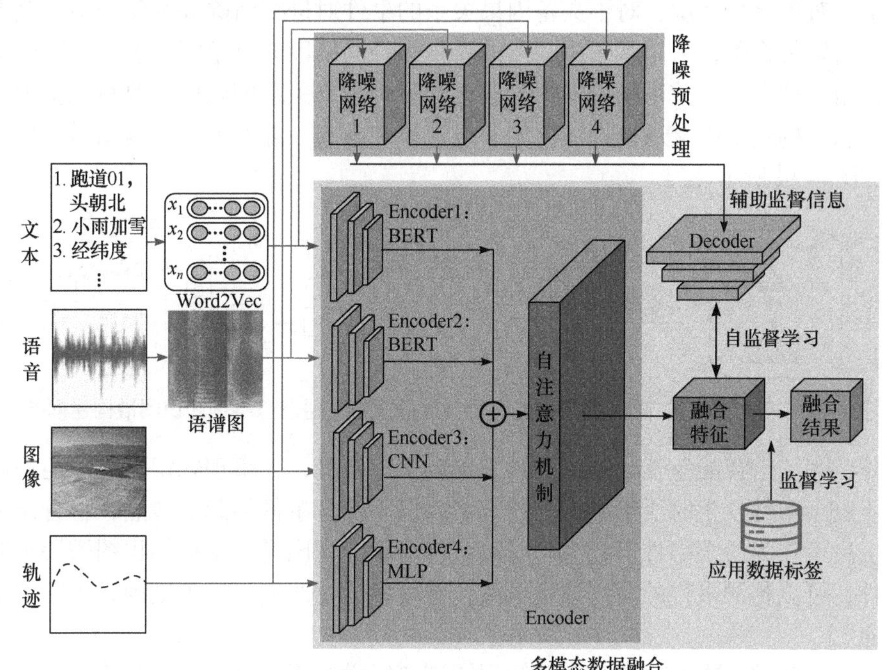

图 4-33 级联降噪多模态可观测管制运行信息的保真融合技术路线

多模态特征映射协同首先将多模态异构信息映射到同一个潜在特征空间，分别采用文本 BERT、语音 BERT、图像 CNN、轨迹 MLP 的深度学习网络架构进行设计；将多模态表征作为一个协同训练过程，目的是将对齐后的多模态样本映射到同一个特征值，理论上要求各模态特征值的方差最小；由于各模态噪声将降低后续多模态融合的精度，因此采用具有损失函数的双重无监督自编码器实现单模态降噪。然后，采用自监督学习进行预训练，将单模态的降噪预处理结果作为辅助监督信息，对 Encoder-Decoder 的自编码器网络进行训练，学习到对下游任务有价值的表征，同时消除表征信息中的噪声，以提高针对具体应用任务的多模态融合特征的抗噪性、准确性和鲁棒性。为进一步提高针对具体应用的多模态信息融合的精度，还将制作针对具体应用的数据标签(Ground Truth)进行监督学习，对模型参数进行微调并生成最终的融合结果。

这样，经过降噪预处理、多模态数据融合两个步骤后，能够有效提高多模态信息融合结果的准确性，为空中交通态势的保真呈现提供更加全面、准确的感知数据。

4. 基于态势演化规律的渐进式协同自主强化学习智能决策方法

由于空中交通不安全事件的复杂性，需要统一复杂交通态势演化与决策的知识表述，满足智能空管辅助决策模型中智能体的建模与学习。空中交通不安全事件中因果关系至关重要，考虑到不安全事件中存在的多主体、多因素问题，通过采用预训练的 BERT 模型对触发不安全事件的多目标主体和多种因素进行特征提取，随后利用 BiLSTM-CRF(双向长短期记忆网络-条件随机场)网络模型进行目标主体和触发因素的标注，并基于自注意力机制的双向 LSTM 方法判断类别，将关系抽取看作分类问题，形成“主体-事件-因果关系”事件对集合。其次，对不具备因果关系的事件对进行清除并为每个不安全事件生成对应的因果关系图，采用基于深度图的卷积神经网络以充分挖掘多主体、多因素间的相关性，用于构造因果关系图的知识表述；随后将因果关系图映射并改写成空中交通本体中的概念，构建空中交通事件演化的一般规律和模式，并有助于后续图谱的扩建，整体流程如图 4-34 所示。

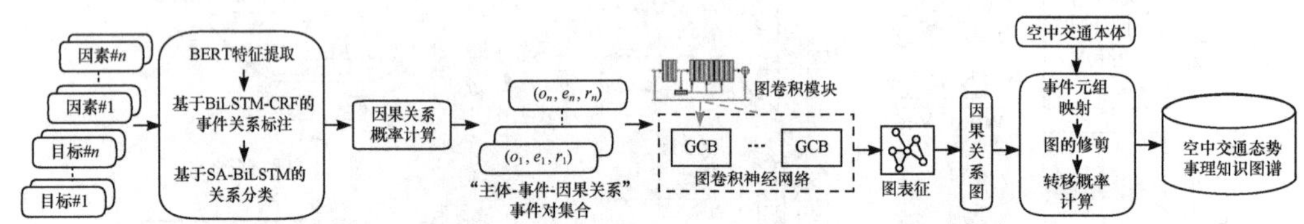

图 4-34　基于“主体-事件-因果关系”事件对的空中交通态势事理知识图谱构建框架

此外，为了给智能空管辅助决策系统提供学习基准，在事理知识图谱中还需包含管制员在不安全事件发生时所给出的解脱方案；以不安全事件为起始节点，将管制员所给出的对应决策作为后续事件以建立解脱决策的事理知识图谱；根据知识图谱展示的因果关联事件，可以预测事件的后续演化模式，并可以通过改变某些关键因素来影响事件的发展走向。

基于所构建的空中交通态势事理知识图谱离线学习不安全态势的演化规律和管制员不安全事件判定规则，有助于智能辅助决策系统在不安全态势感知过程中，在航空器运动状态的分布规律未知的情况下做出更普适性的决策。此外，在辅助决策系统中需要将管制范围内的每架航空器视为可自主决策的独立智能体，构建多智能体环境，且在多智能体完全合作的场景下得到最大化的个体和全局期望回报。因此，采用基于深度确定性策略梯度(DDPG)算法的多智能体强化学习框架(MADDPG)和渐进式协同自主学习策略实现多主体辅助决策，可以形成实时高效的多智能体协同决策方法。

在整体环境(Global Environment)中，每个智能体(Agent)在做出决策时都有相对应的最大联合动作效应的影响范围，因此可将整体环境划分为多种局部环境(Local Environment)，每个智能体的 Actor 则只需要根据局部的观测信息做出决策，并根据局部环境中其他智能体的决策考虑联合动作效应，实现对多智能体的分布式控制，减少训练过程中的维度，如图 4-35 所示。

在将全局环境分为多个局部环境后，系统可根据局部环境中智能体的状态来做出决策，根据局部信息反馈(即强化信号)和建立的态势规律与决策知识库对智能体的执行决策结果进行评估，并进行迭代优化实现智能体的在线自学习。考虑到局部环境状态之间的交互影响，将每个局部环境中的状态响应映射到其他局部环境中，使智能体不仅能够考虑当前局部环境，还能兼顾到全局的联合动作效应，得到“个体-局部-全局”的最优解。此

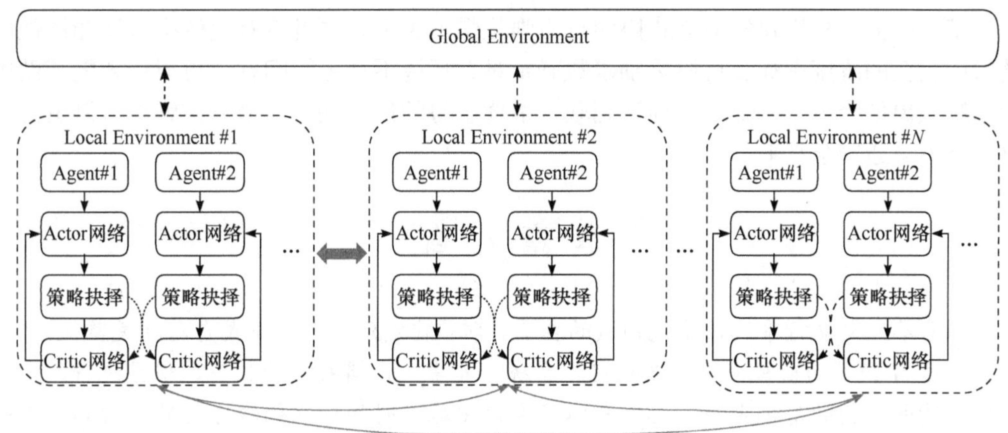

图 4-35 多智能体集中式训练、分布式执行的学习方式

外，为了得到冲突解脱策略的最优解并最小化智能体在协作过程中的数据传输量，在每个智能体中加入了一个优先级评估模块以计算当前状态下智能体的动作优先级以做出最优决策，如图 4-36 所示。

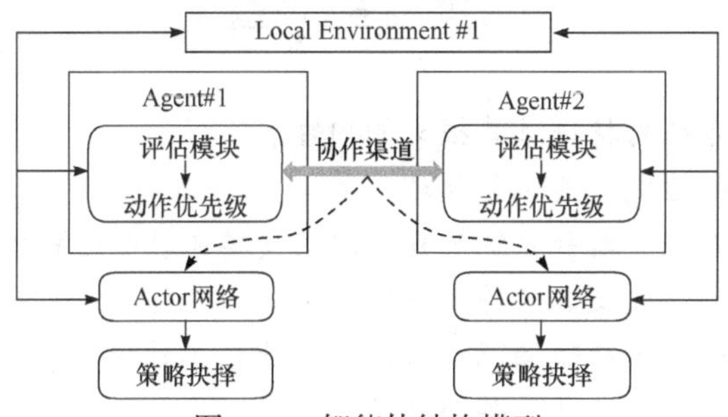

图 4-36 智能体结构模型

在局部环境中确定所有智能体的状态和动作集合后，对智能体各状态下的 Q 值进行初始化，并通过策略逼近函数来估计其他智能体的策略，通过对其他智能体的行为建模使其中心化 Q 值能够考虑局部联合动作效应。为了避免在局部环境中陷入“个体-局部”联合最优决策而忽略对整体状态的影响，对全局最优解的获取采用联邦式学习策略。采用参数共享的方式，引入一个具有与其他智能体相同结构的虚拟智能体来收集各个局部环境中智能体的训练信息，其经过处理后发送给每个局部环境用于下一步的训练，如图 4-37 所示。

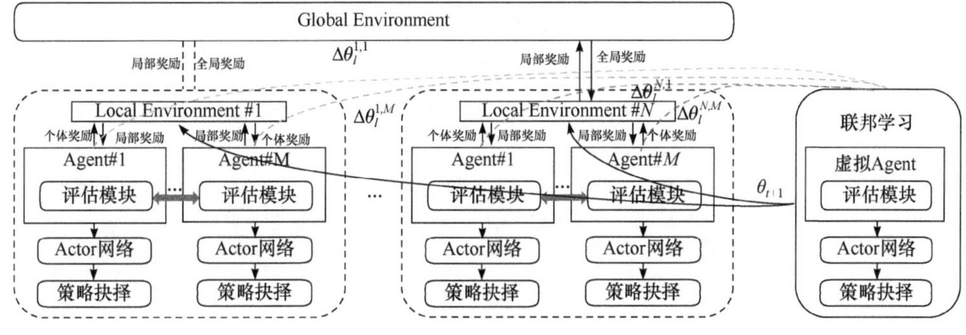

图 4-37 基于联邦学习的全局最优策略学习方法

基于以上方式构建的渐进式协同自主强化学习决策算法可以有效解决多智能体强化学习中存在的维度爆炸、目标奖励函数确定难、环境不稳定等问题，可以使智能辅助决策系统做出使个体、局部和全局达到联合最优态势的最优决策，全方位辅助管制员提升整体空中交通安全水平。

本章小结

本章参照新航行系统在监视领域的主要特征，首先介绍了广播式自动相关监视系统、二次雷达 S 模式的监视应用和多点定位系统，其中，广播式自动相关监视系统将是未来机载和地面监视的基础系统；其次介绍了在优化尾流间隔标准领域进行的探索和进步；然后介绍了优化尾流间隔标准的应用系统——机载间隔系统，未来空中交通间隔的职责将以机载间隔为主；最后介绍了保障飞行安全的新一代机载避撞系统和地面安全网，并探讨了提升安全监视能力的基于多模态信息的智能空管预警系统。

思考题

1. 简述自动相关监视系统的特征及其报文的内容。
2. 详述机载避撞系统的组成及其工作原理。
3. 为什么说广播式自动相关监视系统改良了决策支持工具的性能？
4. 简述多点定位系统的组成及其工作原理。
5. 简述国际民航组织的优化尾流间隔标准的三个阶段工作内容。
6. 简述机载间隔系统的组成及其工作原理。
7. 简述提高机载情景意识的方法。
8. 新一代机载避撞系统为什么能够减少骚扰告警？
9. 地基安全网包括几种预警功能？
10. 基于多模态信息的智能空管预警系统能够弥补哪些现有预警系统的不足？

第5章　航空运行管理

5.1　引　　言

航空运行管理也可以看成是空中交通管理，然而航空运行管理不仅仅是空中交通管理，航空公司的运行管理和机场的运行管理都可以看成是航空运行管理。只不过这里的每一种管理均是空中交通的相关方从各自角度出发的管理，而航空运行管理是航空相关方从各自角度出发的管理的总和。本章着重介绍未来的空中交通管理，用以窥探航空运行管理之全貌。

空中交通管理顾名思义就是对空中交通的管理，是通过空域管理、空中交通流量管理和空中交通(管制、飞行情报、告警等)服务，达到维护和促进空中交通安全及提高效率的目的。

从国际上看，2020年之前的数十年，全球民用航空运输事业持续增长。欧洲地区飞行流量的年增长率约为5%，每15年飞行量就增长一倍。从国内情况看，我国民用航空飞行流量一度达到年均18%左右的增长率，飞行流量也得到大幅度增长。空中交通管理的革命性变化是民用航空事业随着经济和技术的快速发展的必然结果。

为了适应民用航空发展的需要，国际民航组织从20世纪90年代开始在全球推行新航行系统技术，经过十余年的推广和试验，目前国际民用航空界已经开始实施新一代的CNS/ATM(通信、导航、监视和空中交通管理系统)，新技术的应用也将促进空中交通管理的变革。根据国际民航组织第10次会议提出的全球空管一体化的概念，世界空管发展的趋势总体来讲就是全球空管一体化。

1. 传统空中交通管理的内涵

传统空中交通管理包括三个方面。

(1) ASM(空域管理)。通过对空域结构的组织和管理，或按照各种不同的飞行需要灵活地划分空域来满足各种不同类型飞行的需要，达到在既定的空域结构下实现对空域资源充分利用的目的。

(2) ATFM(空中交通流量管理)。当空中交通管制系统的飞行流量超出或者将要超出其容量时，采取必要的措施进行调节，以保证空中交通量最佳的流入或通过相应的空域，使机场和空域容量的利用率达到最大。

(3) ATS(空中交通服务)。为防止机动飞行区内飞机与飞机、飞机与障碍物之间发生碰撞，达到加速空中交通流动、维持空中交通秩序的目的，为飞机提供用于飞行安全和效率的空中交通管制服务、用于航行信息和咨询的飞行情报服务(FIS)，以及有关飞机搜寻与援救的协助等。

2. 未来空中交通管理的内涵

ICAO 文件 Doc 9854(AN/458)详细阐述了未来全球空中交通管理的运行概念,包括以下七方面。

(1) AOM(空域组织与管理)。AOM 分为空域组织和空域管理两部分。空域组织侧重于空域结构的组织和规划，是空域的宏观、战略层面的预先准备和规划工作；而空域管理侧重于对空域的运行管理，是空域微观、战术层面的运行管理工作。

(2) DCB(需求与容量平衡)。需求与容量平衡是从战略上评估全系统的交通流量和机场容量，使空域用户能够确定何时、何地以及如何运营才能缓解空域和机场容量的冲突需求。这种协同程序能够通过使用全系统空中交通流量、天气和可用资产，实现对空中交通流量的有效管理。

(3) AO(机场运行)。AO 即改善机场运行。机场作为 ATM 的有机组成部分需要提供必要的地面基础设施，以在全天候条件下增强安全性并最大限度地提高机场容量。

(4) TS(交通同步)。交通同步是指战术性地建立并保持安全、有序、高效的空中交通流量。将具有四维动态航迹管制能力和商定的无冲突航迹用以消除交通阻塞点，并通过优化交通排序实现跑道吞吐量最大化。

(5) CM(冲突管理)。冲突管理将把航空器与危险物之间相撞的风险限制到一个可接受的程度,包括通过空域组织与管理、需求与容量平衡以及交通同步来实现的战略冲突管理,间隔保障和防撞。

(6) AUO(空域用户操作)。空域用户操作是指飞行操作中与 ATM 有关的方面，将允许空域用户通过协同决策，充分发挥航空器及空域用户系统的性能，根据 ATM 的可用资源、飞行条件等动态优化四维航迹计划，达到提高空域安全性和使用效率的目的。

(7) ATM SDM(ATM 服务管理)。ATM SDM 是一项贯穿于飞行全过程、所有管制单位的一种无间隙的服务管理。ATM SDM 接收与航空公司的航班飞行计划相关的空中交通管理服务申请，综合各个子系统的信息制定航班的 4D(经度、纬度、高度、时间)飞行计划剖面，并与各个子系统签订服务协议以完成上述相关的 6 种服务。

未来的 ATM 系统也将是一个功能广泛的管理系统,它包括 ATM SDM、AOM、DCB、AO、CM、TS 和 AUO 7 个功能性子系统。这些子系统发挥各自不同的作用，并且这些子系统将被集成为一个总的 ATM 系统，实现功能一体化。

相比于传统的空中交通管理，未来空中交通管理重新梳理并丰富了空域管理和空中交通流量管理的内涵，将空域组织与管理、需求与容量平衡的名称纳入未来空中交通管理；机场运行是对传统的空中交通管理内涵的拓展，从原本的空中交通拓展到了机场的空侧，形成了“门到门”飞行全过程的空中交通管理；未来空中交通管理将空中交通管制服务细化为交通同步和冲突管理，明确空域组织与管理、需求与容量平衡和交通同步均是冲突战略管理的组成部分；未来 TBO 的运行模式使得空域用户既是 4D 航迹规划的执行者，又是动态 4D 航迹信息乃至空中交通态势信息的提供者，未来空中交通管理加强了对空域用户的操作管理。最后，未来空中交通管理将是基于自动化系统的空中交通管理，有必要增加一项 ATM 服务管理，根据用户的请求协同各个子系统的信息制定航班的

4D 飞行计划剖面，并完成上述相关的 6 种服务。

全球一体化的 ATM 系统最终实现使飞机运营者按照其优选的、可动态调整的飞行轨迹，以最佳和最有效的方式来完成飞行。ATM 预期的进步包括：

(1) 增加安全性；

(2) 提高系统容量并最佳使用机场容量；

(3) 减少延误；

(4) 减少飞行运营成本；

(5) 更有效、更灵活地使用空域，减小间隔；

(6) 实施更加动态的飞行计划，并提供最佳飞行剖面；

(7) 减少管制员工作负荷、提高工作效率。

5.2　飞行组织与实施

目前，民航界普遍采用的传统飞行组织与实施方法是基于飞行计划的，即由航空公司制定航班的飞行计划，并根据需要上报给空中交通管理部门的各级调度室(总调、管调、站调)；空中交通管理部门按照航空公司制定的飞行计划组织空中交通管理工作，为航班提供必要的空中交通服务。这种传统的飞行组织与实施方法存在着飞行计划之间协调性不足的缺点，并且飞行计划一经制定就不能再修改，只能按照原定飞行计划去实施。然而航班飞行受多种不确定因素影响，很难按照原定飞行计划的时刻实施飞行；同时目前缺乏灵活的飞行计划修正机制，偏离飞行计划问题无法得到纠正与解决。这种固定又存在不确定性的飞行计划极易造成交通拥堵，并导致航班延误等一系列问题的产生。

在新航行系统中提出了 TBO 的飞行组织与实施理念。在 TBO 的理念中，航空公司与空中交通管理部门之间通过 SWIM 平台及相关的应用软件工具，通过信息协同共享、协同决策商定航班全程无冲突飞行计划的 4D 航迹剖面，同时管制员利用该 4D 航迹为航班提供空中交通安全监视等空中交通服务，确保航班严格按照飞行计划的全程无冲突 4D 航迹剖面飞行。TBO 可以从根本上解决传统飞行组织与实施方法存在的问题，提高飞行组织与实施的效率。

5.2.1　基于航迹的运行

1. TBO 的定义

1) 飞行组织与实施方式的转变

传统飞行组织与实施的方式采用的是基于 3D 飞行计划的分区管控方式，管制员在所负责的管制扇区内对当前位置已知的航空器做出战术管制决策；而如今，随着航空器数量的不断增加，特别是在流量密集的复杂空域，这种以飞行计划为基础的传统空中交通管理模式已经暴露出其局限性，将无法满足未来高密度飞行流量的需求。这主要体现在航空器之间相互独立，无法共享航迹信息并预测航空器的飞行意图；管制员只能实时地对前后两架航空器之间实施标准的间隔，但无法对所辖空域内的所有航空器做出全局的战略安排。在这种情况下，空中交通极易造成堵塞，空域使用效率难以进一步提高。同时，航空器必须沿着事先划定的固定航路飞行，难以自主灵活地选择理想的飞行路线，产生了过高的飞行和燃油成本。

TBO与传统方式的区别详见表5-1。

表 5-1　TBO 与传统方式的特征对比

类别	传统——基于飞行计划的运行	未来——基于航迹的运行
理念飞行	规划阶段和执行阶段相对分离	规划和执行过程通过航迹管理实现一体化
	航空公司向空管部门提交飞行计划	航空公司与空管部门共享和协商航迹
	航空器必须沿着事先划设的固定航路飞行	航空器可根据实际情况自主选取最优化航迹
	航空器之间相对独立	航空器之间实现航迹共享，提高飞行员情景意识
管制	对所有航空器实施一致的间隔流程	根据航空器性能采取不同的间隔标准
	对空指挥通过话音发布指令	对空指挥利用数据链，修改并上传航迹数据
	对航空器飞行意图的可预测性低	精确掌握航空器飞行意图，有助于流量预测
	空管具有一定自动化水平	数字化的航迹管理使得空管的自动化水平大大提高
	管制员负责监视航空器是否按照指令飞行	由自动化系统负责监视航空器航迹的一致性
	由空管单位提供间隔服务	条件允许时，由航空器自主保持间隔

相比传统运行方式，TBO具有航迹规划的全局性、4D航迹运行的可预测性、航迹管控的精细化、飞行管制的数字化和协同化等特点，可明显提升空中交通运行效能，降低管制员工作负荷，并可以通过预测未来一段时间内的空中交通态势，提前进行预警和处置，在保障飞行安全的前提下提高飞行效率。运用TBO对于航空公司而言增加了飞机选择航迹的灵活性，能有效解决航班延误问题，提高航空公司收益。

2) TBO的概念与内涵

TBO即航空器沿着事先规划好(或者是动态优化)的4D航迹剖面飞行的意思，TBO的目的是在保证空中交通安全的情况下尽可能高地提升空中交通运行效率。这就要求提高空中交通的确定性，即每架航空器计划阶段和实际执行阶段的差异程度越低，空中交通秩序则越强，可规划性和可控性就越强。

4D航迹飞行剖面是指航空器从起飞至降落的整个过程中所经历的全体顺序点列的四维空间坐标(位置和时间)所形成的有序集合。简单来说，4D航迹飞行剖面就是飞行的空间轨迹途经的各点及相应过点时间，每个点的四维信息都有一定的精度要求，以此为基础描述飞机运行过程。图5-1是首都机场至大兴机场飞行计划的3D水平和垂直飞行剖面，4D航迹飞行剖面需要在3D剖面之上再加上时间的维度，即在何时通过该航路点的信息。

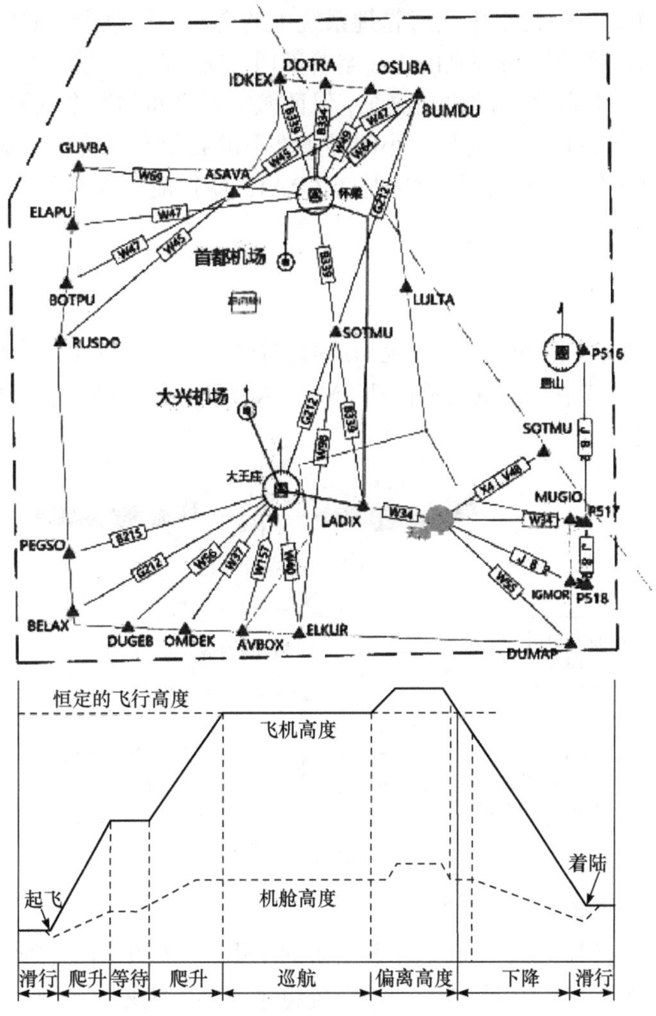

图 5-1　首都机场至大兴机场飞行计划的 3D 水平和垂直飞行剖面

为了及时探测到实际 4D 航迹与计划 4D 航迹之间的误差，并尽可能地减少该误差，确保空域运行全局无冲突态势的稳定性，提出了 4D 航迹监控问题。4D 航迹监控是指在一个架次的飞行正在进行时，依据实时的监视信息和初始飞行计划信息对该架次飞行产生的 4D 航迹进行监测；实时获得实际 4D 航迹和计划 4D 航迹之间的精确误差，并通过控制飞行加以调整和消解，从而大大降低乃至避免在空中飞行发生冲突的可能性，保证空中交通安全。另外，这种 4D 航迹的准确执行提升了航迹的确定性，有利于空中交通管理部门对所有飞行情况进行总体把握，从而可以提早平滑交通流，通过需求与容量的平衡，提升空中交通效率。

高精度地规划和执行无冲突 4D 航迹是提高空中交通安全水平和空中交通效率的重要保障。ICAO 将 TBO 定义为通过分享和维护航迹信息来实现全球一致的基于绩效的 4D 航迹管理的概念。TBO 将有效增强航班计划和执行能力、减少潜在的冲突、提高运行的可预测性，并能够及时解决航路网络系统需求/容量的不平衡问题。

综上所述，作为下一代空中交通管理系统中的全新运行概念，TBO 是以对航空器未来的 4D 航迹的精确掌握为基础的，在空管部门、航空公司和航空器之间共享航迹动态信息，实现飞行与管制之间的协同决策，保证航空器之间的安全间隔和航空运输系统的效率，最终实现高密度、大流量、小间隔条件下的有效空域管理。赋予 FMS 中每个航路点所需到达时间(RTA)或管制到达时间(CTA)，使得航空器运行全程可见、可控、可达。

2. TBO 的支撑系统

TBO 需要机载设备、地空通信系统和地面空管决策支持工具的协同工作才能得以实施，如图 5-2 所示。其中，机载设备包括 FMS、ASAS 和气压高度表等设备，FMS 是实施 TBO 的核心系统。

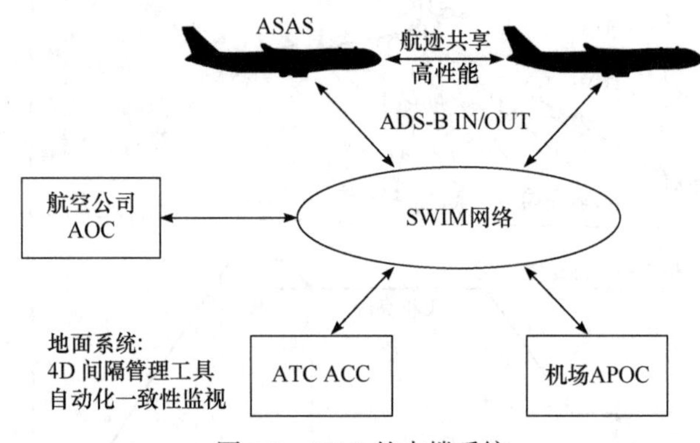

图 5-2　TBO 的支撑系统

1) 机载飞行管理系统

实现基于航迹运行需要空中和地面紧密协同工作，飞机的飞行管理系统(FMS)必须能够提供面向定时到达的飞行引导能力。该系统将录入事先规划好的飞行计划 4D 航迹(或者动态优化的 4D 航迹)，结合飞机当前飞行状态进行四维航迹计算，并且通过对飞行航迹误差的实时评估进行基于航迹运行的自我监控、自主飞行间隔保持，在满足所需到达时间的约束下，实现按照计划时间准时达到的精确飞行引导。

为实现 TBO，一些航空公司的航班需要升级 FMS、自主间隔保持系统等机载系统。

2) 通信系统

TBO 意味着飞机的飞行意图和管制员的交通管理措施都将以数字化信息的方式表达；同时，与传统的空中交通管制运行相比，TBO 要求空地之间共享的信息更为丰富，同时具备更高的实时性和可靠性。空地之间除了要共享航行情报、飞行动态、管制指令等常规信息外，还需要交互气象、4D 动态航迹、交通态势等多元化的空中交通环境信息。

为实现 TBO，民航界需要完善高性能 ADS-B 等地空数据链和 SWIM 等信息传输和管理技术，增强交通信息的及时性和可靠性。

3) 地面空管等决策支持工具

地面空管、机场，以及航空公司的 TBO 决策支持工具是在 TBO 运行环境下提高管制自动化程度、提升管制运行效率、降低管制员工作负荷的必要手段。利用 TBO 决策支持工具产生的准确 4D 航迹信息，管制员可以利用空中交通和机场管制自动化系统中的决策支持工具提前对潜在的飞行冲突或交通堵塞进行预测、排解与疏导，并优化航班排序。实现这些目标的决策支持工具包括飞行冲突探测与解脱系统、航班进离场管理(AMAN/DMAN)系统、4D 航迹网络化运行管理系统等。

此外，TBO 还需要高级气象管理(AMET)、基于性能的导航(PBN)等技术的支持，前面章节已经做过相关内容的介绍，这里就不再一一赘述。

3. TBO 的特点

TBO 通过增强飞行机组和空中交通服务部门之间的协作，使得航班运行更加高效和可预测，同时还保持了运行的灵活性。建立在 4D 航迹规划基础上的 TBO，能够为管制员和飞行员提供更有效率的航迹建议，优化进离场飞行剖面，有效地减小进场飞机到达汇聚点的间隔，从而增加空域容量，在保证安全间隔的同时提高空域利用率。其特点主要有以下三点。

1) 精细化

由于引入四维航迹，一方面，空域资源的使用和管理从传统的航路、高度层或时间等单一维度转变为四维时空资源的综合维度，空域资源的使用和管理更为精细化；另一方面，TBO 强调航空器飞行过程的定时可控到达，到达时间窗口可达到±10s 的级别，相比传统的运行，空中交通管理的时间分辨率将大大提高。

2) 协同化

协同决策是 TBO 运行概念的核心理念，其协同主要体现在以下几个方面：①运行协同，即参与航班航迹管理与维护的各相关方通过协同的信息环境进行协同决策；②信息协同，即实现了综合飞行与流量、气象、情报等各类信息的协同信息环境(FF-ICE、SWIM)；③系统协同，即地面系统、机载系统的协同，特别是利用数据链技术实现地面空管系统与机载航空电子系统的协同。

3) 可预知性

由于信息的高度协同与共享，地面空管系统可以获取机载飞行管理计算机(FMC)中的准确的未来飞行 4D 航迹，进而可以预知指定空域内未来的运行态势，大大提高了空管系统情景态势感知的能力，便于提前开展流量管理工作，缓解潜在的交通拥堵压力和避免飞行冲突。

5.2.2　ATM 服务管理

1. 空中交通管理系统

当前空中交通管理系统还不能说是一个完整的系统，因为子系统几乎都是相互独立的系统，如空域规划系统、流量管理系统、空管自动化系统等。随着民航通信、导航、监视，以及空中交通管理相关技术的不断完善，空管界普遍认为需要形成一个一体化的空中交通管理系统，如图 5-3 所示。

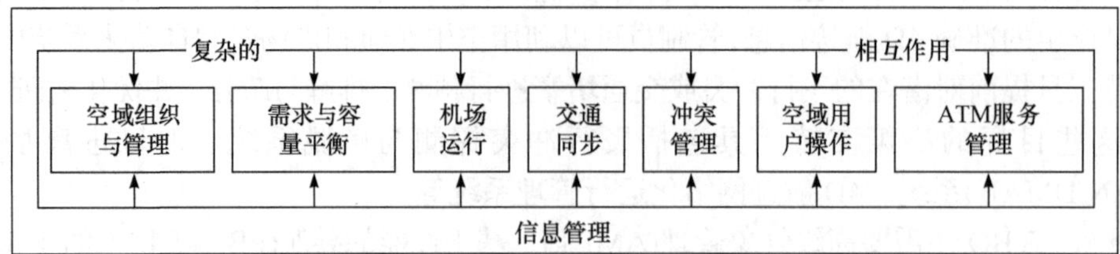

图 5-3　一体化空中交通管理系统

ATM(空中交通管理)系统定义为：在空中与地面的通信、导航和监视系统支持下，通过人力、信息、技术、设施和服务的协作整合形成的提供空中交通管理的系统。为了便于理解一体化 ATM 系统各组成部分之间错综复杂的关系，把 ATM 系统分为 ATM SDM(ATM 服务管理)、AOM(空域组织与管理)、DCB(需求与容量平衡)、AO(机场运行)、CM(冲突管理)、TS(交通同步)和 AUO(空域用户操作)7 个功能性子系统。当然，这 7 个功能性子系统不是相互独立运行的，每个功能性子系统都是 ATM 系统中不可或缺的组成部分。只有利用 TBO 的理念整合 7 个功能性子系统及其功能，才能形成一体化 ATM 系统，否则无法实现空中交通管理的目标。

2. ATM SDM

1) ATM SDM 的定义

ATM SDM 是一项贯穿于飞行全过程、所有管制单位的一种无间隙的服务管理。与现在的起飞机场至目的机场的航班飞行计划不同，未来将实施“门到门”的空中交通管理，航班飞行计划将延伸至起飞机场和目的机场的跑道、滑行道、机坪及停机门(或停机位)，如图 5-4 所示。

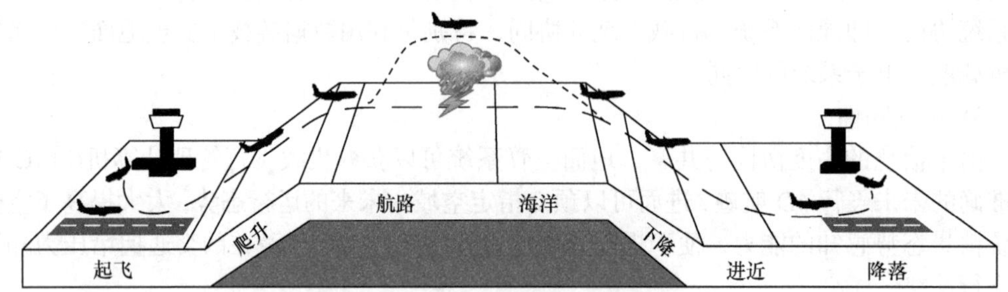

图 5-4　“门到门”的空中交通管理

ATM SDM 接收与航空公司的航班飞行计划相关的空中交通管理服务申请，综合各个子系统的信息制定航班“门到门”的飞行计划 4D 剖面，并与各个子系统签订服务协议以完成相关服务。

ATM SDM 是面向空域用户(航空公司及其航班、军航、通航、无人机等)提出的 ATM 服务需求的相应服务。类似于现在的调度室接收航班飞行计划，协调空中交通管理部门内部的各个职能单位、航班飞行计划相关的各个管制席位(甚至其他管制区的管制席位)共同完成空域用户提出的 ATM 服务需求。不过这些功能都是空管部门借助 ATM 系统的

ATM SDM 功能子系统来实现的，包括偏离计划的告警等功能。

2) ATM SDM 的职能

(1) 当空域用户要求提供 ATM 服务时，ATM SDM 子系统将根据用户的意愿和偏好，以及其他 6 项服务的有关限制和机会、有关运行情况的可用信息等，就飞行航迹达成一致协议。该协议将受到 ATM SDM 系统的监控，当发现飞行与该航迹协议出现重大偏差时，将引发对协议的调整或者发出警告，提醒机组遵守协议。

(2) ATM SDM 将负责各种 ATM 服务的责任分工，并指定服务提供者，以确保 ATM 服务覆盖飞行全程、无缝隙。更重要的是，ATM SDM 系统通过与其他 6 项服务的子系统的协同决策来平衡并优化用户申请的航迹，以确保由 ATM 系统所提供的服务能够满足各相关方的期望。

(3) 为保持对运行情况的了解，ATM SDM 将监控各种相关信息，包括：①航空器、航迹剖面和飞行意图；②航迹管理；③放行许可等信息。

(4) ATM SDM 还将保持对 7 个子系统之间的信息交换与管理，以保障 ATM 系统可以利用全球的共享信息，包括航行情报、气象信息、防空与军事管制系统、搜寻与援救、航空事故/事故征候调查、海关和警察的执法，以及管理当局需要的监管信息等。

5.3　网络化运行

5.3.1　空域组织与管理

空域管理是传统空中交通管理的一项重要工作。空域管理的主要内容是研究空域结构，制定空域管理使用计划，合理调整管制区域和飞行空域；研究论证区内航路、航线、空中走廊、空中限制区、空中危险区的划设和调整；协调解决军民航飞行空域使用的矛盾。空域是国家的重要资源，对空域合理配置使用，会产生巨大的经济效益。空域管理的目的是依据既定空域结构条件，实现对空域的充分利用，尽可能满足经营人对空域的需求。

未来空域组织与管理(AOM)的原则就是所有空域用户具有平等权；空域将通过灵活的组织和使用，去满足所有不同种类空域用户的需求；并且对特定空域的限制都将是暂时的，在承认空域的国家主权的前提下最小化使用限制，空域的组织将向全球化统一规则、统一规划方向发展。有效的空域组织与管理能够提高 ATM 服务商和空域用户的冲突管理能力，空域组织与管理将是战略层面冲突管理的手段和工具，并提高 ATM 系统的安全、容量和效率。

1. 空域组织与管理的概念

1) AOM 中空域组织与空域管理的区别

AOM 系统是 ATM 系统 7 个功能性子系统之一，AOM 又分为空域组织和空域管理两部分。空域组织侧重于空域结构的组织和规划，是空域的宏观、战略层面的预先准备和规划工作；而空域管理侧重于对空域的运行管理，是空域微观、战术层面的运行管理工作。

传统空域管理中的空域结构规划的内容，在 AOM 系统中都属于空域组织的内容；而在全球、无缝隙的 ATM 系统中，空域管理将仅限于对空域的战术灵活使用上。传统的空域组织与管理工作是交通管理部门的职责，是由专业的空域规划和管理人员来完成的，而未来的 AOM 工作将由 AOM 系统辅助空域规划和管理人员去实现，一些如空域监控等职能，可由 AOM 系统独立实现。

2) 空域组织的职能及原则

空域组织的职能是建立空域组织策略、规则和程序，并通过它们来构建空域，以适应不同类型的空中活动、交通容量、服务等级和飞行规则。空域组织的原则适用于从最复杂到最简单的空域，包括下述几个方面。

(1) 空域组织将是动态、灵活和基于所需服务的。空域组织的边界、划分和类别将适应于交通模式和交通变化的情况，并将支持其他 6 项 ATM 服务的有效运行。自空域的战略规划阶段就要体现空域组织的灵活性，并允许根据实际运行情况对空域进行进一步的优化配置。

(2) 空域组织是宜于无缝隙飞行管理的。空域组织将没有过度限制，有益于提高航空器沿着优化飞行航迹进行门到门飞行的能力。

(3) 未来的空域规划将能够适应 RNAV 的动态飞行航迹。只有在不能适应动态航迹的区域内，才建立结构化的航路系统。

(4) 空域的组织将宜于各相关方学习、理解和使用。

尽管没有永久或者固定的受限空域，但是某些空域仍将受到服务限制，包括长时间的使用权限制，这些限制是因国家利益或安全问题的需要而定的，并且是与航空相关方协商确定的。

特殊空域(如航迹专设空域、高密度空域、特殊用途空域)将始终存在。然而，在认为安全和适当时，系统也将接受那些既没有按此特定模式飞行也没有装备此类空域所需设备的航空器。接受这些航空器并不会对所用空域的主要用途产生根本上的改变。

正常情况下，特定空域使用的优先权将不受到主要用途或设备的限制。虽然空域是有特殊用途的，但不应以永久性地排除其他用途和不具备所需性能航空器的方式进行组织。

3) 空域管理的定义及原则

空域管理是一个过程，合理的空域组织方案能够充分满足空域用户的需求。空域使用的利益冲突让空域管理工作变得非常复杂，空域管理本身就是平衡这些利益的过程。

空域管理将遵守下列指导原则和战略：

(1) 对空域进行灵活管理，且不受国家或设施边界的限制，根据交通流量需求对空域边界进行适当调整；

(2) 空域管理应适应 RNAV 动态飞行航迹的需要，并提供最优解决方案；

(3) 当需要通过空域管理将不同类型的交通隔离开时，应对空域的范围、形状及时间进行约定，以尽量减小对运行造成的影响；

(4) 需要对空域的使用进行协调和监控，以尽量满足所有用户(可能是利益相互冲突的)需求，尽量减少运行限制；

(5) 需要对预留空域提前进行规划，并适时进行动态改进，需要兼顾未提前做规划的需求；

(6) 结构化航路系统将根据需要只在需要增加容量或避开受限(或存在危险)的区域时使用。

2. 空域组织内涵的变化

AOM 的空域组织由两个主要元素组成：首先是“空域结构战略规划”，其次是“空域所需性能管理”，即对空域的 ATM 服务所需的通信、导航、监视和总体性能的管理。航空器具备空域所需性能是空域正常运行的基础，不具备空域所需性能的航空器将对空域的正常运行产生不良影响。

1) 空域结构战略规划

(1) 空域分类。

空域分类是空域结构战略规划的一部分，不同种类空域服务于不同的空域用户需求。ICAO 的空域分类如图 5-5 所示，各类空域的 ATM 服务及运行限制条件见表 5-2。

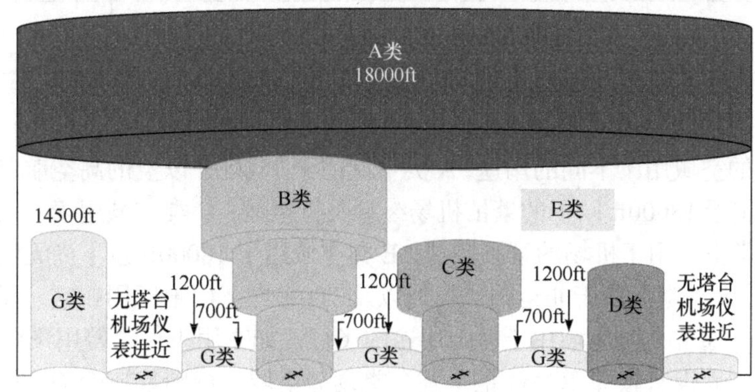

图 5-5　ICAO 的空域分类

表 5-2　ICAO 各类空域的 ATM 服务及运行限制条件对照表

种类	飞行种类	间隔配备	提供的服务	速度限制	无线电通信需求	是否需要 ATC 放行许可
A	仅限 IFR	一切航空器	空中交通管制服务	不适用	持续双向	是
B	IFR	一切航空器	空中交通管制服务	不适用	持续双向	是
	VFR	一切航空器	空中交通管制服务	不适用	持续双向	是
C	IFR	IFR 与 IFR IFR 与 VFR	空中交通管制服务	不适用	持续双向	是
	VFR	VFR 与 IFR	ATC 服务；配备与 IFR 的间隔；VFR/VFR 交通情报(根据要求：提供避让交通的建议)	10000ft 以下指示空速 IAS：250n mile/h	持续双向	是
D	IFR	IFR 与 IFR	ATC 服务：VFR 飞行的交通情报(根据要求：提供避让交通的建议)	10000ft 以下指示空速 IAS：250n mile/h	持续双向	是

续表

<table>
<tr><th>种类</th><th>飞行种类</th><th>间隔配备</th><th>提供的服务</th><th>速度限制</th><th>无线电通信需求</th><th>是否需要 ATC 放行许可</th></tr>
<tr><td>D</td><td>VFR</td><td>不配备</td><td>IFR/VFR 和 VFR/VFR 交通情况(根据要求：提出避让交通的建议)</td><td>10000ft 以下指示空速 IAS：250n mile/h</td><td>持续双向</td><td>是</td></tr>
<tr><td rowspan="2">E</td><td>IFR</td><td>IFR 与 IFR</td><td>ATC 服务和尽可能提供关于 VFR 飞行交通情报</td><td>10000ft 以下指示空速 IAS：250n mile/h</td><td>持续双向</td><td>是</td></tr>
<tr><td>VFR</td><td>不配备</td><td>尽可能提供交通情报</td><td>10000ft 以下指示空速 IAS：250n mile/h</td><td>不需要</td><td>否</td></tr>
<tr><td rowspan="2">F</td><td>IFR</td><td>尽可能 IFR 与 IFR</td><td>空中交通咨询服务飞行情报服务</td><td>10000ft 以下指示空速 IAS：250n mile/h</td><td>持续双向</td><td>否</td></tr>
<tr><td>VFR</td><td>不配备</td><td>飞行情报服务</td><td>10000ft 以下指示空速 IAS：250n mile/h</td><td>不需要</td><td>否</td></tr>
<tr><td rowspan="2">G</td><td>IFR</td><td>不配备</td><td>飞行情报服务</td><td>10000ft 以下指示空速 IAS：250n mile/h</td><td>持续双向</td><td>否</td></tr>
<tr><td>VFR</td><td>不配备</td><td>飞行情报服务</td><td>10000ft 以下指示空速 IAS：250n mile/h</td><td>不需要</td><td>否</td></tr>
</table>

注：当过度高度层低于 3050m(10000ft)AMSL 时，应使用 FL100 代替 10000ft。

不同种类的空域用于不同的用途，A 类空域用于 18000ft 以上的高空航路仪表飞行空域，B 类空域用于 18000ft 以下的繁忙机场终端飞行空域；C 类空域用于一般机场的进近管制空域；D 类空域用于机场的管制空域；E 类空域用于 18000ft 以下尚无使用需求的非管制空域；F、G 类空域用于非运输类机场以及 700ft 之下用于通用航空、无人机等运行的非管制空域；通常 F 类空域用于特定用途的飞行，如军用飞行、警用飞行等。

目前，我国尚没有按照 ICAO 的上述分类划分空域，特别是缺少 G、E 类非管制空域，严重影响了我国通用航空和无人机产业的发展。相对低端的通用航空产业发展不足，包括持有私照、通用航空商照、仪表等级驾驶执照的飞行员队伍不足，对于处在金字塔顶端的大飞机制造工业以及民航运输航空业的发展均产生了不利影响。

(2) 航路网络规划。

① 自由航路运行。自由航路运行的目的是在改善现有安全水平的基础上，提高空域使用效率，并组织提供有效的 ATM 服务。未来在航路运行阶段，将全面推广基于 RNAV 的自由航路运行，这也要求 ATM 系统具备支持航空器沿着 RNAV 动态飞行航迹飞行的能力。

结构化航路将用在容量不足，或为了避开限制区或危险区域等特殊情况，但沿着相似的 RNAV 动态航迹的飞行仍然可以视作同航路的飞行。这样 TBO 的航路仍然可以简化为一张以航迹交叉点为节点、以节点间航路为边的航路网络。

② PBN 飞行程序。在飞机进离场的起飞和下降着陆阶段，由于存在高密度的汇聚飞行，尚无法让飞机完全自由飞行，沿着标准进离场程序的飞行便于管制员对空中交通安全的监控，也便于飞行员自主保持飞行安全间隔。在新航行系统中将全面采用 PBN 飞行程序，和传统飞行程序相比，PBN 飞行程序的主要特征就是用航路点取代了地基导航台，

摆脱了导航台的束缚，PBN 飞行程序变得低成本和高效。

PBN 飞行程序仍然存在汇聚点，这样飞机在机场终端区内的程序飞行航迹也可以简化为一张以航迹交叉点为节点、以节点间航路为边的航路网络。

③ 网络规划。既然自由航路运行和机场终端区内的程序飞行都可以简化为航路网络，对空域中航路结构的规划就转化成航路网络规划。可以利用网络科学的思想去分析空域用户的空中交通需求，以构建 ATM 服务保障能力为目标，科学地规划空中交通航路网络。

空域网络设计与优化管理程序如图 5-6 所示，首先根据航班的飞行计划需求规划航路网络的结构，确保航路网络的连通性能够让飞行计划得以实施。

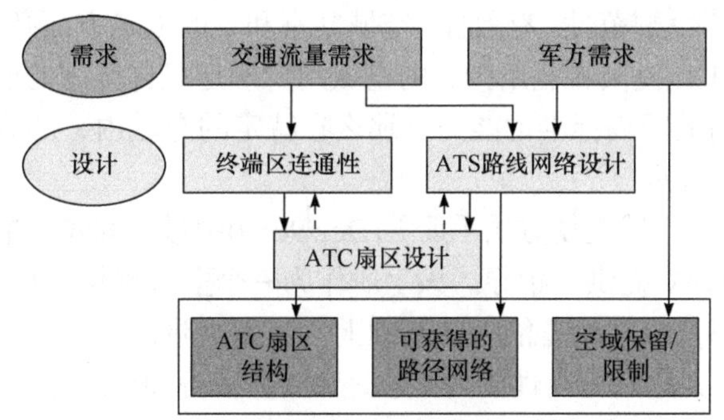

图 5-6　空域网络设计与优化管理

然后利用每个航班的 4D 飞行计划航迹信息，汇总获得每个航路及航路点上的流量需求；根据流量需求合理规划为这些航路及航路点提供 ATM 服务的 ATC 扇区结构设计，确保需求与容量平衡，使得空域需求得以满足。

2) 空域所需性能管理

未来的空域规划需要能够适应 RNAV 的动态飞行航迹，这就需要空域中或机载系统有足够的通信、导航和监视设备提供支持。空域的管理单位需要对所管辖的空域进行分析和评估，了解和掌握本空域使用的通信、导航、监视设备和系统的总体性能和标准，并在此基础上提出对使用所辖空域的用户飞机装备提出要求，即为所需性能的管理。

(1) ATM 对通信的运行要求。ICAO 正在研究用于支持全球 ATM 系统的空地、地地通信的要求，这项工作包括对所需通信性能(RCP)的描述，RCP 将平行于已经完成的所需导航性能(RNP)，是对 RNP 的补充，同时也要考虑所需监视性能(RSP)的实现。由此构成 ATM 要求用于支持通信系统的 SARP(标准和建议措施)、程序和指导材料。

(2) ATM 对导航的运行要求。ATM 对导航的运行要求中规定飞机需要具备区域导航(RNAV)能力。在初期，这种能力可能继续由依赖于陆基设备的机载系统提供，以后将逐步发展为基于全球导航卫星的系统。由此产生的 CNS/ATM 系统的主要经济效益之一就是最终取消部分现行陆基导航系统。作为有关 RNP 工作的一部分，ICAO 正在研究航路和终端区运行时 ATM 服务需要的导航能力和性能。

(3) ATM 对监视的运行要求。没有雷达/ADS，空域能力将不足以适应未来空中交通的需求。正在研究的 ATM 监视要求，将确定出雷达/ADS 覆盖标准，工作还包括对 RSP 的描述。RSP 将平行于已完成的 RNP，也是完成 RCP 工作的继续，RSP 将共享 ADS、

SSR 和 ADS/SSR 集成系统的监视数据。

ICAO 已经为民航的许多方面制定了全球范围的标准，但是现行 ATM 系统仍不能满足目前国际民航的安全水平。规范和有效的一致性标准，仅仅在一些空域而不是在全球范围达到 ICAO 要求的安全水平目标。由于在空域/机场的容量和灵活使用空域方面缺乏一致性标准，全球 ATM 规范性、有效性没有共同的基础，其结果无法确保满足未来空域用户的需求。

综上所述，必须用一个总体的概念考虑未来 ATM 系统。总体的系统包括空域整体、与 ATM 有关的飞机运行、ATM 服务及提供服务的设施。所需总体性能(RTSP)将规定整个 ATM 系统在安全性、规范性、有效性、空域共享和人的因素方面必须满足的特定标准。

RTSP 将允许 ATM 提供者利用指定的空域用户确定最佳空域的使用等级。例如，如果用户具备接受较高的间隔标准的能力，那么在特定的空域内，部分或全部系统组成也能够接受较低性能的标准。

例如，ICAO 的《空域规划方法手册》(Doc 9689)中最小间隔标准制定方法的描述为实施基于 RNP 的 RNAV 提供了指导。该手册作为一个空域规划工具，在空中交通流量、系统设施、服务，以及机载设备能力的基础上，应用风险评估模型导出在给定空域的最小安全间隔，并且还为达到所需性能的要求，对陆基设备和机载系统的配备提出了要求。综上所述，未来 AOM 中的空域组织就是建立在通信、导航、监视系统明确的所需性能基础之上的空域结构战略规划。

3. 空域管理内涵的变化

1) 空域管理的内涵

空域管理工作主要包括四项内容，如图 5-7 所示。

图 5-7　ASM 的总体视图

(1) 提供安全、有效和准确的信息/数据流。

在 ATM 系统中各相关方通过 SWIM 共享安全、有效和准确的数据信息，这些信息是 AOM 乃至所有 ATM 服务得以实施的基础。

(2) 优化 ASM 的监控和分析流程。

空域管理服务对相关方工作进行监控，分析 ATM 服务商人力资源的投入以及容量规划的落实情况，监控交通流需求的实施情况，提高网络化运行的性能。

(3) 建立 ASM/ATFCM 的 CDM 流程。

在基于 SWIM 信息共享的基础上，ASM 和 ATFCM 系统各相关方可以通过 CDM 在服务系统之间、服务与需求之间建立起沟通协调的桥梁，让每个时间间隙都能够得到利用，确保需求与容量的平衡并尽量满足空域用户的偏好。

(4) 引入更动态、更灵活的 ASM/ATFCM/ATS(如动态扇区规划、空域灵活使用)机制。

在上述工作的基础上，进一步打破一些疆域边界、系统覆盖范围的限制，引入动态扇区规划机制，更好地平衡需求与容量；采用空域灵活使用机制，为特殊用途空域设定时间限制，尽量减少空域占用，最大限度地释放空域资源以满足空中交通需求，实现空域的精细化管理。

2) 空域管理的相关技术及概念

(1) 空域优化管理。空域优化管理包括容量规划技术和时隙交换技术等。

① 容量规划技术。容量规划技术是在量化统计流量、获得交通流整体需求的基础上，通过 ATM 服务提供方适时地增加对管制人力资源和席位的投入、增加扇区等方法提高空域的容量去平衡变化的空中交通需求的技术。这里扇区的形状是事先规划好的、固定的，通过拆分原有扇区的方法增加扇区和管制席位。

② 时隙交换技术。时隙交换技术是空域用户维护交通流需求计划的方法，在繁忙机场航班时刻资源相对紧张，航班的 4D 规划航迹及其跑道使用时刻相对固定情况下使用。通常，航班在指定时隙不能正常使用跑道的情况在所难免，在这种情况下，空域用户可以调整其他航班的飞行计划以使用该时隙，避免航班时刻资源的浪费，这种技术就是时隙交换技术。

此外，空域优化管理还包括空域结构的动态优化及管理，如动态扇区规划，该内容在第 3 章已有介绍，这里就不再赘述。

(2) 空中交通流量和容量管理。传统的 ATFM(详见 5.3.2 节)在对流量进行优化(如更合理地排序)的同时，ATM 系统的容量也会得到提升，于是便产生了 ATFCM(空中交通流量和容量管理)，受篇幅所限，这里不再一一赘述。

(3) FUA。空域管理职能应有助于将领空发展成一个统一的整体，对空域用户需求的短期变化具有灵活性和可操作性。

灵活使用空域是指领空不再被指定为纯粹的“民用”或“军事”领空，而是视为一个统一体，并根据用户的需要加以分配。任何必要的空域隔离都是暂时的，是在特定时间段内的隔离，相邻空域不再受一些疆界的限制。

FUA 的概念是在军民航空域协调管理的基础上发展起来的。空域管理(ASM)的每个级别对其他级别都有影响：

战略级——确定国家领空政策和建立预先确定的空域结构；

预战术级——根据空域用户每日需求预先分配次日的空域；

战术级——实时空域使用，包括运输航空和通用航空。

和空中交通流量管理一样，FUA 的战略级和预战术级都是战略规划层面的工作，都已经并入空域组织的空域结构战略规划中；只有战术级的属于战术运行层面的工作并入空域管理之中。

FUA 概念允许民用和军用用户通过加强协调共享空域，所使用的工具包括 CDR 和 TSA 等。条件航路通常是在军方空域不用的条件下，在其所辖空域中开辟的临时航路，用以缓解民航空域拥堵等问题。隔离空域一般是针对一些特殊的空域需求(如军事训练飞行、无人机任务飞行等)，为保障空中交通安全而划设的一块隔离运行的临时空域。这些空域都是临时的、有条件开放的。

5.3.2 需求与容量平衡

1. 空中交通流量管理

ATFM(空中交通流量管理)是为空中交通安全、有序和迅速流动的目的而设置的一种服务，以确保最大限度地利用 ATC 的容量，并使交通量与 ATM 当局宣布的容量相一致。

ATFM 的目标是当交通流量需求超过或预计超过 ATC 系统可用容量时，确保在一定时间内使飞机到达或通过的区域具有最佳空中交通流量。ATFM 系统帮助 ATC 实现其目标并最有效地利用空域和机场可用容量。

在国际民航组织文件 Doc 4444 PANS-RAC 中，明确流量管理应包括三个阶段。

(1) 战略规划(Strategic Planning)，在行动生效之日一天前实施的措施。战略规划一般会提前进行，通常为 2～6 个月。

战略规划应由 ATC 和航空器经营商共同完成，包括对下一季的航班时刻需求进行审议，评估何时、何处交通需求可能会超出 ATC 提供的容量，并采取如下措施解决不平衡：

① 与 ATC 当局达成共识，在要求的时间和地点提供足够的容量；

② 改变某些交通流的航迹；

③ 改变某些交通流的时刻；

④ 确定实施 ATFM 战术措施的必要性。

(2) 预战术规划(Pre-tactical Planning)，在行动生效之日前一天采取的措施(在行动生效之日前一天至飞行前数小时采取的措施)。

预战术规划须根据更新的飞行计划需求数据对战略规划进行详细的调整。在此阶段：

① 审议交通流向；

② 对低负荷航路进行协调；

③ 商定战术管制措施；

④ 商定调整飞行计划；

⑤ 向相关方公布次日的 AFTM 计划细节。

(3) 战术运行(Tactical Operations)，在行动生效之日采取的措施。

战术运行包括：

① 在需求超出容量时执行协商一致的战术管制措施，特别是航空器地面等待所适用的时隙分配程序，以降低交通流量，使其均衡流动；

② 监视 ATFM 状况的变化，确保采用的措施达到预期的效果，当报告有长时间延误时，采取改正措施，包括改变交通的航迹和飞行高度层的分配；

③ 灵活使用空域，减轻拥挤；

④ 合理安排飞机着陆次序，最大限度地使用 ATC 容量。

从流量管理三阶段内容来看，第一、二阶段属于宏观规划，实际上，部分内容(如战略空域容量规划)已经并入空域组织的空域结构战略规划中；只有最后一个阶段的内容属于战术运行层面的部分工作(如灵活使用空域)属于空域管理的内容。在新航行系统中，ATFM 的主要功能继承者是 DCB(需求与容量平衡)。

2. 需求与容量平衡的内涵

1) 需求与容量平衡的定义

需求和容量平衡在 ICAO 文件 Doc 9750 中的定义是，从战略上评估全系统的交通流量和机场容量，使空域用户能够确定何时、何地以及如何运营才能缓解与空域和机场容量冲突的需求。这种协同程序能够通过使用全系统空中交通流量、天气和可用资产等信息，实现对空中交通流量的有效管理。

需求与容量平衡工作也分为三个阶段。

战略阶段：为了最大限度地提高吞吐量，通过在战略阶段的协同决策对可用资产进行优化，从而为未来的资产配置和航班时刻的制定奠定基础。

预战术阶段：通过在预战术阶段的协同决策，在可能的情况下会对资产、资源配置、规划航迹、空域组织，以及进出机场与空域的时间计划进行调整，以减少不平衡问题。

战术阶段：在战术阶段采取的行为包括为平衡容量对空域结构的动态调整、对进出机场和空域的时间进行动态调整，以及根据用户要求调整航班时刻。

2) 需求与容量平衡技术及其实现

ATM 系统的协同设计与实施提供了一个商定的系统容量水平。受天气等不可控因素的影响，可用容量会发生变化。

维持基于安全、平等使用权的需求和容量平衡是一个协同决策的过程，为了准确地了解影响空域容量的需求及限制，相关的数据采集与分析工作应尽早启动，也可能需要为空域容量预测建立一系列优化的空域结构和交通预测模型。空域分配将根据商业航空、通用航空和军用航空等具体用户的需求进行平衡。

需求与容量平衡的三个规划阶段都需要相关部门的协同决策，涉及空中交通流量管理、空域规划设计与管理等部门。

(1) 战略规划阶段。

① 战略规划的内涵。

战略规划是一项长期工作，是在起飞前一年(甚至更早)做出的需求与容量的统筹战略计划；在战略阶段，需求与容量平衡是对航班时刻需求波动做出的反应，包括交通模式的日益全球化、天气的季节性变化和主要的天气现象影响等。该阶段工作应尽早启动，通过协同决策使资产得到充分利用并且最大化吞吐量，从而为航班时刻的制定奠定基础。

战略规划阶段可以在空域活动之前的任何时候开始。虽然全面的航班信息要在飞行的数月或数周前才能知道，但是用于先期规划的许多数据在多年之前就能得到，如定期和非定期航班以往的飞行需求、空域可用性或限制、ATM 和机场资源可用性(用于性能和容量估算)、运行变化(新程序、新标准)的影响、季节性天气的大体情况、商业空域用户和其他无法预测的空域用户的需求预测等。

战略规划可以让需求与容量平衡系统从一个被动的反应系统发展为具备战略性或前瞻性的系统，系统可预测性的提高使得空域用户可以获得最大的灵活性和运营的经济性，可以建立更好的工作流程来适应交通流量，例如，构建航迹间隔系统来协助保持交通间隔；航迹可以根据空域用户需求随时随地地重新进行规划；可以要求 ATM 建立空域管理制度和航路结构，以保持或提高空域或跑道使用的安全等级、容量和效率。

② 需求与容量平衡战略规划的实现。

在战略规划阶段，主要的相关方有流量管理部门、航空公司和机场等。通过这些不同职能部门之间的协同决策，可以使需求与容量在战略阶段达到平衡。

流量管理部门在战略阶段将对空中交通需求与容量进行长期的预测，并且持续进行流量规划。需求与容量的预测需要考虑各方面的因素，如航班增长趋势、气候、地域和管制员工作负荷等，如图 5-8 所示。

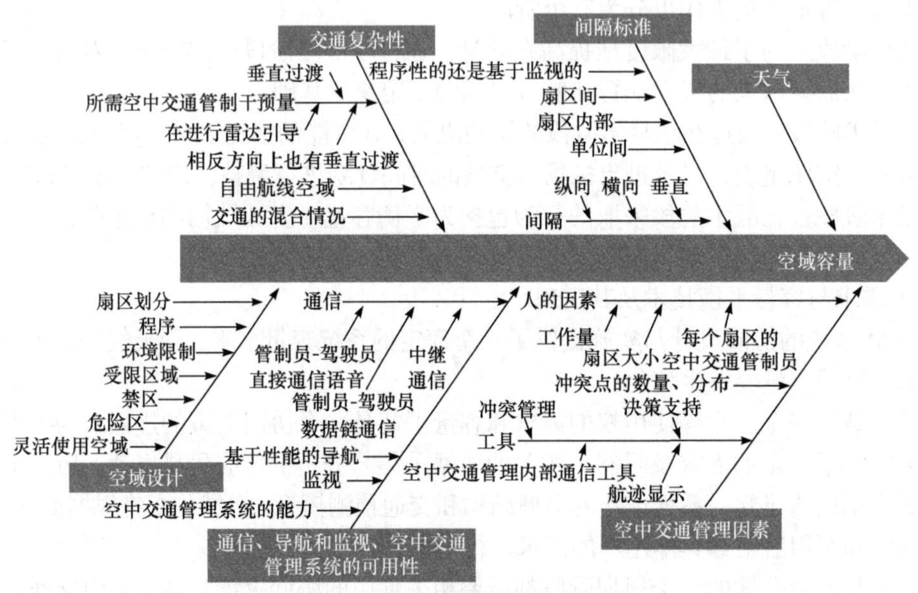

图 5-8　影响空域容量的各种因素

在对需求与容量的初步预测后，需要对空域进行战略规划和设计，空域规划一般需要由军民航共同参与制定。在此阶段通过提前规划扇区大小和扇区划分、终端区的设计、改变飞行间隔和改变航线等措施来改善空域容量；合理的空域分类也可以达到优化空域结构、增加空域容量的目的。同时，需要预留一部分空域以应对未来可能突发的紧急情况。

机场方面，在战略规划阶段可以通过扩建机场、扩充跑道数量和增加飞机吞吐量等来增加机场的容量。

航空公司也可以根据商业目标进行早期的航班规划。例如，充分考虑地域、节假日，以及各种经济因素对于航班的需求影响，合理安排航班时刻，避免黄金时间段航班过度密集，而其他时间段航班量过少的情况，从而达到需求与容量的匹配。

在战略阶段，通过各相关部门之间的协同决策，尽可能地增加机场和空域容量，以达到需求与容量的平衡。经过部门之间的协商后，在该阶段将初步确定空域结构和使用情况、航班时刻表、航班路线与 4D 航迹，为预战术规划奠定基础。

(2) 预战术规划阶段。

① 预战术规划的内涵。

预战术规划是对战略规划的统筹修订。在预战术阶段，需求与容量平衡将参照预计的需求(航班计划、航班路线与 4D 航迹)，对 ATM 服务商、空域用户和机场运营商的资产及资源分配方案进行评估。通过协同决策，对资产、资源分配、计划航迹、空域组织和进出机场及空域的时段分配进行调整，以缓解任何不平衡。

在预战术规划阶段，需要对来自所有用户和 ATM 服务商的影响需求与容量平衡的数据进行采集和综合分析；考虑到用户对灵活性、准确性和服务质量的追求，战略规划阶段制定的计划会得到不断完善和补充。预战术规划阶段的计划是一个框架：对空域用户的交通需求和能力做出较好的预测，并缓解战略规划中的用户群之间的利益冲突；同时，还要为无法提前进行规划的空域用户预留容量和空域。此外，预战术规划阶段的计划还将确定出每一用户使用空域、航路和机场的权利与规则，并对每天需要的预留容量进行估算。

为了使需求和容量更好地吻合，预战术规划阶段的计划将在运行之前在某个约定的时间予以颁布，并根据需要细化成包括飞行意图、空域制度和预留计划、航路结构计划，以及 ATM 服务商的服务限定、能力和容量等的地区性计划、小时运行计划等。

② 预战术规划的实现。

在战略规划后得到的初步航班计划、航班路线与 4D 航迹，将在预战术规划阶段得到进一步的优化和完善。与战略规划不同的是，预战术规划更偏向于中短期的规划。

流量管理部门在该阶段需要重新对空域需求与容量进行预测和评估，同时还要对战略规划中初步制定的 4D 航迹进行评估，并预测当前计划是否会出现需求与容量不平衡的情况。

机场方面，在该阶段需要评估机场的容量，判断容量是否符合需求量，同时结合机场场面保障能力等运行限制条件，判断是否需要对战略规划中的计划进行修改，并开始为计划中的航班规划停机位。

空域部门在该阶段将接收和评估航空公司的航班计划和航迹，并进一步制定空域使用计划，包括临时保留区、临时隔离区、进离场航路(图 5-9)等。

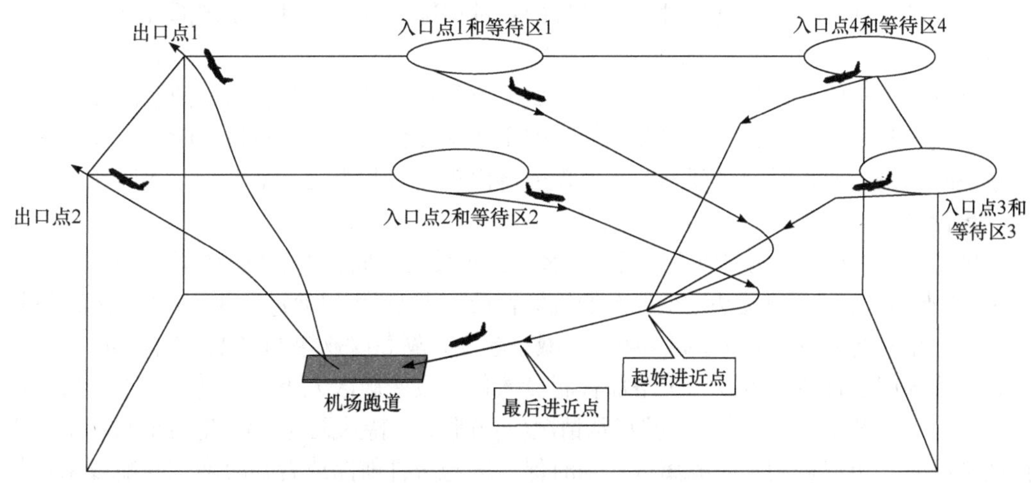

图 5-9　终端区进离场航路规划示意图

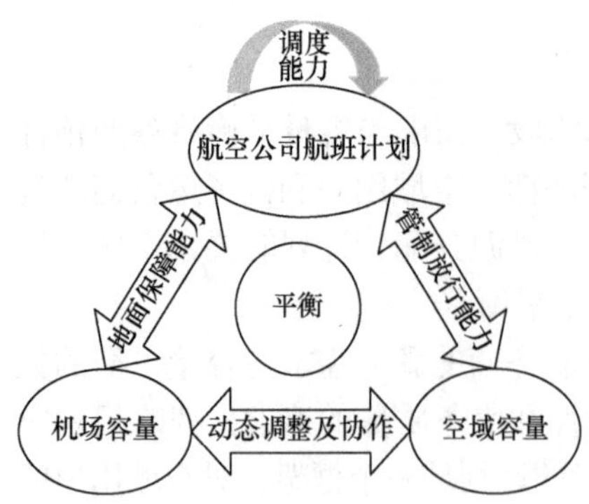

图 5-10　预战术规划阶段的需求与容量平衡工作

在该阶段，地方空管部门将进一步划分扇区(缩小或合并业务少的扇区，适当扩大业务大的扇区)并公布扇区的容量，同时确定管制移交点。扇区的划分需要考虑管制员的工作负荷，避免出现管制扇区边界重叠的情况。

如图 5-10 所示，预战术规划阶段主要是通过各相关部门之间的协同决策，尽可能地增加机场和空域容量，并适当调整航空公司的飞行计划需求，以达到需求与容量的平衡。

(3) 战术规划阶段。

① 战术规划的内涵。

战术规划是对需求与容量平衡计划的最终修改。在战术规划阶段，需求与容量平衡将着重于需求的管理，以调整不平衡现象。它将考虑可能引起不平衡现象的天气条件、基础设施状况、资源分配和航班时刻等混乱状况。通过协同决策实现平衡容量的动态调整空域规划、动态变更进出机场和空域的时刻，以及用户对航班时刻进行的调整。

在飞行前，用户将确定理想的飞行航迹，并将其申请的航迹提交给需求与容量平衡服务商进行评估并确认。战术规划阶段将对飞行申请进行审查，以确定该申请是否可以接受，或是否还存在着一些用户尚未意识到的任何潜在的资源、容量或拥挤问题。如果存在问题，需求与容量平衡服务将确定用户优选的解决方案，并给予用户选择最优飞行航迹的自由。然而，如果安全等级或平等性受到损害，需求与容量平衡服务系统产生的航迹将是最终裁决的航迹。在战术规划阶段，将不断利用(天气预报、交通需求与空域预留等)实时信息，预测当天剩余时间的航路与终端区容量和交通密度，更新整个地区的容量瓶颈的实时预报，评估每架次飞行对所有其他“门到门”飞行航迹的影响。

② 战术规划的实现。

在战术规划阶段，将通过对飞行当日的各种情况的判断，对已制定的计划进行最终的修改。

流量管理部门在该阶段需要持续对空域需求与容量进行预测。与前两个阶段不同的是，在这个阶段，流量管理部门关注的时间主要是飞行之前、飞行进行时，以及未来的一小段时间，而非长时间的预测。在出现或将出现需求与容量不平衡时，协同相关部门改变运行计划。

机场方面，在该阶段完成飞机滑行路径、跑道使用方向，以及目的机场停机位等计划制定。在此阶段，虽然已无法改变原有的机场容量，但机场可以通过一些策略(如地面等待、空中等待和依据机型大小改变起飞顺序以减小起飞间隔等)来改变机场的短期容量。

空管部门在该阶段可以通过增加管制员数量、改变扇区大小和控制空域中飞机的速度等方法来调节空域容量，在一些特殊情况(如节假日、特殊天气等)产生需求与容量不平衡的情况时，可以调用临时隔离区、临时保留区与条件航路或者临时增加新航线来增加空域容量。在该阶段，空管部门需要实时监控空域的使用情况，对潜在的容量与需求不平衡情况进行协调，如图 5-11 所示。

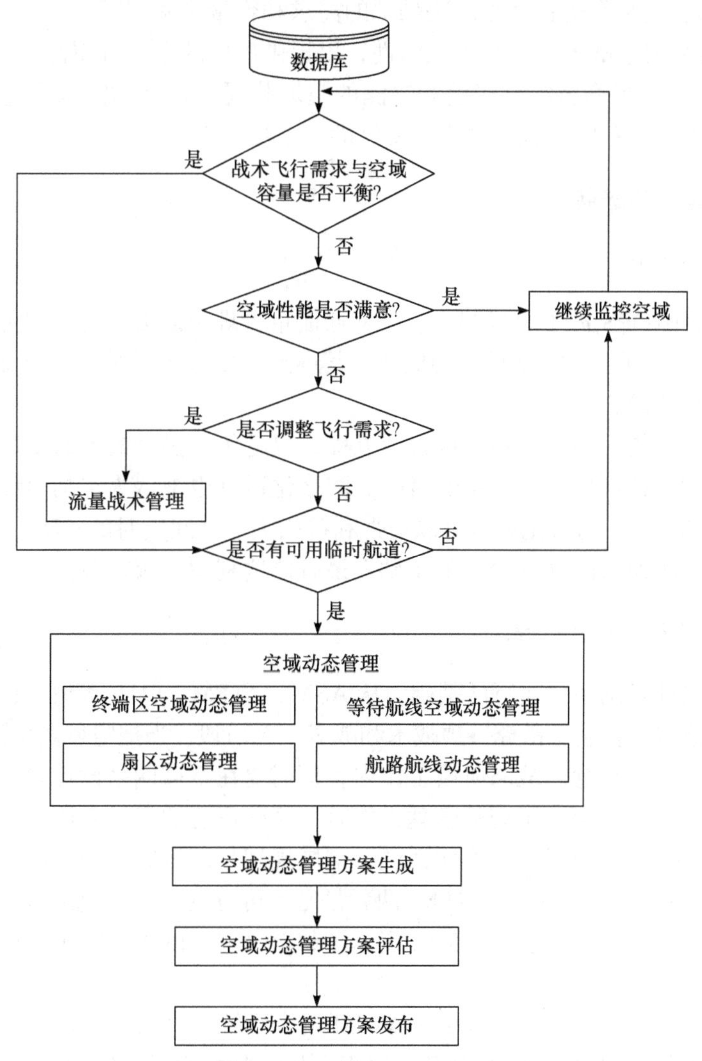

图 5-11　战术规划阶段的需求与容量平衡工作示意图

在必要时，扇区也可以重新进行动态划分。在需求与容量不平衡的情况下，可以通过动态地拆分、合并扇区来合理利用管制单位的人力资源，提高扇区的适应性，进而临时改善空域的容量。

在该阶段通过部门之间的协调，将最终确定合适的 4D 航迹、航班起落时间等信息，以尽可能避免需求与容量不平衡导致的航班延误、空域拥挤等情况。

需求与容量平衡原则包括：

① 系统将对用户申请的航迹与实际航迹的差别进行优化，以使这种差别对每架次飞行而言尽可能小；

② 将根据可用资产情况识别计划的缺陷，并通过资产优化来确保容量的最大化；

③ 需求与容量平衡是基于系统可预测性的，但也适用于缺少规划的情况；

④ 需求与容量平衡贯穿于门到门的飞行全过程；

⑤ 需求与容量平衡也将用来解决局部的需求和容量平衡问题；

⑥ 战略规划要求战术规划具备灵活性，以提供最佳的空域可用性；

⑦ 需求与容量平衡将综合当前和预测的空域状况、预计的需求和过去的性能等信息，从战略上确定高密度区域和时段需要借助于工具软件。

5.3.3 网络化运行的进展

1. 网络化运行概述

网络化运行(NOPS)源于 ATFM。空中交通流量管理可以促进容量的优化，进而形成了 ATFCM 的概念，随着 TBO 理念的成熟，其逐渐演变形成了对空域和飞行需求动态管理的网络化运行的概念。

网络化运行是指采用一系列流量管理流程，提高包含多个机场的复杂空域交通的整体流动性，达到最佳利用可用容量的目的。网络化运行也被认为包括容量管理和规划，以及空域设计和管理。网络化运行可以增强利益相关方之间实时的 CDM，以利用系统功能和用户偏好，协助 ATFM 在公平的基础上最有效地利用空域资源。

2. 网络化运行的整合过程

航路网络设计是网络化运行的基础。从 ASM、ATFM、FUA 等概念也可以看出，之前许多的技术或概念都包括战略、预战术和战术三个阶段。当把空域网络设计看成长期、宏观的工作时，这些概念的战略阶段工作内容都需要在空域网络设计阶段予以考虑；当空域网络化运行看成短期、微观的管理工作时，这些概念的战术阶段工作内容都需要在空域网络化运行阶段予以考虑。换句话说，空域规划是流量管理的基础，优化流量管理也是空域规划的目标，ASM 和 ATFM 两者是密不可分的。网络化运行的概念就是整合 ASM 和 ATFM 而形成的概念。图 5-12 揭示了整合 ASM 和 ATFM 形成网络化运行概念的各个阶段。

(1) NOPS 第一阶段主要是 ASM 和 ATFM 两个系统信息共享的阶段。

两个系统的信息共享是通过 SWIM 来实现的，进而实现了两个系统之间的航班信息协同，用航班飞行计划信息生成 NOP、机场和空域时隙分配的初始计划与动态信息。ASM 与 ATFM 信息共享体现了 ATFM 统计交通流量需求为空域组织与管理提供依据，空域组织与管理的目标是满足空中交通流量需求。

(2) NOPS 第二阶段主要是 ASM 和 ATFM 两个系统完全集成的阶段。

在第二阶段，将 AOP 整合到 NOP 之中；建立起含有超负荷运行情况的应急管理、模拟运行等功能的增强型网络化运行规划；建立 DCB 等短期 ATFM 工具；实现 ASM 和 ATFM 两个系统的完全集成，具备初始空域规划、增强 ATFM 的时隙分配、大范围的进场管理、协同航迹管理等功能。

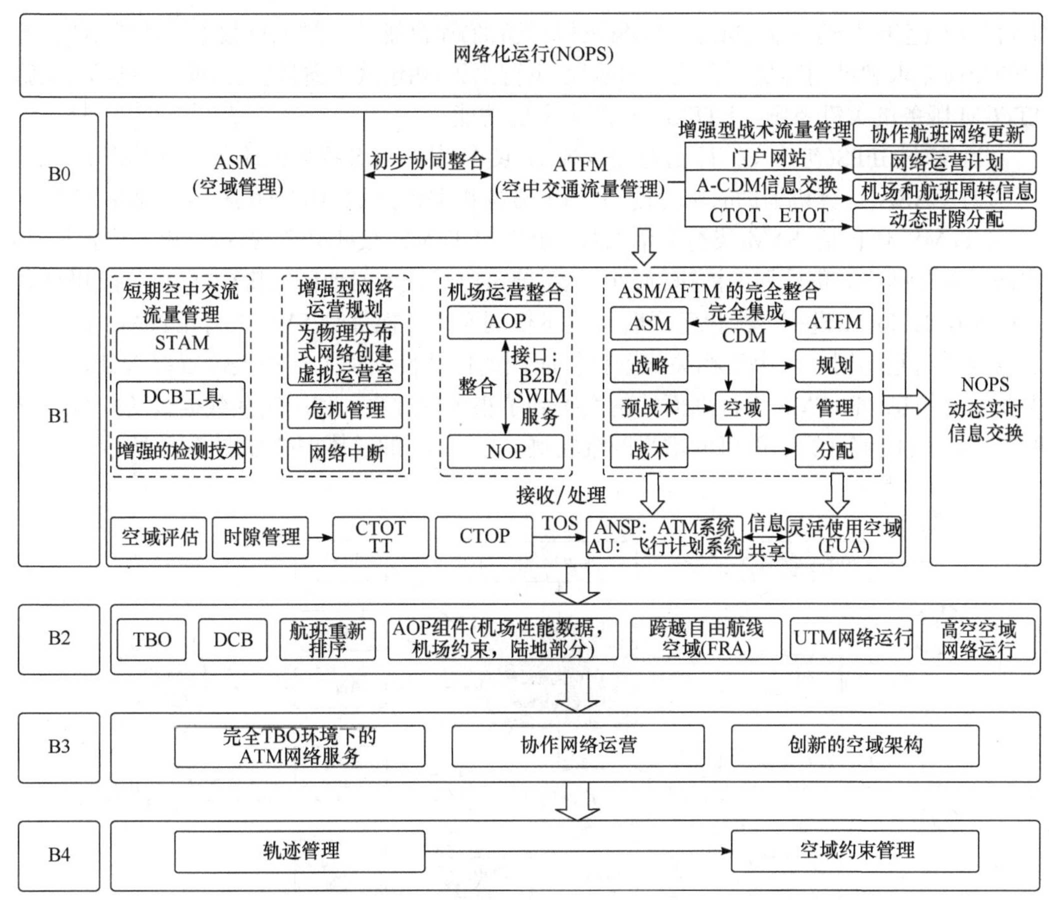

图 5-12　网络化运行概念的组成及阶段性工作

(3) 初始 TBO 的网络化运行阶段。

ATFM 可用于 TBO 的场景。基于空中交通复杂性的定性和量化，以及复杂航路和机场信息的共享，将改进航迹预测能力；增强的动态空域规划、DCB、ATFM 时隙分配交换和空域用户优先等功能均允许相关方动态地表达各自的需求，并得到满足；CNOP(协同的网络运营计划)将得到进一步增强，支持超高负载空域和 UTM(无人机交通管理)融合空域运行。

(4) 终极 TBO 的网络化运行阶段。

空域意图网络将建立，所有航空器都参与意图信息的共享；ATFM 将使用不同节点(飞机称为信息节点)提供的精确信息，支持完全的 TBO；CNOP 能够为飞行轨迹提供动态最佳的流量规划。

(5) 空中交通流量管理从轨迹管理转向空域约束管理阶段。

更加及时和准确的可用信息允许 DCB 发生变化，容量可以满足需求，反之亦然。空域用户可以根据 ANSP 约束的实时管理来计划和执行各自的业务与飞行轨迹。

3. ETFMS

ETFMS(增强型战术流程管理系统)是 ATFCM 服务的关键支持系统，通过收集和处理来自 ACC(空中交通管制中心)、AOS(飞机运营商)和机场的实时飞行数据，比较 ATC 部门的交通需求和可用容量。它是战术阶段(飞行当天)和预战术阶段(飞行前 1～6 天)实施 ATFCM 服务的关键系统。ETFMS 有两个主要功能：

(1) 通过 IFPS(初始飞行计划处理系统)获取并利用 AOS 提供的飞行计划信息；

(2) CASA(计算机辅助时隙分配)为相关方提供关键点的时隙分配和分配结果列表。

ETFMS 还包括 FAM(飞行激活监控)功能。ETFMS 接收并监视这些(相关位置报告)数据，掌握哪些航班计划未被执行，因此系统可以释放不必要的时隙(被未执行航班计划占用的)。ETFMS 进一步优化每个航班的飞行剖面，并提供给 SWIM 将 ETFMS 的航班信息分发给它的用户。由于相关位置报告应用的广泛性，加上在相关位置报告处理过程中获得的信息，ETFMS 飞行剖面的精度得到了很大的提高。利用这些数据，飞机 NM(导航管理)系统能够计算出航班的增强四维轨迹。ETFMS 的总体框架如图 5-13 所示。

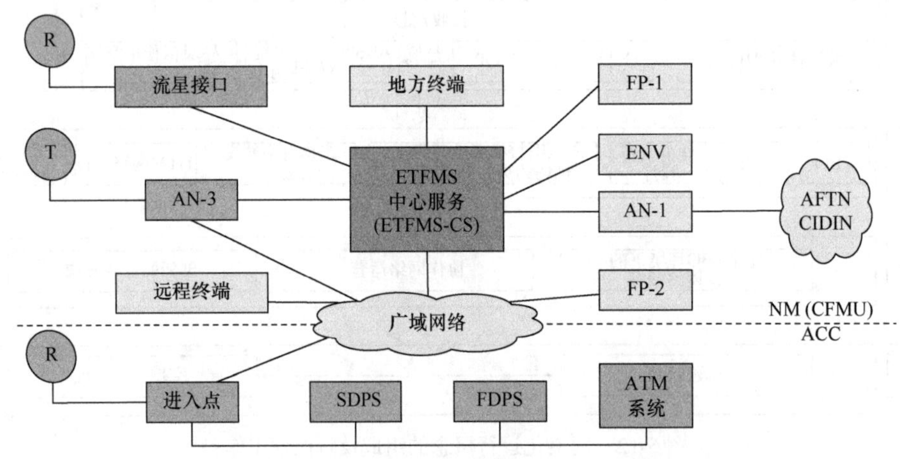

图 5-13　增强型战术流程管理系统总体框架

当进行重要的航班信息更新时，ETFMS 会将 FUM(航班更新消息)分发给机场，并在着陆前至少 3h 或 ATC 激活时给出 ELDT(预计的着陆时间)。如果到达航班的 ELDT 发生显著变化，机场利益相关方将接收到这些信息并最佳地分配资源。大多数离场航班受到进场航班优先的排序影响，因此 ELDT 可以用来提高离场航班起飞时间的预测。数据分发服务适用于通过 NM 接收飞行数据的在该区域运行的所有 IFR 飞行的航班，不论该航班是起飞地还是目的地，也不论该航班是否是飞越航班。

ETFMS 促进了从计划前期到航班到达的全过程飞行管理的改善。它最大限度地更新了航班相关数据，从而改善了给定航班的真实场景，从而为门到门的概念做出了贡献。

(1) 收集飞行和预飞行数据。

ETFMS 接收来自网络化运行管理领域的信息，它向 NMOC(网络化运行管理中心)提供准确的起飞前实时飞行情况更新，以及飞机起飞后航空公司预计的到达时间。这些数据包括 ETOT(预计起飞时间)、TT(滑行时间)、SID(标准仪表离场)、飞机类型和注册系统、FSA(主要系统激活)数据、AFP(机载飞行计划)或 APR(飞机位置报告)的机载更新数据等。

ETFMS 从 ACC 或中央决策支持系统收集到的相关位置报告和 FSA 信息，并将其传输到 ETFMS 中央服务器。在每个提供数据的站点上，安装了 Ens(入口节点)，Ens 执行三个主要任务：

① 从中央航班信息处理系统接收监视数据，频率从每 3min 一个位置到每分钟几个位置不等。

② 将航班信息数据与监视信息数据进行匹配，以便添加额外的飞行识别字段，并在需要时将地理坐标转换为标准的经纬度。

③ 将监视信息数据从专用格式(欧洲采用 ASTERIX CAT 062 格式)转换为标准格式。

这些信息的目的是补充相关位置报告数据，这些数据通常包含一个呼号，以及其他飞行识别字段，如 ADEP(起飞机场)、ADES(目的机场)，还有 EOBT(预计撤轮挡时间)或 IFPLID(飞行计划标识符)等。对于大多数 ACC，Ens 也通过 NM 的 B2B Web 服务接收 FSA 消息。收集飞行和预飞行数据的益处包括：

a. FAM(飞行激活监控)。网络化运行管理者使用 FAM 功能来管理起飞前的交通需求。

ETFMS 监控从网络接收到的飞行计划数据。FAM 使系统能够识别预计起飞但仍在地面上的航班。ETFMS 利用这些数据，通过调整飞行计划或通过“暂停飞行”提示空域用户提供飞行计划更新。这就解放了空中交通流量管理(ATFM)的时隙，从而减少了尚未起飞的航班的延误。FAM 影响所有离开或到达本地区机场的航班。

b. 扇区占用计算。ETFMS 可以每分钟监测一次任意扇区实际存在的航班数量，以及该扇区的占用率。使用占用率改善了决策过程，尽量避免执行地面延迟规则或短期 ATFCM 措施。ETFMS 是 dDCB(动态需求与容量平衡)概念的主要推动者。dDCB 的目标是通过降低交通复杂性和简化空中交通管制员的工作量来改善 ATFCM 的安全性和容量。

c. 飞行剖面的计算。在 ETFMS 中实现实时的航班信息更新，提高了飞行剖面的计算精度。该系统还利用风速和风向计算 ATFM 飞行计划剖面，ETFMS 收到的数据还包括未来 36h 的天气预报。

(2) 时隙数据分配。

在进行重大航班信息更新时，ETFMS 将其战术 ATFM 飞行数据和轨迹分发给 ANSP(航空导航服务商)、AOS(飞机运营商)和机场，包括：

① 航班信息，ETFMS 向 ANSP、AOS 提供 ETFMS 的航班信息；

② FUM(航班更新消息)，ETFMS 向机场提供 ELDT(预计着陆时间)，在 CDM(协同决策)情况下，提供航班状态和准确的进场航班的预计着陆时间。

这些轨迹信息被各地的 FMP(流量管理席位)使用，以评估交通需求在运营期间的变化。当交通需求高于 ATFM 容量时，FMP 可以实施流量控制措施来管理航路网络或机场的交通流量。

5.4 机 场 运 行

机场运行(AO)即改善机场运行。机场作为 ATM 的有机组成部分需要提供必要的地面基础设施，以在全天候条件下增强安全性和最大限度地提高机场容量。改善机场运行也是改善“门到门”空中交通管理的需要。

5.4.1　场面运行

1. 场面监视与管理系统概述

场面运行(SURF)的主要工作是发展 A-SMGCS(高级场面活动引导与控制系统)。该系统为机场管制部门提供机场场面上航空器及相关的车辆的监视、控制、路由规划功能，并对场面目标实施主动引导。A-SMGCS 利用 ADS-B 信息，为机场场面上的航空器和车辆活动提供监视和告警等功能，从而提高跑道/机场的安全性。

系统的功能架构如图 5-14 所示。

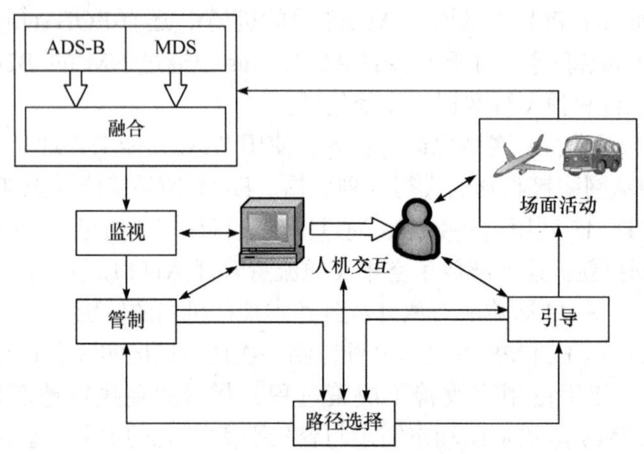

图 5-14　A-SMGCS 系统的功能架构

A-SMGCS 根据国际民航组织(ICAO)咨询通报 Doc 9830《A-SMGCS 系统手册》中的定义，分为五个等级。

1 级：监视。管制员目测监测飞机和车辆的位置，人工制定运行路径。冲突预测/报警依靠管制员和驾驶员的目视观察。地面引导采用油漆中心线和滑行引导牌。没有场面监视雷达，没有助航灯光系统。

2 级：警告。管制员通过场面监视雷达屏幕监视飞机和车辆，冲突预测/报警由管制员通过场雷达及管制员和驾驶员的观察完成。管制员人工指定路径。地面引导采用油漆中心线、滑行引导牌和恒定的中线灯。

3 级：自动路径选择。场面监视系统自动监视飞机和车辆，并由其自动给出运动路径，冲突/报警由系统、管制员和驾驶员共同完成。地面引导采用油漆中线、滑行引导牌和单灯控制的中线灯，但中线灯由管制员人工开关。

4 级：引导。在 3 级的基础上，中线灯完全由系统自动控制，实现自主的滑行引导。

5 级：5 级标准使用最低能见度条件下(不足以使驾驶员仅仅凭借目视参考就能滑行的能见度，通常相当于 RVR(跑道视程，在跑道中线，航空器上的飞行员能看见跑道上的标志或者跑道边界等或者中线灯的距离)等于或者小于 75m 的能见度)，航空器或者车辆上装载相关设备。

2. A-SMGCS 相关技术及其原理

1) 监视

A-SMGCS 的监视功能是通过融合 ADS-B、MLAT、场监雷达等监视信息在管制员终端上呈现出机场场面运行态势信息的。同场面监视雷达的管制员终端一样，A-SMGCS 的管制员终端(图 5-15)也装载机场场面的 GIS(地理信息系统)数据，方便管制员在目视条件较差的情况下，准确掌握机场场面的运行态势，提高飞行安全水平。

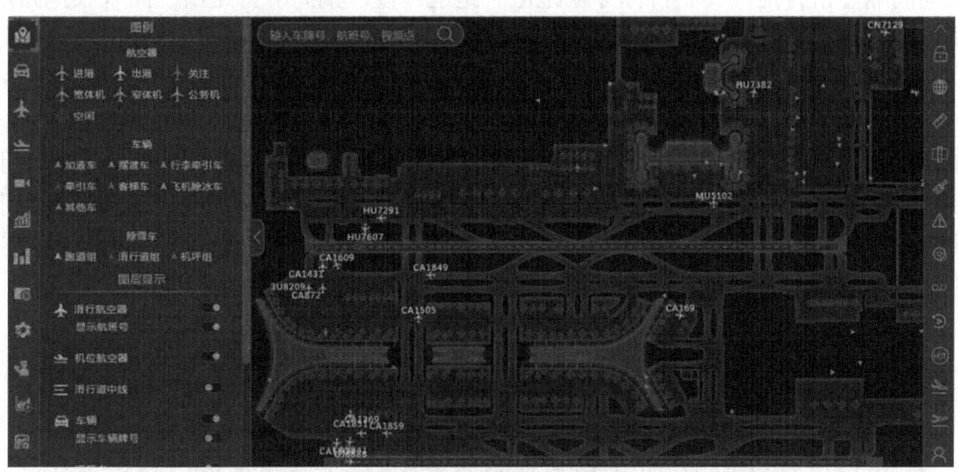

图 5-15　A-SMGCS 在管制员终端上呈现出机场场面运行态势

2) 告警

告警功能用于辅助机坪管制员保障安全，A-SMGCS 的监视与告警系统组成及信息流程如图 5-16 所示。

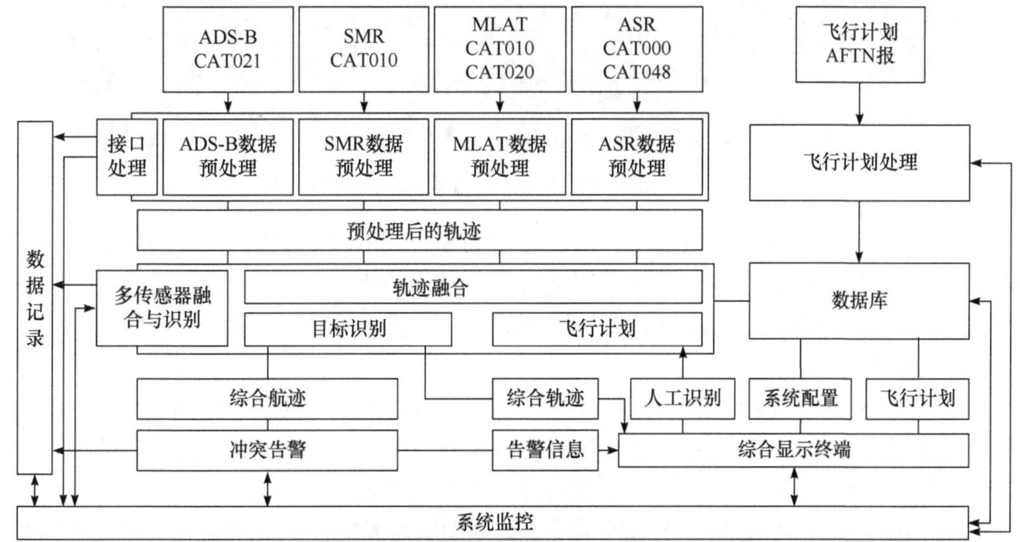

图 5-16　A-SMGCS 的监视与告警系统组成及信息流程

它通过综合分析机场场面所有的载运工具轨迹的监视信息，检测各种类型的冲突并提供解决这些冲突的方案；为航空器与移动的车辆和障碍物间保持必要的间隔，并将告警信息显示在管制员的终端上。这些告警信息可以通过管制员转发，需要一定的反应时间；在自动模式下则可以直接通过系统传送到飞机或车辆的移动终端上。

告警功能是系统的重要功能，系统可检测各种与运行安全相关的隐患，并预先告警。通过告警服务模块实现滑行中的冲突解脱，避免运动载体之间发生碰撞。A-SMGCS 可提供纵向间隔、滑行道冲突、目标穿越跑道、跑道入侵、偏离滑行路由、闯入其他路线、停机位占有等多种告警信息。

3) 路由规划

路由功能帮助 A-SMGCS 提高场面运行效率，尤其是对交通密度很大的复杂机场，自动路由功能是必需的。路由功能能够为航空器和车辆提供最佳的路径信息，适用于所有的能见度条件。图 5-17 是 A-SMGCS 中路由航迹规划功能的示意图，在实际系统中，路由规划用于点亮场面引导的灯光系统，配备 EFB(电子飞行包)航班的飞行员也可以在 EFB 上的 A-SMGCS 应用软件中看到。

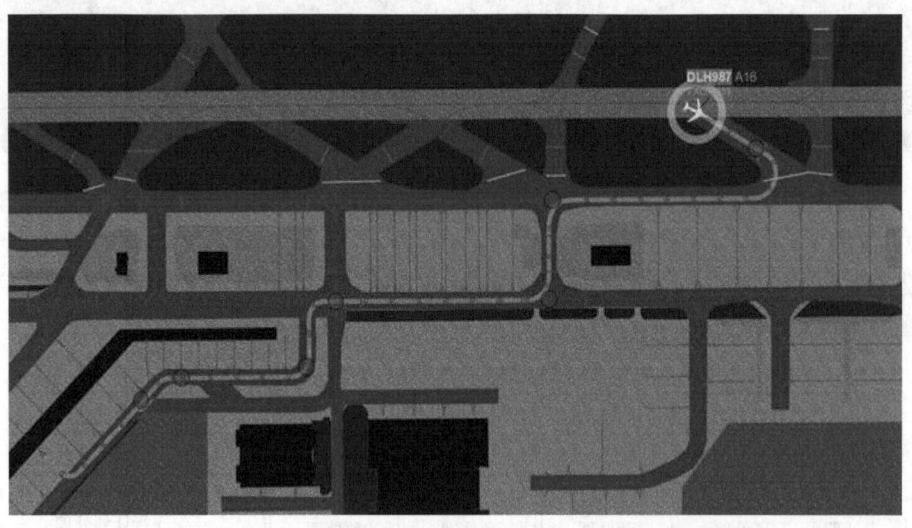

图 5-17　A-SMGCS 中路由航迹规划功能的示意图

机场场面滑行路由规划问题是一个包括空间和时间的动态规划问题，涉及的因素很多。为便于实现，在计算方面通常采用运筹优化技术或者人工智能技术。其算法实现过程包括机场场面物理布局的解析、数学模型的建立、算法设计，以及方法的具体应用。

4) 场面引导技术

A-SMGCS 的引导功能模块能够自动产生既定路由线路上助航灯(包括中线灯和停止排灯)的打开、关闭控制信息，顺序打开航空器前方的助航灯、关闭航空器后方的助航灯，在交叉路口关闭停止排灯，放行航空器通过，并在其通过后打开停止排灯。控制命令通过灯光控制模块发送给助航灯光监控系统，实现助航灯光的控制。在场面上形成实际的、向前运动的引导灯，如图 5-18 所示。

图5-18 场面引导

在 A-SMGCS 中，通过滑行道中线灯蠕动式点亮和交叉口引导灯的切换实现航空器的滑行过程控制。A-SMGCS 滑行道、交叉口引导灯控制是离散的灯光控制信号和连续的航空器滑行位置相互作用的过程，属于混杂控制理论的研究范畴。

5) 低能见度的视景增强

(1) 视景增强系统(EVS)。

人眼可视的电磁光谱范围很窄，如果能够有效利用红外和毫米波段，则可大大增强人眼的可视能力。视景增强系统是将红外传感技术和视频成像融合起来，从而改善图像质量。借助于视景增强系统，飞行员能够很容易地将机场跑道和周围背景分辨开来，看清真实的机场状况。如图5-19所示，部分航班加装在驾驶舱的HUD(平视显示器)就是这样一种EVS。特别是在夜晚机场的运行方面，EVS能够给繁忙机场带来很多有价值的益处。

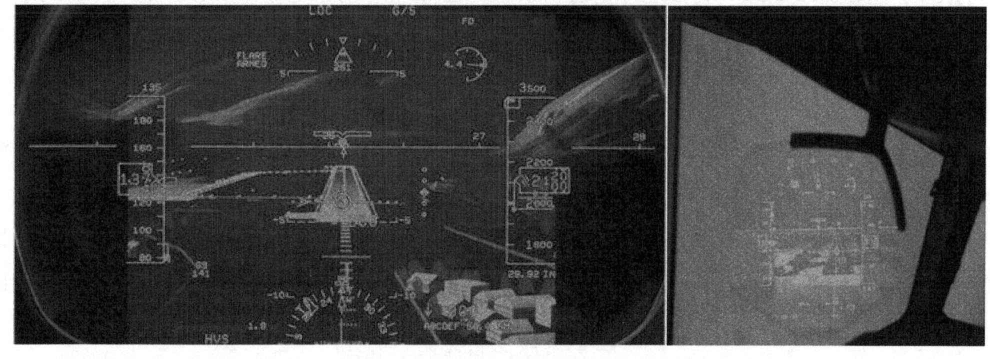

图5-19 装载在驾驶舱的HUD

(2) 综合视景系统(SVS)。

综合视景系统是一个基于计算机图形技术的航空器机载视景系统，它使用3D技术为飞行员提供清晰直观的图形来帮助飞行员了解飞行环境，如图5-20所示。

该系统可提供跑道、地形与障碍物的三维立体彩色图像，在应对陌生环境、恶劣天气及夜间飞行时，可以减少飞行员的操作失误并减轻其工作负担。除综合视景外，在最新版CDTI上还增加了空中交通防撞系统及天气信息，增强了空中交通态势的感知能力。

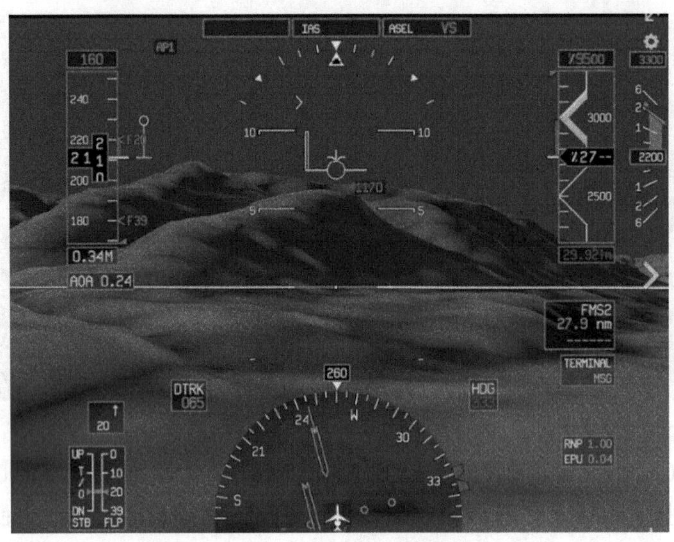

图 5-20　机载综合视景系统

5.4.2　A-CDM 系统

1. A-CDM 的概念

机场协同决策(A-CDM)是将机场、空管、航空公司等相关方集成到统一的平台，实现以机场为中心的机场、空管及航空公司之间的协调运行合作。平台集成了各方数据，并将数据进行共享，通过以机场为中心、各个运营方资源的合理调配，提高机场整体的运行效率。采用 A-CDM 将加强和改善场面交通管理的情景意识，从而减少机场的航班延误，并提高安全、效率。最终，随着机场协同决策能力逐步增强，机场运行的规划和管理能力得到增强，并使用与周围空域相一致的绩效目标，将机场运行完全纳入空中交通管理之中。

在机场，围绕着对航班的服务(如滑行引导、上轮挡、操作停机廊桥或梯步车、旅客摆渡车、加油车、加电车、代理签派服务、飞机航行后检查、上下旅客、上下行李、上下餐食、跑道巡检等)多达数十种，许多服务之间具有接续关系。采用 A-CDM 平台可以围绕优化空中交通服务的目标，合理安排各种服务的进场时间、顺序，提高机场服务的整体效率。

2. 从 CDM 到 A-CDM

CDM 是一套决策系统，它源自空中交通流量管理领域，将空域资源、机场资源和航班运行情况等信息进行整合、分析和计算，给出一个比较合理、准确的航班放行队列。CDM 在一定程度上加强了空中交通流量管理，使得民航系统运行更加高效、有序。CDM 的工作流程也是民用航空的运行流程，包括飞机起飞、巡航、进近着陆、过站地面保障服务的全过程，如图 5-21 所示。

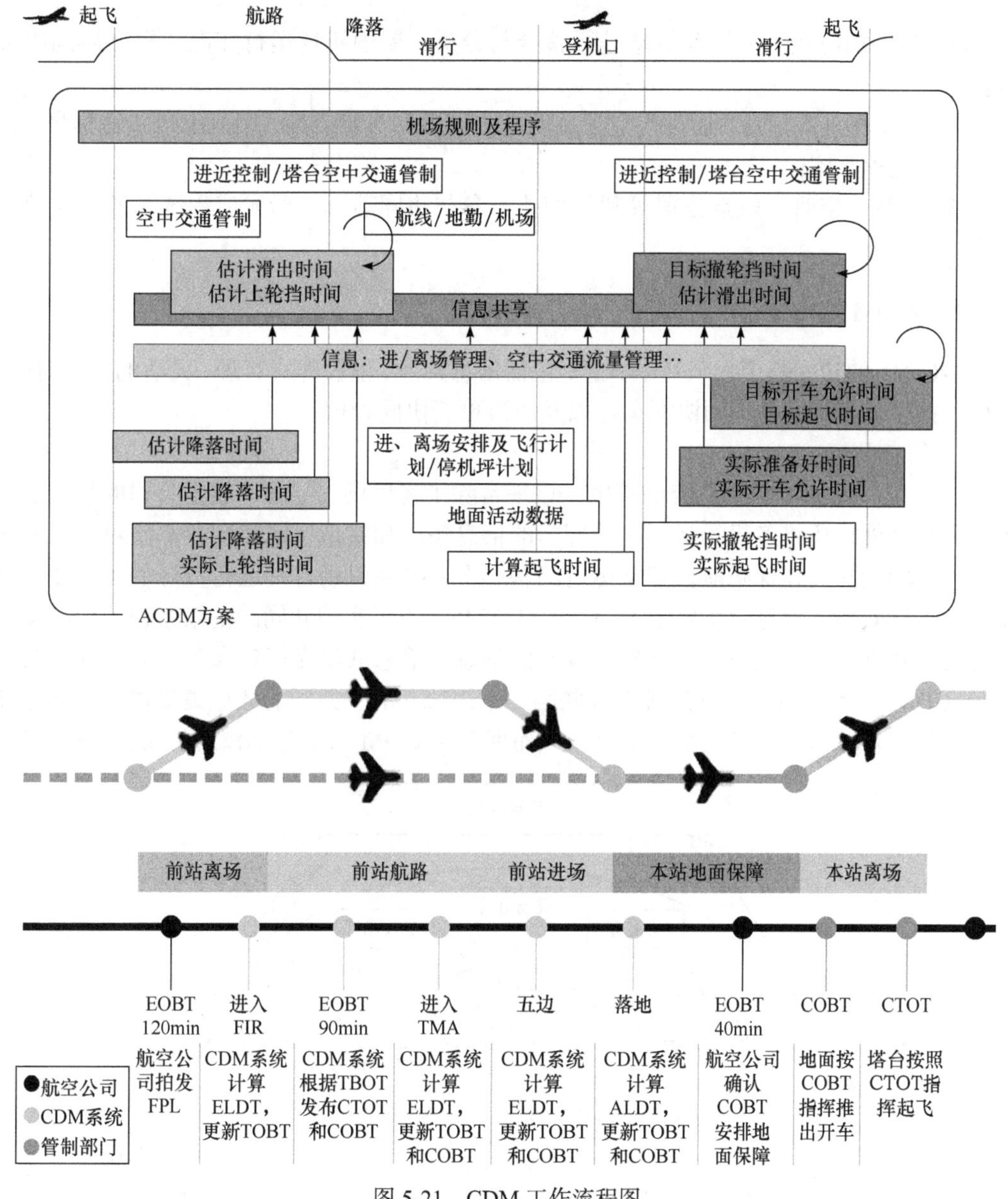

图 5-21　CDM 工作流程图

CDM 系统在一定程度上减少了旅客机上等待时间，提升了航班放行正常率，但因其运行机制不完善，数据交互能力不足，加上日益增长的航班量，共同催生了 A-CDM。A-CDM 的关键效益领域包括提升机场的容量、降低机场与航空公司运行成本、提高机场运行效率，以及减少燃油消耗、污染物排放的环境保护效益。

A-CDM 源于 EUROCONTROL(欧控)ACI(国际机场理事会)和 IATA(国际航空运输协会)共同制定的机场协同决策规范，旨在为机场管理提供一种信息共享的运营环境，使各相关运营单位在统一的平台之下协同运作，便于掌握各参与方的偏好和限制、实际的与预测的情景等，进而达到优化决策的目的。A-CDM 遵循数据透明和共享的基本原则，A-CDM 带来的主要益处有：

(1) 对机场内航班和旅客信息进行整合与分析，展现机场运行实况，提高协同决策质量；

(2) 对机场外部信息，通过与空管及航空公司数据对接交换，引入航班关键信息，做好航班全流程监控；

(3) 机场、空管、航空公司等利益相关方参与协同运行，形成流程统一的协同运行模式。

3. A-CDM 的功能

A-CDM 的功能基于六个基本概念，包括信息共享、里程碑式管理、灵活的滑行时间、离场预排序、不利条件下的协同运行以及航班更新协同管理。

1) 信息共享

信息共享是 A-CDM 系统的基础，该平台除了将机场、空管、航空公司的相关信息集成和共享外，还将各机场运行相关部门的信息集成和共享，以实现各部门对机场整体运行态势的把握。在保障航班正常运行的基础上，提高机场各种运行资源的利用率以及航班的运行效率。信息共享界定了 A-CDM 参与方为了实现共同的情景意识，提高交通事件可预测性，应该共享哪些准确、及时的信息。信息共享支持各参与方的协同决策，将 A-CDM 各参与方的数据处理系统联网，采用统一的、共同的数据集描述航班状态和意图；作为各参与方信息共享的平台，从而促进 A-CDM 六个基本概念的实施(图 5-22)。

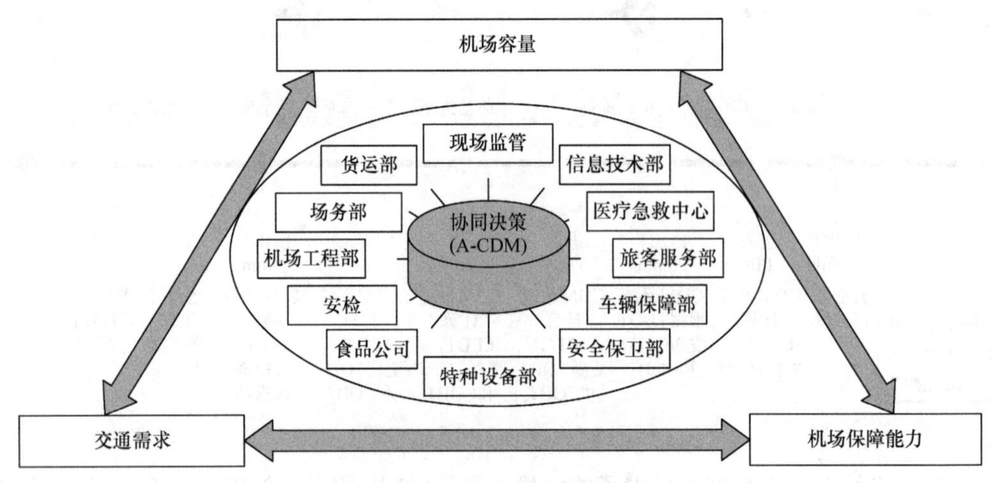

图 5-22　A-CDM 信息共享平台

信息共享是 A-CDM 系统的基础，目前，基于 Web Service 的数据共享平台使用机场运行数据库(AODB)和机场管理数据库(AMDB)两大数据存储资源，通过数据接口从机场内部的运行业务系统和航空公司、空管业务系统接收航班计划、航班动态、资源计划、资源动态、地面保障、客货邮、安检、跑道等运行数据，利用数据抽取、清洗、转换、整合处理机制对所有数据进行匹配与整合，为航班进程监控，以及冰雪等极端天气造成大面积航班延误情况下的航班放行排序等提供重要的决策依据。平台采用 C/S(客户端/服务器)架构实现，服务器是 C/S 应用的控制中心和业务中心，只有经过合理组织的数据才能提供给客户端。客户端采用 RCP 技术，通过调用 Web Service 将所有的请求交由服务器处理，不直接与数据库通信。数据库存储业务数据，不直接与客户端通信，只能由服务器操控。

其他的数据共享方式还包括 A-CDM 接口(基于网络的客户端是最常用的方式)、只读客户端接入 AODB(机场运行数据库)，以及邮件或 SITA 短信息。

2) 里程碑式管理

将信息共享至 A-CDM 统一的平台后，各方根据平台的信息，可以及时地对航班起飞离场前的全部过程及航班运行中涉及的重要事件进行更加精准的追踪。如图 5-23 所示，将航班的里程碑式管理流程分为 4 个阶段，接下来详细分析每个阶段各个系统之间的信息交互关系。

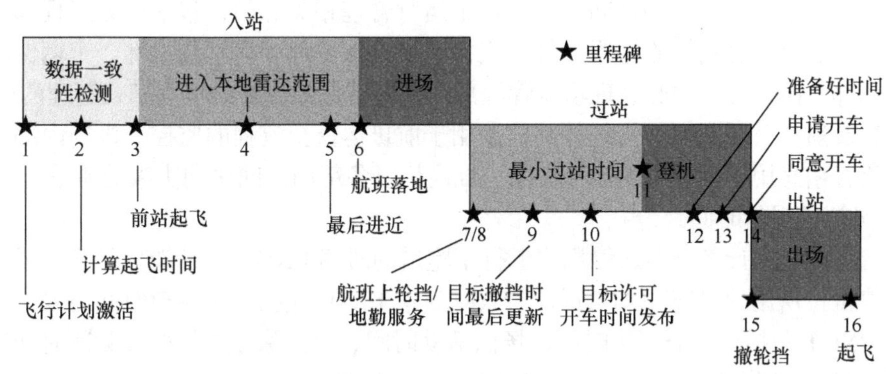

图 5-23 里程碑式管理示意图

(1) 航班计划预处理阶段：包括里程碑节点 1(EOBT——预计撤轮挡时刻前 2.5h)和里程碑节点 2(EOBT 前 1.5h)。

飞行计划审核后，由空管分配跑道和 SID，机场分配停机位和地面服务资源，A-CDM 平台根据机位和跑道信息计算 EXOT(预计滑出时间)和 TTOT(目标起飞时刻)，发送给流量管理系统进行流控。

根据流量系统提供的 ELDT(预计着陆时间)、EXIT(预计滑入时间)和 MTTT(最小过站时间)计算 TOBT(目标撤轮挡时刻)，与 EOBT 进行比较判断，根据实际情况得到的最早撤轮挡时间能否满足飞行计划的 EOBT 要求。

航空公司收到 A-CDM 告警信息，拍发飞行动态报，空管、机场、A-CDM 平台分别生成新的 TTOT 和 SID，由流量管理系统生成 CTOT(计算的起飞时间)。

(2) 航班前站数据处理阶段：包括里程碑节点 3(前站起飞)、里程碑节点 4(进入本地雷达范围)、里程碑节点 5(最后进近)、里程碑节点 6(航班落地)、里程碑节点 7(航班上轮挡)和里程碑节点 8(地勤服务)。

判断 TOBT(ELDT/TLDT/ALDT+EIXT/AXIT+MTTT)是否满足 EOBT 的容差要求。判断 TTOT(TOBT+EXOT)是否满足 CTOT 的容差要求。

(3) 航班本站预战术处理阶段：包括里程碑节点 9(最后更新 TOBT)、里程碑节点 10(TSAT 发布)、里程碑节点 11(登机)、里程碑节点 12(准备好时间)和里程碑节点 13(申请开车)。

在里程碑节点 9，与前一阶段相同，判断 TOBT 和 TTOT 是否满足容差范围要求。

在里程碑节点 10，各参与方根据 TSAT(目标许可开车时间)进行组织活动(TSAT 由 DMAN 提供)。

(4) 航班本站运行阶段：包括里程碑节点 14(同意开车)、里程碑节点 15(撤轮挡)和里程碑节点 16(起飞)。

判断是否在 TSAT 的容差范围内获批开车，若不满足，则要重新排序，分配新的 TSAT，更新至相关方，各参与方按更新信息采取措施。

值得注意的是，图 5-23 及之前的文字介绍的仍然是 CDM 的里程碑式管理的内容，A-CDM 的里程碑式管理的内容在 CDM 的里程碑式管理内容的基础上，进一步细化了航班落地本场至航班起飞离场期间，机场各个运行管理相关部门，包括机务工程部、场务部、货运部、食品公司、旅客服务部、安检、安全保卫部、信息技术部、车辆保障部、特种设备部、医疗急救中心、现场监管等部门的运行保障事件的里程碑式管理的内容。

空管及航空公司数据等机场外部信息用于航班运行全流程的监控；机场内部的航班保障和旅客信息用于展现机场运行实况，提高机场各部门之间协同决策的质量。

3) 灵活的滑行时间

滑行时间是预计航空器从停机位滑行至跑道的时间 EXOT(预计滑出时间)，或从跑道滑行至停机位所用的时间 EXIT(预计滑入时间)。EXIT 包括占用跑道时间与场面活动时间，而 EXOT 包括推出与开车时间、场面活动时间、定点除冰或停机坪除冰时间以及跑道外等待时间。可根据通用规则(如速度限制)与本场具体规定，计算得出准确的滑行时间范围。

根据各方提供的信息，系统精确计算进场航班的 EXIT 和离场航班的 EXOT，便于更好地预测撤轮挡和实际起飞时间。基于神经网络的实时预测模型可以提升单个航班的预测准确率，灵活的滑行时间范围便于离场航班预排序，为机场协同决策提供了准确的计算依据。

4) 离场预排序

离场预排序是在考虑到参与方偏好的前提下，安排航空器离开停机位(撤轮挡推出)的顺序。不过，不应该把这个概念与 ATC 为跑道等待点的航空器安排的起飞顺序混淆。

空管通过共享平台及时获知航班运行保障信息，根据保障进程对离场航空器进行起飞预排序。整合进场管理(AMAN)、离场管理(DMAN)、场面管理(SMAN)，使之完成运行上一体化功能的 A-CDM 系统。

进离场航班排序内容有专门的章节进行介绍，这里不再重复叙述。

5) 不利条件下的协同运行

不利条件包括在预测到的或未预测到的容量降低期间，对机场容量的协同管理。其目标是在机场协同决策参与方之间形成共同情景意识，为旅客提供更好的信息，提前预测干扰事件，并在干扰事件之后迅速恢复。

不利情况下的恢复是指机场遭遇特殊情况(如恶劣天气、跑道损坏等)使机场容量下降时，各参与单位必须同时进行协作交流，共同制定解决方案，尽可能缓解特殊情况带来的不良后果。

不利情况下的恢复主要包括航班排班计划恢复、机组人员排班计划恢复、航线计划恢复等，机场方面也存在停机位计划恢复。这项工作是前些年的研究热点，主要是通过建立相关的模型，以实现航班运行的快速恢复，从而减少突发事件对航空运行的干扰，减少航空公司及旅客的损失。

6) 航班更新协同管理

航班更新协同管理将 A-CDM 整合进流量和容量管理流程。通过建立 A-CDM 与中央流量管理单元的信息交换，航班更新的协同管理改善了机场运行，使航路与进场运行限制和离场计划成为一个整体。

5.4.3 跑道排序

RSEQ(跑道排序)属于机场运行领域，包括 AMAN、DMAN 和 SMAN 三部分，这些排序管理工作的目的是提高机场跑道的使用效率。鉴于各种排序管理的目的均是提高机场跑道的使用效率，每种排序管理单独工作意义不大，需要将三者交互连接成为一个一体化的系统，实现优化跑道使用效率的目标。由于民航飞机无法像汽车那样在路上停下来等待，根据进场优先的原则，优先安排进场飞机使用跑道；也将以 AMAN 为核心，将 DMAN 和 SMAN 整合进来，最终实现进场、航路、场面和离场航班“门到门”的全过程、自动化统一管理，实现自动化的灵活、高效、有序的机场运行。

1. AMAN

1) AMAN 的基本运行概念

AMAN 通常是根据航班的雷达(未来将采用 ADS-B)位置信息、飞行计划和天气数据进行航迹预测，计算得出航班的预计飞行剖面，计算出预计降落跑道的时间，如图 5-24 所示。

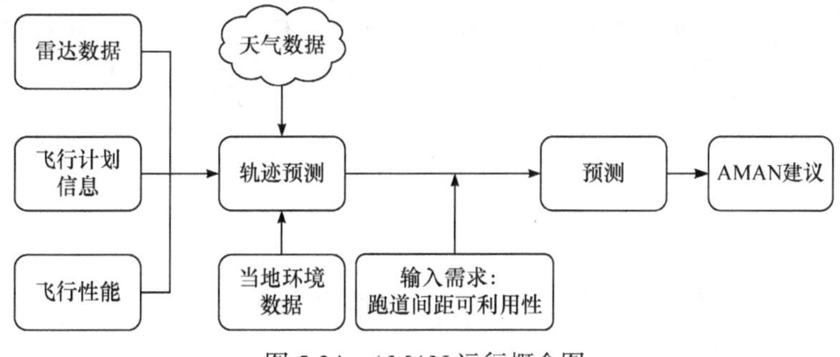

图 5-24　AMAN 运行概念图

AMAN 基于这些预测和当前间隔要求产生进场交通排序。排序的结果是以跑道为参照点，以目标相对参照点的飞行时间为坐标的交通序列的形式呈现出来的。除呈现交通排序之外，AMAN 还能提供进场交通队列的优化建议，以及到达目标延迟时间(TTL)和目标提前时间(TTG)着陆的管制建议，包括改变飞行速度、空中等待及航路改变等，以实现 AMAN 指定的计划着陆时间。

图 5-25 列举了一种 AMAN 进场航班管理场景。从图中可见，进场航班 FL T01、FL T02

和 FL T03 从三个不同的航路进场，由于航路蜿蜒曲折，管制员无法判断三个航班的着陆顺序。AMAN 可以很容易地预测出三个航班的着陆顺序，并且发现三个航班之间并不满足最小安全间隔；针对多跑道机场 AMAN 会自动给出理想的跑道分配和航班顺序优化结果；进而 AMAN 会给出实现“跑道分配和航班顺序优化结果”的管制指挥建议。

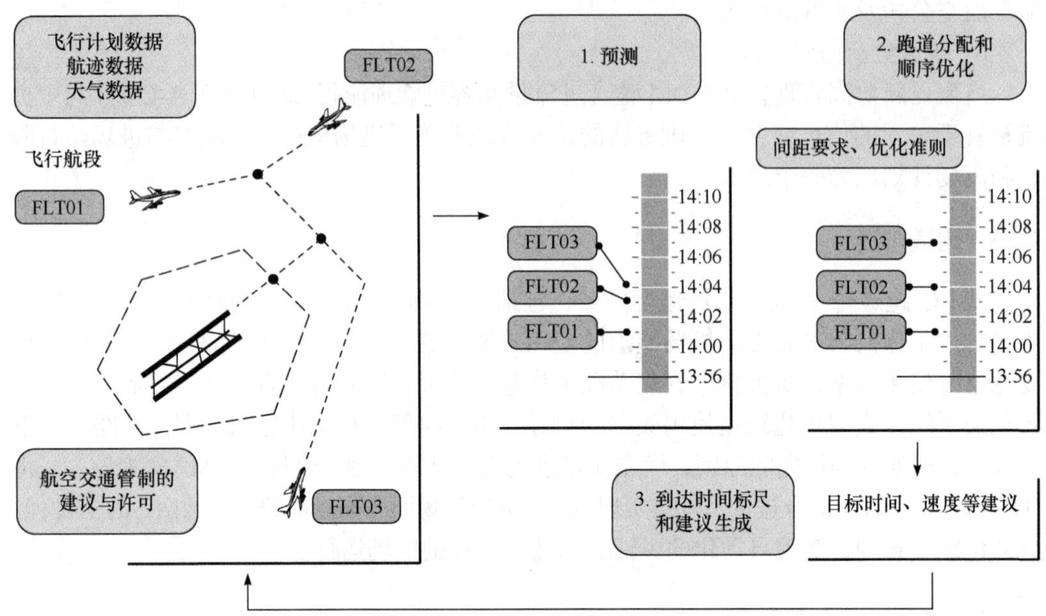

图 5-25　进场航班管理示意图

AMAN 监视交通变化趋势，并给出理想的排序结果和管制建议。管制员还可以修改航班排序，合理利用尾流间隔，提高跑道的使用效率。此外，还提供多跑道自动分配等功能。排序模块具有极高的可配置性和可扩展性，可以适应当地管制程序并满足一些特殊需求。

在进场管理中，航班序列主要有以下五种状态：不稳定、稳定、超稳定、冻结、落地。用户可以在线调整时间参数设置来改变航班的状态，如图 5-26 所示。航班进场排序

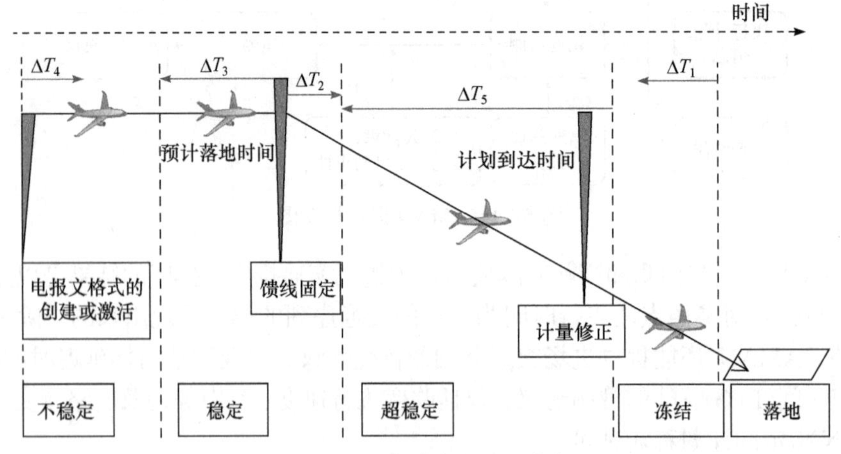

图 5-26　进场排序航班状态图

辅助决策系统运行原理是：首先通过雷达信息和飞行计划计算出航空器预计落地时间，然后根据航空器预计落地时间、航空器进场航路、跑道使用方式等因素，自动地动态优化计算航空器的落地排序和时间，给管制员提供航空器进近的综合信息及参考。

为了缓解交通高峰，AMAN 能够考虑尾流类别(WTC)和飞行剖面特性，提供真正的进场排序优化，最大化利用现有容量。为了进一步优化现有空域和机场容量，AMAN 可以根据预计延迟，给出灵活的路线和跑道分配建议。

此外，AMAN 的排序功能可以减轻管制员的工作负荷。当进场航班进入 TMA(终端管制区)前，系统会对目标机场的进场交通量进行排序和测量，并将向所有管制员通知排序结果，以避免收到来自不同扇区的不一致建议。来自不同航路扇区的交通流会汇合在一起，以方便平衡所有管制员的工作负荷。

2) AMAN 系统的功能

AMAN 系统从自动化系统中接收飞行计划数据、航迹数据和气象数据，依此计算每一个落地航迹的轨迹。轨迹预测包含航路分配、初始跑道和计算出的合理飞行高度。依据轨迹预测，AMAN 系统计算出每个航班在航路上的预计过点时间(ETO)、预计到达时间(ETA)。根据尾流种类和跑道容量等因素，ETA 进一步反映了相应飞机优化的落地序列。同时，AMAN 系统会提供相应的建议(如消耗时间、追赶时间、盘旋等待、调速等)给不同部门(如区域、终端)的管制员。AMAN 系统从自动化系统获取的数据包括从飞行数据管理系统中获取的飞行计划，从雷达数据系统中获取航迹、高空风数据。AMAN 系统向自动化系统发送的数据包括飞行计划排序。

(1) 排序。

AMAN 系统提供的排序建议有两种方式，即到达跑道的排序和指定航路点的排序。管制员不仅可以看到飞机到达跑道的先后顺序，也可以看到不同进场方向航班到达指定航路点的排序情况，但 AMAN 系统显示的到达顺序反映的只是系统建议的计划进场顺序，如图 5-27 所示，而不是真正显示在雷达屏幕上的航班顺序。

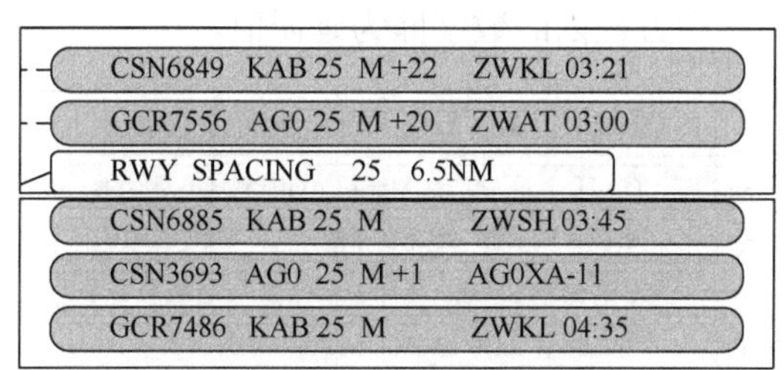

图 5-27　AMAN 系统离场时间排序示意图

从图 5-27 中可以看出，对于 CSN6849、GCR7556、CSN6885、GCR7486，AMAN 均给出了系统综合处理后较合理的起飞时间。对于本场集中进场的夜航时段，放行的可参考性较好。例如，GCR7486，预计起飞时刻为 04:35。

注：RWY SPACING 表示跑道间隔(Runway Spacing)。

(2) 航路处理。

在航路的处理上，AMAN 系统使用预先设定好的 AMAN 系统航路，命名为

AMANSTAR，当 AMAN 系统收到一份 FPL 时，计划中航路将会与 AMANSTAR 中航路对比，然后选择出最匹配的 AMANSTAR 航路。为了能够找到 AMANSTAR 航路，要求 FPL 电报航路中选项至少有 AMANSTAR 的最后航路点即初始进近定位点(IAF 尤为重要)。

(3) 等待区划设。

等待区划设的意义是，当 AMAN 排序系统给出延误信息建议，且延误时间超过前期规划好等待区的一定参数设定值时，AMAN 系统就会给出航班进行相应调整的等待时间建议数值。同时，当发生跑道被占用、跑道暂时不可用的情况时，这些等待区也可以被管制员用作盘旋等待；通过对跑道不可用时间的设定，AMAN 也会自行计算并预计下次进近时间，从而为相关情报服务提供更准确、直接的依据。

(4) 最短航线。

最短航线的定义在情报区内有十分重要的作用，在放行的流量控制方面，AMAN 系统在优化且准确的 AMANSTAR 航路设定下，可以给出较精准的放行建议，这在流量管理的战略性意义上有着至关重要的作用，直观且可行度高。

(5) 落地航班的重排序与重计划。

给定顺序航班的自动顺序变更称为重排序；自动更改计划时间而不改变顺序称为重计划，重排序与重计划均是由外部事件触发的，重排序包括序列的重计划。下列事件的发生将会触发重计划：①前序航班计划时间改变；②同跑道接续航班的间隔改变；③插入了起飞航班和起飞时间；④一个额外的间隔持续时间改变；⑤航班的 ETA 改变，且改变小于阈值；⑥航班 ETA 改变，且航班已经处在冻结状态。这样做是为了保证它们不产生延误。

(6) 延误建议。

AMAN 系统使用航路处理功能可以计算出航班的 ETA，并根据系统设置的排序规则计算出 STA(AMAN 系统给出的计划到达时间)。系统计算出航班的延误 = STA − ETA。延误可以是正值(需要追及时间)或是负值(需要消耗时间)，延误会通过人机界面提供给管制员，如图 5-28 所示，图中方框内的数字即为延误值。

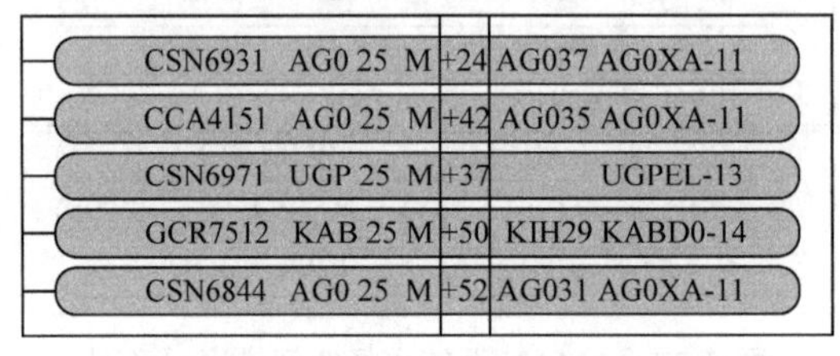

图 5-28 延误建议示意图

系统会根据延误值的多少提出延误建议，AMAN 支持 5 种不同的延误吸收程序：①建议航班更改航路，小范围机动飞行；②建议航班盘旋等待(适用于大范围延误)；③建议航班调速；④建议航空器地面等待(适用于情报区内起飞到本场落地的短航线航班)；⑤建议地面等待时间。

进场排序功能用于对进场航班自动排序，当进近空域或目的机场出现流量饱和或流量限制时，可以提前在区域或终端区对延误进行缩减，如减少飞机盘旋等待、调配空域资源、提升空域及跑道的利用率等。

3) AMAN 带来的进步

AMAM 带来的进步归结如下：

(1) 优化航班进场排序，提高机场流量水平；

(2) 向管制员提供进场排序的管制决策建议；

(3) 优化机场附近终端区/进近以及部分区域范围内空中交通秩序；

(4) 缩短航空器进近时间；

(5) 提高跑道使用率；

(6) 提高特殊情况下管制员处置进场航班的能力。

2. DMAN

1) DMAN 的基本运行概念

在协同决策(CDM)系统环境中，DMAN 是 AMAN 的补充。因为 AMAN 和 DMAN 实际影响同一条跑道，所以两个系统间存在很多交互。

对于离场的航空器，根据航空器停放位置、预计离场方式、使用跑道、滑行路线、标准仪表离场程序、机型数据、放飞间隔等因素，计算航空器从申请开车、推出、滑行至起飞所需的 ETOT(最早起飞时间)等，并由此产生优化的离场序列，产生 PTOT(计划起飞时间)。根据 PTOT，得到合理的 POBT，并通过人机界面显示在系统窗口，给管制员提供放行预案建议和提示。系统通过 SMR(场面监视雷达)实时监控航空器的滑行，当航空器滑行路径、位置、速度等要素发生改变时，DMAN 需对航空器起飞顺序重新进行优化计算。

2) DMAN 的组成

离场排队系统分为三个主要部分：外部数据交互的接口处理系统、离场排队主系统、席位终端显示。

(1) 外部数据交互的接口处理系统。

离场排队系统通过外部数据接口连接至 ATC 主系统数据输出接口，引接雷达数据、飞行计划、气象数据等信息。同时，离场排队系统建立与航空公司和机场的数据接口，用于及时获取航班信息和机场场面信息，并向航空公司和机场提供更为合理的起降序列和更加准确的起降时间。另外，离场排队系统提供数据输出，可以向其他相关系统输出进、离场排队信息和航班信息。

(2) 离场排队主系统。

离场排队主系统包含通信处理器、离场排队服务器、回放服务器、模拟训练终端和技术维护终端，通过对雷达数据、飞行计划、气象数据、地面信息和航空公司信息等数据的融合处理产生离场排队信息，并对跑道进行优化分配。

在离场管理中，DMAN 可以辅助管制员进行航班排序、时间计量和管制建议服务。

① 在时隙分配过程中，为关键航班分配比普通航班更高的优先级。

② 在混合模式下优化跑道容量：在与 AMAN 系统协调下，降落流可以安排在缩短时间间隔的起飞流中。根据排队理论，这样就减少了总体的延迟。

③ 通过对起飞航班进行排序，安排相邻航班使用不同的起飞跑道，较好地分流了交

通流量。

在操作中为关键航班分配更高的权重而获得的利益，要高于因推迟非关键航班而造成的损失。因为所有航空公司都有一些重要航班对时间要求非常高，所以所有航空公司都能从更加灵活的航班安排中获益。对 DMAN 的拓展使用可以使对停机坪和廊桥的管理更加有效，增加跑道的吞吐量。DMAN 需要 EOBT (预计撤轮挡时间)的可靠信息，而且至少要在航班起飞 20min 前就获得。DMAN 将利用所有预测信息进行降落顺序的重新计划，然后更新 ETD(预计起飞时间)，所有的航空公司都对 ETD 非常感兴趣。

(3) 席位终端显示。

离场排队系统产生的排队信息根据需要以不同的形式分别显示在区管、进近和塔台的各管制席位上。

总而言之，AMAN 和 DMAN 是 CDM 环境中两个强大的工具，通过在欧洲一些主要机场的运行，已经可以看到它们的强大效果。

3) 离场排序功能带来的进步

离场排序功能用来计算航班的起飞时间和起飞序列。主要排序设计理念简述如下。

第一阶段：基于跑道模式、起飞率与航班时刻，计算初始起飞序列。

第二阶段：基于起飞时间计算 CTOT、停机位、滑行时间，计算预起飞序列。

第三阶段：预估航班最早到达跑道头的时间，确定起飞序列与飞机推出时间。

航班离场排序辅助决策系统带来的进步包括：

(1) 优化航班离场排序；

(2) 提高跑道利用率；

(3) 减少进离场延误；

(4) 优化机场机动区的地面交通；

(5) 优化航空器推出开车时间，减少航空器开车后地面等待时间；

(6) 通过电子进程单，减少塔台各个席位之间及塔台与进近之间的协调工作负荷；

(7) 提高塔台管制特殊情况的处置能力。

3. SMAN

1) SMAN 简介

ProSky 公司在其空中交通管理服务中引入了最新的机场场面管理系统(SMAN)，以提高机场的场面运行效率，SMAN 系统由德国 ATRiCS 公司研发。

SMAN 系统最大的一个特点是能在飞机进入滑行道时，自动打开飞机前方的绿色滑行道灯，为飞行员指示正确的滑行路径。总体来说，这套系统能有效地减少滑行时间，最大限度地利用机场容量，提高机场的吞吐量。同时，其智能引导能有效地减少跑道入侵或飞机驶入错误滑行道等情况的出现。SMAN 的这些优点使其能有效地增大交通流量，保证飞机的连续滑行，减少排队时间和等待次数，从而减少二氧化碳的排放。

2) SMAN 与 A-SMGCS 的异同

A-SMGCS 为机场管制部门提供有关场面航空器及相关的车辆的监视、控制、路由规划，并实施主动引导。

机场场面管控设施包括助航灯光系统、场面监视雷达系统、多点相关监视系统、塔台自动化系统、航班信息显示系统、停机位分配系统、气象观测系统等，这些设施是 A-SMGCS 系统的主要信息源，A-SMGCS 系统将对这些离散的外部信息源系统进行引接、处理、集成。构建 A-SMGCS 系统，为管制员提供友好、方便的人机操作界面，以实现对机场场面活动监视、控制、路由规划、灯光引导的自动化管理。主要功能有监视功能、报警功能、路由规划功能、灯光引导功能和低能见度条件下的场面运行控制功能。

相比于 A-SMGCS，SMAN 不仅具备 A-SMGCS 的功能，还将机场运行领域的其他模块都进行集成，包括优化进近程序、尾流间隔优化、A-CDM、远程空中交通服务等。

4. AMAN/DMAN/SMAN 一体化运行

通过 AMAN/DMAN/SMAN 三个模块的整合实现交通的全面同步化，可有效地利用空域和机场基础设施进一步优化交通流，如图 5-29 所示。

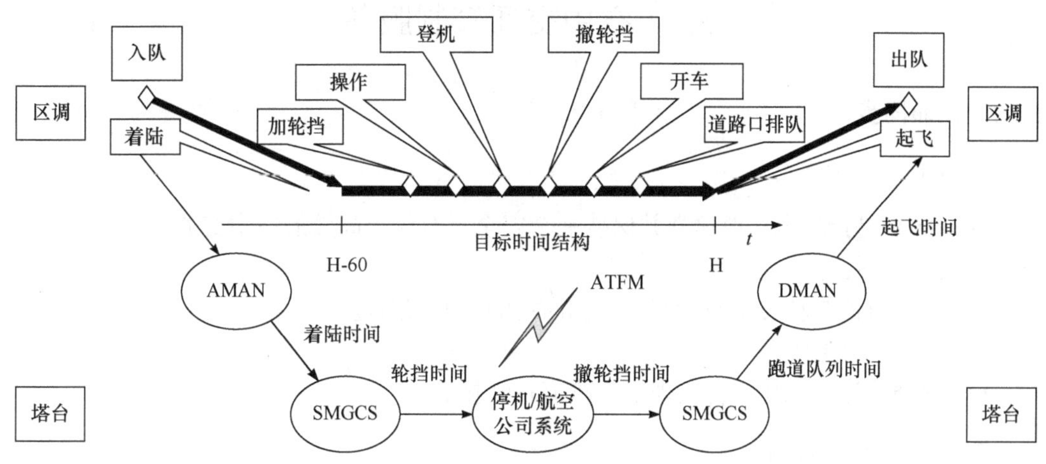

图 5-29　AMAN/DMAN/SMAN 一体化运行环境

AMAN/DMAN/SMAN 三个系统的整合主要体现在 A-CDM 中。在交通全面同步化的情况下，进场航班首先经过 AMAN 实现进场序列的优化，退出跑道后由 SMAN 提供后续的滑行、停靠以及集散客货等服务；离场航班首先接受由 SMAN 提供的相关开车、滑行指令，经过滑行道后转交给 DMAN 对其等待、起飞队列进行优化。三个管理模块以 DMAN 为枢纽，以 A-CDM 为桥梁，最终实现了全面整合管理。

在 A-CDM 系统中，通过信息的反馈机制、信息的传递机制、协同决策机制来实现 AMAN/DMAN/SMAN 三个系统的一体化。

1) 信息的反馈机制

AMAN/DMAN/SMAN 均采用了实时动态信息反馈机制。航空器的实时着陆信息影响航空器的进场序列和离场序列，进而影响航空器的滑行路线及序列；航空器的实时起飞信息影响航空器的离场序列、进场序列，进而影响航空器的滑行路线及序列。信息的反馈机制使得系统可以提供更加科学的管制建议。

2) 信息的传递机制

机场运行过程中，所有信息以航班进离场时间为基准，在 AMAN/DMAN/SMAN 间进行无间隙的传递。这一机制解决了 AMAN/DMAN/SMAN 之间的差异所带来的信息传递延迟、低效等问题。

3) 协同决策机制

AMAN/DMAN/SMAN 在第一时间通过信息的传递得到关联模块的信息，例如，SMAN 在航空器进入起始进近点时就已经得到了由 AMAN 共享的 TLDT(目标着陆时间)数据信息。在充分考虑相关模块之间的制约因素后，系统以协同的思想为纽带结合各自的自适应程序，共同解决正常情况下的航班调度问题、场面滑行问题，非正常情况下的航班延误、等待等问题，确保系统的整体运行效率。

高精度 4D 飞行轨迹预测技术是机场排序管理的基础，因此可以说，高精度的 4D 轨迹预测是提高空中交通安全水平和交通效率水平的重要手段。

5.5 空中交通管制服务

5.5.1 交通同步

1. 交通同步的概念

交通同步是指战术性地建立并保持一个安全、有序、高效的空中交通流量。重要的概念性变化包括：

(1) 将具有四维动态航迹管制能力和商定的无冲突航迹；

(2) 将消除交通阻塞点；

(3) 交通排序的优化，将实现最大跑道吞吐量。

2. 交通同步的内涵

交通同步与冲突管理和需求与容量平衡之间相互关联，并将充分融为一体，从而形成连续且有组织的交通流量。交通同步可适用于所有需要优化的交通队列排序的空域与机场，图 5-30 为希思罗机场的着陆交通流。

以往，空中交通排序作业的是进近管制员的工作范畴，在新航行系统中这项工作将由 ATM 系统中的“交通同步”服务功能子系统辅助管制员来完成。

交通同步通过对场面、离场、进场和航路管理的一体化和自动化支持(详见 5.4.3 节)，来确保最佳交通流量。其目标是消除交通阻塞点(跑道或者航路汇聚点)并最终优化交通排序，以实现最大的跑道吞吐量。

交通同步与 ATM 的其他功能子系统(如冲突管理、需求与容量平衡等)结合起来，将有助于实现“门到门”的交通有效处理，包括动态四维航迹控制和商定无冲突航迹。例如，在任意航迹汇聚点均可以协商建立一个有序的交通序列，这些航班顺序通过该航迹汇聚点并且保持合理的安全间隔，如图 5-31 所示。通过航迹汇聚点过点时间可以进一步细化每架航班的四维航迹，按照规划好的过点时间通过航迹汇聚点可以确保航迹间不发生冲突。

图 5-30　希思罗机场的着陆交通流

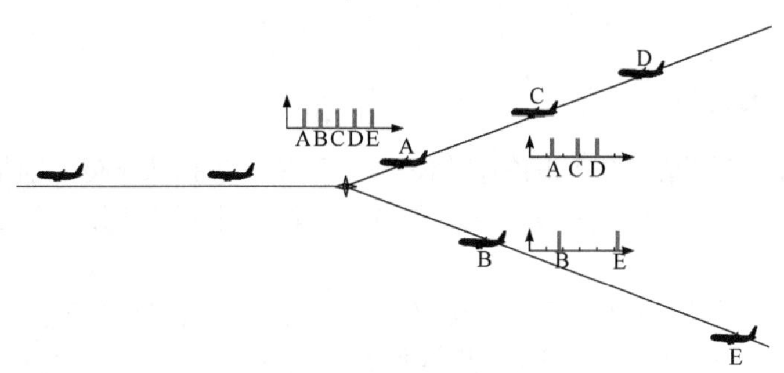

图 5-31　在航迹汇聚点建立的有序交通序列

交通同步原则包括下列内容：

(1) 战术性地协商调整顺序，优化包括登机门管理在内的机场运行或空域用户的运行；

(2) 逐步达到四维控制，在这种控制中，为飞行规定一个时间剖面，以优化吞吐量；

(3) 将间隔保持的责任委托给驾驶舱，以提高交通吞吐量，同时降低地面系统的工作负荷；

(4) 尾流仍然是最小间隔的决定因素，ATM 系统将提供需要的数据(如前后机型、机型对的尾流间隔标准)，对进、离场航空器进行动态间隔和排序。

5.5.2　冲突管理

1. 冲突管理的概念

冲突是指航空器与危险物之间适用的最低间隔标准可能被破坏的任何情况。最低间隔标准是航空器与危险物之间的相撞风险保持在可接受安全等级的最小间隔。将与航空器间隔开的危险物包括其他航空器、地形、天气、尾流和不相容的空域活动等；航空器在地面时的危险物包括停机坪与机动区内的场面车辆及其他障碍物。

与传统的 ATM 中的冲突管理有所不同，新航行系统中的冲突管理将包括三个层次：通过空域组织与管理、需求与容量平衡以及交通同步来实现的战略冲突管理，间隔保障和防撞。重要的概念性变化包括：

(1) 战略冲突管理(包括空域组织与管理、需求与容量平衡，以及交通同步)是把间隔保障的需要降低到某个指定水平；

(2) 间隔保障的职责可以委托他人，但这种委托将是暂时的，制定间隔模式时，须考虑间隔保障的能力，ATM 系统应尽量降低对用户运行的限制，因此，除非因安全或 ATM 系统设计要求的间隔保障服务，否则间隔保障是由空域用户自己负责的；

(3) 防撞系统将是 ATM 安全管理组成部分，但在确定间隔保障所需的安全等级时将不予考虑。

换句话说，冲突管理不再单单是管制员的工作。从空域组织与管理、需求与容量平衡、交通同步等工作都是从战略上减少冲突的努力；必要时将通过间隔保障进一步降低冲突的发生概率；防撞是战略冲突管理和间隔保障失效后的一种保障安全的补充手段。

2. 冲突管理的内涵

冲突管理过程可以在冲突范围的任何一点上实施，包括从飞行之前很早便拟定飞行计划或安排时刻表，到实时进行实际飞行的各个阶段。冲突管理分以下三个层次实行。

1) 战略冲突管理

战略冲突管理是冲突管理的第一个层次，并通过空域组织与管理(详见 5.3.1 节)、需求与容量平衡(详见 5.3.2 节)及交通同步(详见 5.5.1 节)几个组成部分实现。

这里使用的“战略”一词意指在“战术之前”，从最早用户活动规划直到最后的避开危险物是一个连续活动，战略活动通常是在离场前，即事先通过空域组织与管理确保具备足够的空域容量，通过需求与容量平衡确保空中交通需求不超过空域容量，通过交通同步避免可能发生的冲突。这些预先的“战略”冲突管理手段可以将冲突降低到某个指定水平。

2) 间隔保障

间隔保障是冲突管理的第二个层次，是在航空器与危险物之间至少保持适当的最低间隔标准的策略过程。只有在战略冲突管理(即空域组织与管理、需求与容量平衡及交通同步)失效时，才会(自主或者由 ATM)提供间隔保障(详见 4.3 节)。

间隔保障是适用于冲突范围的一个循环过程。它包括：

(1) 探测冲突，是以航空器的当前位置及其危险物相关的预测航迹为基础的；

(2) 制定一个解决方案(包括选择间隔模式)，以使航空器与危险物保持间隔；

(3) 启动所需航迹修正来实施解决方案；

(4) 监控解决方案的实施，以确保通过使用最低间隔标准避开危险物。

间隔模式是与最低间隔标准相关的一套经批准的应用规则、程序。间隔保障可以委托给空中交通管理部门，也可以由空域用户自行承担，但在间隔保障开始之前，须明确间隔保障的责任人。

ATM 系统的设计应尽量减少对用户运行的限制，避免对航迹进行战术上的改变；除非安全或 ATM 系统设计需要才会实施间隔保障服务。

自主间隔将是未来的主要间隔模式；完全自主间隔是指空域用户负责自己的活动并与所有危险物间隔开的间隔保障模式。完全间隔保障服务是指 ATM 服务商将负责空域用户的活动并与所有危险物间隔开的间隔保障模式。

在间隔模式的确定过程中(包括确定间隔保障提供者和最低间隔标准)，必须考虑间隔保障的能力。间隔保障能力是指人员(及系统)探测和解脱冲突，以及实施和监控解决方案的能力。这种能力取决于间隔保障服务、空域用户和自动化系统，还需要考虑人的因素。

3) 防撞

防撞是冲突管理的第三个层次，当间隔模式受到损害时，是必须激活的一种功能。防撞不属于间隔保障的一部分，并且在计算间隔保障所需的安全等级时，并未考虑防撞系统。防撞系统(详见 4.2.2 节和 4.4 节)将视为 ATM 安全管理的重要组成部分。

虽然防撞系统和间隔模式是独立的，但它们必须彼此兼容。

本节的内容在前序的章节中均有详细阐述，这里就不再一一赘述。

5.6　空域用户操作

5.6.1　空域用户操作概况

1. 空域用户运行的概念

空域用户操作是指飞行操作中与 ATM 有关的方面。这里的空域用户是指航空器运营的组织及其驾驶员。

空域用户将为 ATM 系统提供自身的运行(或操作)信息，这些信息将与 ATM 相关数据进行融合，用于战术或战略上的态势感知及空中交通管理。ATM 系统将允许空域用户通过协同决策，充分发挥航空器及空域用户系统的性能，根据 ATM 的可用资源、飞行条件等动态优化四维航迹计划，达到提高空域安全性和使用效率的目的。

在 ATM 运行概念中，主要包括下述三类空域用户：

(1) 从事遵从 ICAO 规定的有人驾驶飞行(目前占有最大比重)的用户；

(2) 从事不遵从 ICAO 规定的有人驾驶飞行的用户；

(3) 从事无人驾驶航空器(UAV)飞行的用户。

在新航行系统中，上述三种不同类型的空域用户将在全球范围内的空域中混合运行。

2. 空域用户操作的内涵

空域用户操作是在 TBO 模式下的操作，针对 4D 航迹数据的操作是空域用户的主要操作，空域用户操作的 4D 航迹交互流程如图 5-32 所示。

根据全球标准开发的 ATM 系统和航空器的性能，将确保 ATM 系统和空域用户操作在全球范围内的通用性。

包括航空电子设备和运行特性在内的航空器设计会影响 ATM 的性能(尾流、环境因素、机场要求等)。航空器设计与 ATM 性能的关联关系是航空器和 ATM 系统设计中的一个关键要素。

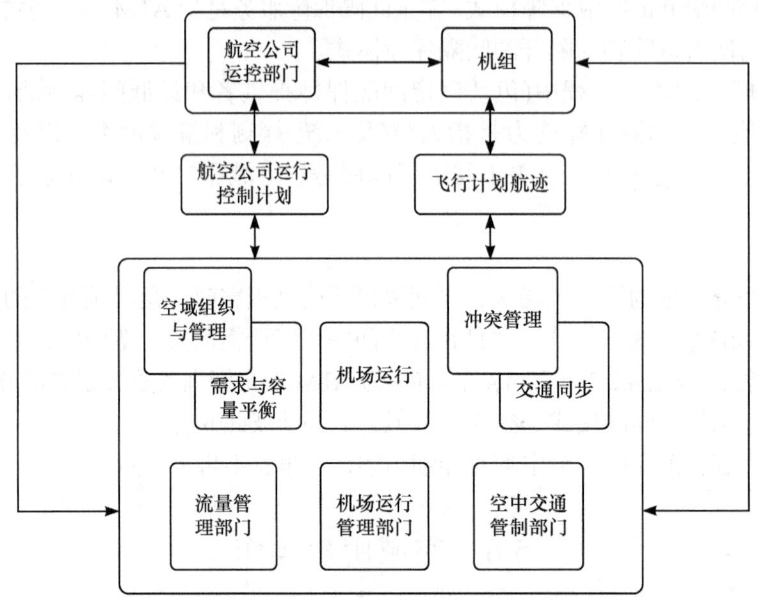

图 5-32 空域用户操作的 4D 航迹交互流程图

空域用户操作的原则包括：

(1) 相关的 ATM 数据将得到融合，便于空域用户一般的、战术和战略的态势感知和冲突管理；

(2) 相关空域用户运行信息将提供给 ATM 系统；

(3) 航空器性能、飞行条件及可用的 ATM 资源将允许动态优化 4D 航迹。

空域用户操作的内容主要包括以下几方面。

(1) 任务规划。

任务规划即空域用户通过与空域和机场管理相关部门充分沟通，为飞行任务规划出无冲突 4D 航迹。任务规划需要通过空域用户系统(图 5-33)参考相关的 ATM 数据得以实现。

任务规划由空域用户通过与空域组织和管理、机场运行和需求与容量平衡等方面的协作决策来实现，以确保 ATM 系统有足够的容量能够完成其任务。

(2) 飞行操作。

飞行操作是让航空器沿着动态优化的 4D 航迹飞行的飞行控制操作，通常由空域用户系统自动实现，如图 5-34 所示。

在不影响航空安全和空域使用效率的前提下，允许空域用户(驾驶员)按照用户偏好的航迹飞行。

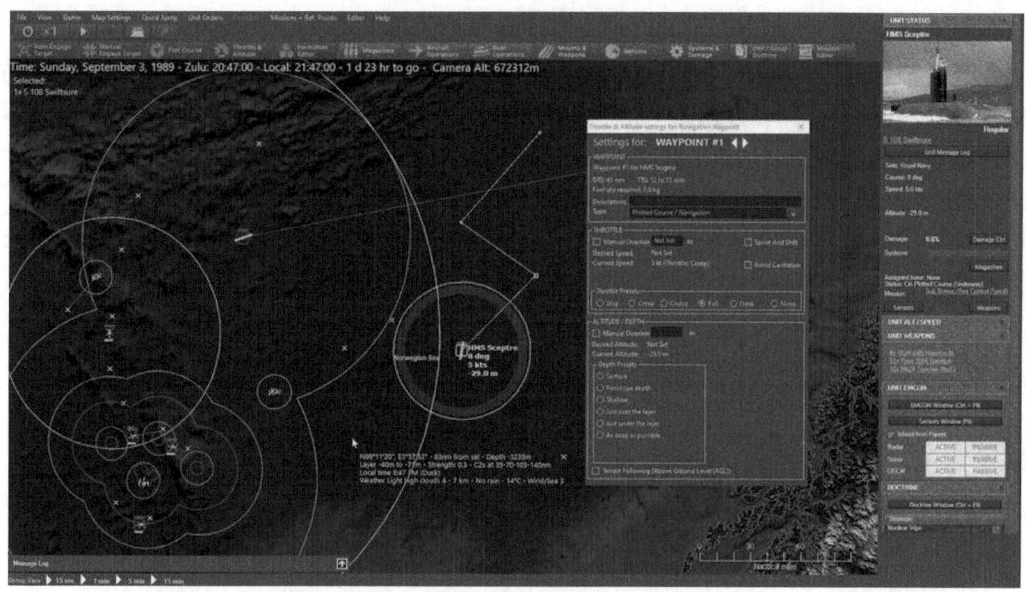

图 5-33　通过空域用户系统的任务规划

图 5-34　空域用户系统的自动飞行操作示意图

(3) 运行控制。

运行控制是空域用户系统对任务实施的过程控制(包含任务管理、飞行的管理和与ATM 的协同等)，运行控制监控航空器的实时 4D 航迹是否按照任务的规划运行。运行控制一方面监控 ATM 的资源变化情况，不断优化任务规划的 4D 航迹；另一方面监控航空器的 4D 航迹是否偏离任务规划的 4D 航迹。若发现存在航迹调整的必要性，则通过协同决策达成修订航迹的方案，并实施新的 4D 航迹，直至任务完成，如图 5-35 所示。

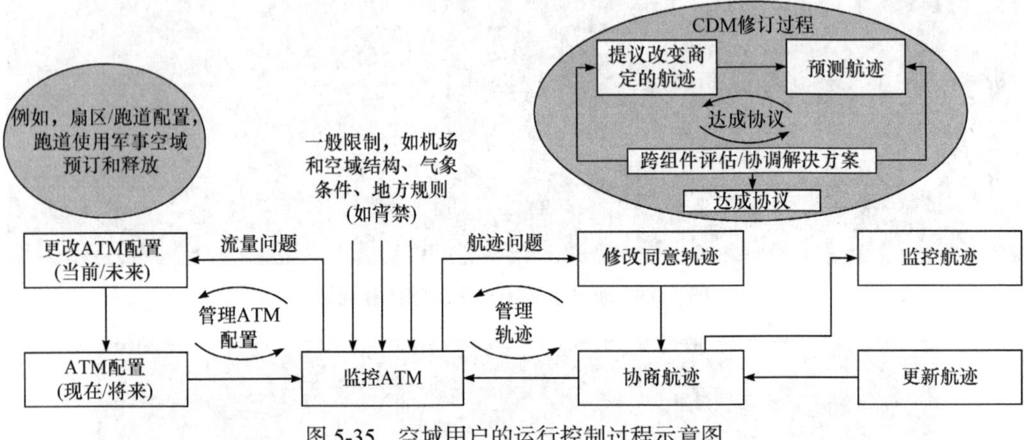

图 5-35　空域用户的运行控制过程示意图

运行控制是由空域用户针对一项任务行使的职能，包括任务启动、实施、结束全过程行使的职权。运行控制包括各种类型的空域用户任务，并包含任务管理、飞行的管理和与 ATM 的协同等许多因素。交通同步和冲突管理参与了航迹的协商过程。

5.6.2　远距离驾驶航空器系统

1. 远距离驾驶航空器系统概述

虽然 1917 年就已出现无人驾驶航空器，但直到 21 世纪，无人机才发展成为航空器中一个重要的分支。无人机从军用扩展到民用还是近几年的事，而无人机发展势头之猛、普及程度之快，超出了人们的预期。目前，无人机系统的功能和使用范围正在不断扩大，无人机在民用上越来越广泛，从而推动着无人机系统技术的迅速发展，同时也为空中交通管理带来了一系列技术上的挑战。为了让无人机在发展过程中能够更安全并且获得更好的发展，国际民航组织发布的第四版《全球空中航行计划》中，针对航空系统组块升级(ASBU)提出远距离驾驶航空系统(RPAS)引线，旨在为无人机探寻合适的发展路线。ICAO 提出了 RPAS“三步走”的计划。

(1) 2013～2018 年，RPAS 初步融入非隔离空域，即融合空域运行。从过去两种航空器隔离使用到融合使用，提高了空域的使用效率，简化空域管理结构，拓宽了 RPA 的使用范围。

(2) 2018～2023 年，将 RPA 融入交通。这意味着 RPA 正式投入使用，在初步纳入非隔离区域后，纳入交通意味着 RPA 在交通中的重要地位和巨大作用。

(3) 2023～2028 年，RPA 透明管理。这意味着无人机和载人航空器的统一管理，是真正意义上的无人机交通服务。

到目前为止，民用航空的基础仍然是飞行员在飞机内部操控飞机，而且飞机上通常载有乘客。无人驾驶航空器系统(UAS)是航空系统的一个新组成部分，国际民航组织(ICAO)和各国航空航天工业正致力于理解、界定和最终整合这些系统。

2. 无人机空域运行现状

国际民航组织 328 号通告规定，没有机载飞行员操控的航空器统称为无人驾驶航空器系统(UAS)。UAS 按操控方式不同分为远距离驾驶航空器系统(RPAS)和自主航空器系统。RPAS 是指飞行员不在航空器上但远程控制的 UAS，而自主航空器系统是指没有驾驶员介入飞行管理的 UAS。ICAO 的目标是通过制定标准和建议措施(SARP)建立基本的国际监管框架，并提供空中航行服务程序(PANS)和指导材料，以支持 UAS 在全世界的日常运作。

1) UAS 现状

由于不同无人机系统的性能、尺寸、质量、操作特性的差异，其种类繁多。为了叙述方便，这里根据最大起飞质量、飞行高度、任务半径、空域类别等来进行简单分类，见表 5-3。

表 5-3　UAS 分类表

类型	起飞质量/kg	飞行高度/m	任务半径/km	空域类别	飞行规则	感知与规避	应答器	与航空管制部门双向通信
微型/视距内	<2	<150	5	G	目视飞行	不需要	不需要	不需要[a]
中小型/超视觉	<150	<1800	25	G	目视/仪表飞行	需要[b]	需要[b]	不需要[a]
中高空长航时	>150	<12000	500	A-E	目视/仪表飞行	需要	需要	需要
超高空长航时	>600	<20000	全球	高于 F1600	目视/仪表飞行	需要[b]	需要	需要[b]

说明：a 在飞行之前依旧需要向空中交通管制部门进行通报；
b 在某些活动类型或某些条件下无须使用。

微型无人机尺寸通常较小，在民用领域用途广泛，但在航空运输领域作用有限，而中小型无人机目前已经在国内部分地区被批准用于快递配送业务。

与民航飞机最为相似的中高空或超高空长航时货运无人机，存在对融合空域运行的需要，但受到民航空域安全的限制，目前难以发挥其应有的效益。

UAS 在融合空域运行需要采用 RPAS 的运行模式，接受空中交通管理部门和管制员的管制指挥，如图 5-36 所示。UAS 需要加装必要的通信、导航监视设备，以便空中交通管理部门和管制员能够像普通航班一样，保持对 RPA 的跟踪监视。同时在地面远程控制

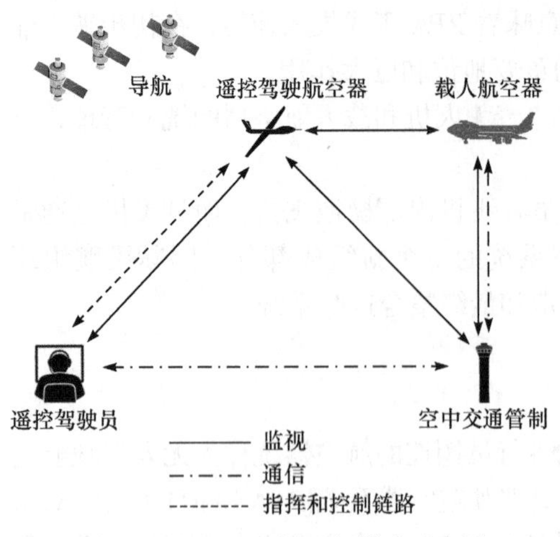

图 5-36　RPAS 空域运行模式示意图

站上的 RPAS 驾驶员需要与管制员保持通信，随时接受管制员的管制指挥。地面远程控制站需要通过指挥与控制链路保持对 RPA 的跟踪监视和指挥控制。

2) UTM 现状

目前，大多数国家建立或实施的无人机法规都侧重于在管制空域以外的低空空域(隔离空域)进行的小型无人航空器系统的运行，重点仍然停留在哪些 UAS 在哪里和在什么条件下可以运行。好一些的地区会划设为无人机专用的空中交通走廊，其本质仍然是隔离空域。这些隔离空域是专门分配给遥控驾驶航空器运行的空域，通过限制其他载人航空器的进入以规避碰撞风险，如图 5-37 所示。

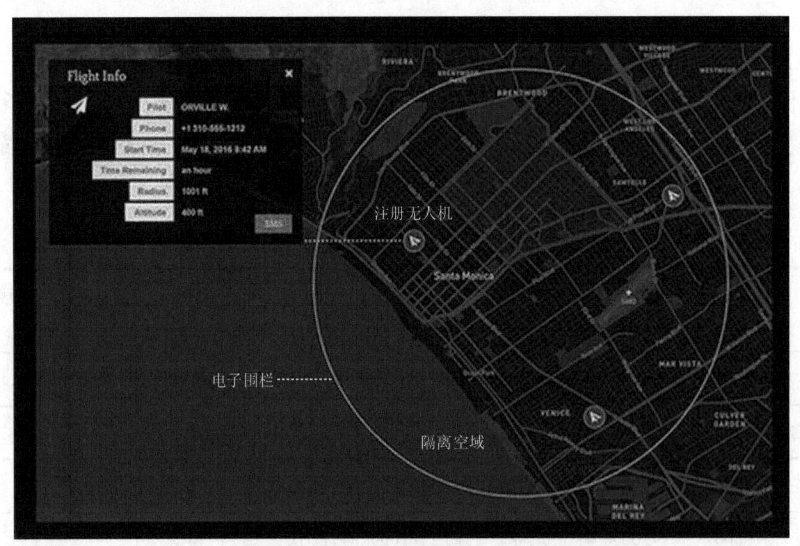

图 5-37　隔离空域运行示意图

各国陆续研发了各自的 UTM 系统，用以提供无人机需要的空中交通管理服务，典型 UTM 的系统架构及 UTM 与 ATM 的信息交互如图 5-38 所示。

UTM 系统架构主要由飞行信息管理系统(FIMS)、无人机交通服务商(USS)、相关数据服务商(SDSP)和无人机运营商等组成。无人机交通服务商充当 UTM 各相关方之间联系的桥梁，将无人机运营商的无人机及其任务等信息录入飞行信息管理系统。无人机交通服务商为无人机运营商提供计划运行空域和周围空域的信息，以支持无人机运营商遵照相关的法规安全有效地执行飞行任务；并将运行数据存入数据库，以便进行分析、监管和问责。无人机交通服务商采用市场化运作，有偿为无人机运营商提供交通服务，满足无人机运行的服务需求。相关数据服务商为 UTM 提供相关的地理和气象信息。

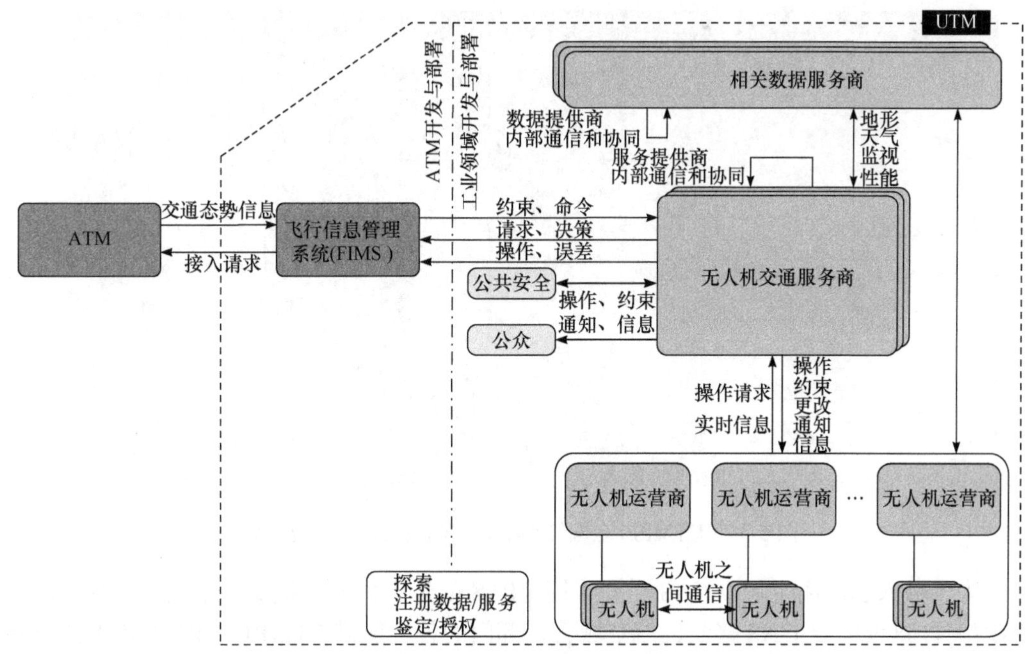

图 5-38　UTM 系统架构及 UTM 与 ATM 的信息交互

目前，无人机交通管理服务主要包括民用无人机及驾驶员在线登记注册(Registration)管理、基于通信(Communication)的合作目标身份认证与动态追踪，以及静态地理围栏(Geo-fencing)等内容；可拓展的服务还包括飞行计划审批和冲突预测、地理围栏及可飞空域动静态划设与优化、合作目标的冲突探测(包括机对机、机对地、机对空域边界)和航线动态规划、客流管理、天气风力预报及探测、面向各类相关方的多形式信息发布，以及大数据存储、备份、统计与分析。

我国自主开发了与 UTM 的架构类似的无人驾驶航空器空中交通管理信息服务系统(UTMISS)，是中国民用航空局与军方、地方相关监管部门协同无人机管理的信息化系统，可为民用无人机飞行提供空域组织与管理、飞行任务规划、安全评估等方面的服务。中国民用航空局发布的《轻小型民用无人机飞行动态数据管理规定》(AC-93-TM-2019-01)要求自 2020 年 5 月 1 日起，运行轻、小型民用无人机及植保无人机的单位和个人，须接入 UTMISS，实现实时报送飞行动态数据。

目前，UTMISS 已经成为中国民用航空局民用无人机运行管理的窗口，可以掌握中国境内几乎全部无人机的飞行动态数据，如图 5-39 所示。系统界面中用不同颜色表示空域中正常飞行、未申请、申请未通过等不同状态的无人机。

3. UAS 初步融入非隔离空域

UAS 纳入非隔离空域就意味着 UAS 与民航运输航班在共同的空域中运行，这就要求 UTM 系统与 ATM 系统进行融合，实现空中交通态势等信息的共享，形成统一的空中交通管理系统。

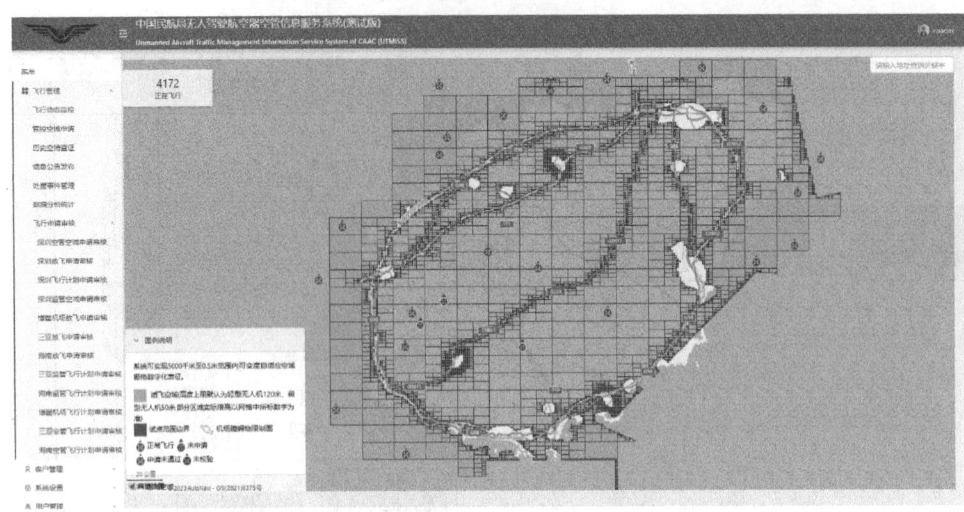

图 5-39　UTMISS 全国轻小型无人机飞行动态监视界面

为了融入非隔离空域，UAS 需要采用 RPAS 的运行模式，接受空中交通管理部门的管制指挥。这就需要 UAS 接受民航空域管理部门的各种所需性能(RCP、RNP、RSP、RTSP)的要求(详见 5.3.2 节)，装备民航相应的通信、导航、监视等相关设备。

1) 对指挥和控制链路的要求

指挥和控制链路是指以管理飞行为目的，在远距离驾驶航空器与地面控制站之间的通信数据链，如图 5-40 所示。其中，远程控制站是远距离驾驶航空器系统的组成部分，内设有用以驾驶远距离操控航空器的设备。远程控制站通过指挥和控制链路向 RPA 发送指挥和控制(C2)指令，以及反馈 RPA 状态的下行信息。当指挥和控制链路失去连接时，无人机会通过 SSR 应答器发出示警码 7400，SSR 应答机成为无人机必不可少的设备。

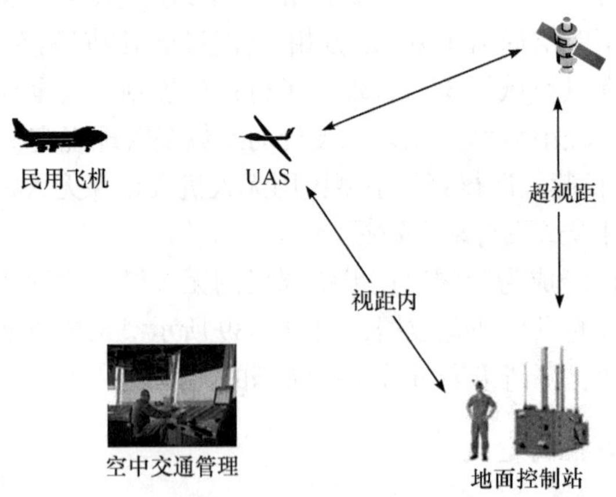

图 5-40　视距内和超视距指挥控制链路示意图

2) 冲突探测与规避

无人机融入非隔离空域面临着与其他民航客机、军用飞机、直升机、无人机和滑翔机等不同类型航空器之间的飞行冲突。像民航运输机一样，无人机需要探测合作和非合作的空中飞行目标，并执行规避机动，让航空器之间保持足够的安全距离，TCAS 成为无人机必不可少的设备。

3) 路基冲突探测与规避

目前的无人机操作要求地面的 RPAS 驾驶员保持对无人机跟踪监控，以防止无人机与其他航空器发生潜在的冲突。地面指挥和控制系统需要具备空域态势感知与预警的能力(类似于地面安全网中的短期冲突预警功能)，并支持 RPAS 的驾驶员难以确定相对距离的夜间作业。

此外，融合空域运行对 RPAS 驾驶员的有着严格的规定：

(1) 在融合空域 3000m 以下运行的小型无人机驾驶员，应至少持有私用驾驶员执照；

(2) 在融合空域 3000m 以上运行的小型无人机驾驶员，应至少持有带有飞机或直升机等级的商用驾驶员执照；

(3) 在融合空域运行的大型无人机驾驶员，应至少持有带有飞机或直升机等级的商用驾驶员执照和仪表等级执照；

(4) 在融合空域运行的大型无人机驾驶员，应至少持有航线运输驾驶员执照；

(5) 在融合空域运行的充气体积在 4600m^3 以上的遥控飞艇驾驶员，应至少持有带有飞艇等级的商用驾驶员执照。

综上所述，RPA 按照现有的 IFR 和等效 VFR 飞行规则融入空域，需要遵照 ICAO 的相关规章、规则。远程驾驶航空器需要：①最大可能地遵守有人驾驶飞机的飞行标准；②遵守有人驾驶飞机的操作程序，不能对相关的人员、财产和其他飞机的安全造成任何负担；③不能降低现有航空安全级别或损害有人驾驶航空的安全效率。这样，在融合空域中飞行的 UAS 除了几乎要加装所有民航运输机的通信、导航和监视设备外，还要增强自身的指挥控制链路、路基冲突探测与规避等功能。最重要的是无人机还不能发挥自主航空器自动驾驶的优势，被迫采用远程驾驶航空器(RPA)模式，才能保障包括有人驾驶航空器在内的空中交通的安全。ICAO 推崇使用 RPAS 的名称，意在强调远程驾驶的特点，强调人在回路操控的重要性，实际上也体现出 UAS 开发商和空域管理者的困惑和无奈。

只有这样，在低密度空中交通空域才有可能去初步尝试将 RPAS 纳入非隔离空域。

4. RPA 融入交通的研究方向

融合空域运行一直是 UAS 开发商的梦想与追求，融合空域是指无人机与有其他有人驾驶航空器同时运行的空域，但只有 RPA 彻底融入交通流中才能称作真正的融合空域运行。

美国的 FAA(联邦航空管理局)曾尝试将 RPA 看作对有人驾驶航空器的一种偏离，但是这种偏离几乎不可能不对相关的人员、财产和其他飞机的安全造成负担；几乎不可能不降低现有航空安全级别或损害有人驾驶航空的安全效率。在这种情况下，强行融入交通流必将增加 ATM 管制员的工作负担，同时降低空域的使用效率和安全性。人们不得不重新探索 RPA 融入交通的新途径。

在新航行系统中，TBO 成为未来空中交通的统一的运行模式，TBO 的运行模式为

RPA 融入交通提供了一个新的机遇。在这种运行模式中，所有航班在运行前均需要制定出航班计划的无冲突的 4D 航迹，在飞行运行中尽可能地沿着事先规划好的 4D 航迹飞行。在 TBO 的运行模式中，RPA 的用户操作可以与有人驾驶航班一样：①进行任务规划，建立全程无冲突 4D 航迹；②进行飞行操作，沿着事先规划好的 4D 航迹飞行；③运行控制，监控 ATM 的资源变化情况，与 ATM 系统的空域组织与管理、需求与容量平衡、机场运行、交通同步、冲突管理等各个功能子系统进行协商，不断优化任务规划的 4D 航迹，并执行最新优化的 4D 航迹。RPA 的操作示意图如图 5-41 所示。

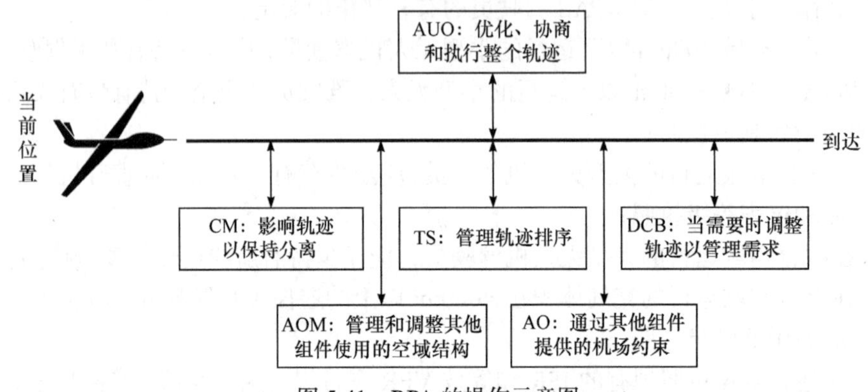

图 5-41　RPA 的操作示意图

目前，在基于 TBO 无人机融合空域运行方面的研究较多，但 TBO 尚未进入实施阶段，基于 TBO 无人机融合空域运行也只处于研究论证阶段。

5. RPA 透明管理

RPA 透明管理是 ICAO 规划的无人机融合空域运行的终极阶段，意味着无人机和民航运输飞机的无差别统一管理，是真正意义上的无人机交通服务。

在 RPA 透明管理阶段，民航运输飞机的自动驾驶和智能化程度得到飞跃，任务规划、飞行操作及运行控制等航班用户操作基本上是自动完成的，驾驶员只是对自动化的用户操作进行监控，这种用户操作场景与 RPA 的用户操作并无明显差别。也就是说，无人机和民航运输飞机均进入自动驾驶、智能驾驶的发展阶段，民航运输飞机驾驶员和无人机的远程驾驶员均仅仅起到运行监控的作用，如图 5-42 所示。既然如此，驾驶员在什么地方已经无关紧要了。此时，无人机和民航运输飞机的融合空域运行也就变成了机载自动化系统与 ATM 自动化系统之间的信息交互和航空器沿着自动化系统优化的航迹飞行。

目前，在智能副驾驶、智能机长领域的研究正在不断深入，相信在不远的将来，智能机长将会更加成熟。智能机长不一定是以图 5-42 所示的机器人形态出现，更可能是以自动化、智能化机载设备的方式出现。无论如何，由智能机长驾驶的航班与无人机已经没有本质上的区别，无人机和民航运输飞机的管理进入无差别统一管理的阶段，也是无人机融合空域运行的终极阶段。

图 5-42　RPA 透明管理时期的航班

本章小结

本章参照未来全球空中交通管理的运行概念，首先介绍了基于航迹运行的概念，基于航迹运行是未来飞行组织与实施的基础，未来飞行组织与实施的系统——空管服务管理系统，以及空域组织与管理系统和需求与容量平衡系统，这两个系统代替了现有空域管理和空中交通流量管理的职能；其次介绍了机场运行系统，它整合了机场场面运行、机场协同决策、跑道排序等功能，形成了一体化的机场运行管理系统，在“门到门”的空中交通管理系统中，提升了机场整体运行效率；接着介绍了交通同步和冲突管理系统，这两个系统将替代或者辅助管制员完成目前由管制员承担的空中交通管制工作；最后介绍了航空的主体航空公司和航班的操作，以及以无人机为代表的其他种类航空器用户的操作，展现出未来多种类航空器融合空域运行的美好蓝图。

通过飞行组织、空域和空管、机场、航空公司和航班全方位地展现出未来航空运行管理的场景。

思考题

1. 简述基于航迹运行的内涵与特点。
2. 简述空管服务管理系统的职能。
3. 简述空域组织与管理中空域组织与空域管理的区别。
4. 简述在战略、预战术和战术三个阶段需求与容量平衡是如何实现的。
5. 简述高级场面移动目标导引和控制系统的等级及其相应的功能。
6. 详述机场协同决策系统的功能。

7. 进场管理系统带来了哪些进步?
8. 简述交通同步的概念与内涵。
9. 简述冲突管理的概念与内涵。
10. 简述空域用户操作的主要内容。
11. 简述无人机怎样才能融入非隔离空域?
12. 简述无人机怎样才能融入空中交通?

缩 略 语 表

AAIM	飞机自治完好性监控(Aircraft Autonomous Integrity Monitor)
ABAS	机载增强系统(Aircraft-Based Augmentation System)
ACARS	飞机通信寻址与报告系统(Aircraft Communications Addressing and Reporting System)
ACAS	机载避撞系统(Airborne Collision Avoidance System)
ACC	空中交通管制中心(Air traffic Control Center)
A-CDM	机场协同决策(Airport Collaborative Decision-Making)
ACI	国际机场理事会(Airports Council International)
ACP	音频控制面板(Audio Control Panel)
ADC	大气数据计算机(Air Data Computer)
ADEP	起飞机场(Airport of Departure)
ADES	目的机场(Airport of Destination)
ADS	自动相关监视(Automatic Dependent Surveillance)
ADS-B	广播式自动相关监视(Automatic Dependent Surveillance-Broadcast)
ADS-B IN	广播式自动相关监视-接收(Automatic Dependent Surveillance-Broadcast IN)
ADS-B OUT	广播式自动相关监视-发送(Automatic Dependent Surveillance-Broadcast OUT)
ADS-C	合约式自动相关监视(Automatic Dependent Surveillance-Contract)
AFIS	机场航行情报服务(Aerodrome Flight Information Service)
AFP	机载飞行计划(ATC Flight Plan)
AFTN	航空固定电信网(Aeronautical Fixed Telecommunication Network)
AHRS	航姿基准系统(Attitude and Heading Reference Systems)
AIM	航空信息/航行情报管理(Aeronautical Information Management)
AIMS	飞机集成监视系统(Aircraft Integrated Monitoring System)
AIP	航行资料汇编(Aeronautical Information Publication)
AIRAC	航空资料定期颁发制(Aeronautical Information Regulation and Control)
AIRB	飞行运行期间基本机载情景意识(Airborne Basic Situational Awareness during Flight Operations)
AIS	航行情报服务(Aeronautical Information Services)
AIXM	航行情报交互模型(Aeronautical Information Exchange Model)

ALDT	实际着陆时间(Actual Landing Time)
AMAN	进场管理(Arrival Management)
AMAN/DMAN	进离场管理(Arrival Management/Departure Management)
AMDB	机场管理数据库(Airport Management Database)
AMET	高级气象信息管理(Advanced Meteorological Information Management)
AM-MSK	调幅-最窄移频键控(Amplitude Modulation-Minimum Shift Keying)
AMSS	航空移动卫星服务(Aeronautical Mobile-Satellite Service)
AMU	音频管理单元(Audio Management Unit)
ANSP	航空导航服务商(Air Navigation Service Provider)
AO	机场运行(Aerodrome Operations)
AOC	航务管理通信(Airline Operational Communications)
AODB	机场运行数据库(Airport Operation Database)
AOM	空域组织与管理(Airspace Organization and Management)
AOP	机场运行规划(Airport Operations Plan)
AP	空域提供者(Airspace Provider)
APM	进近航道监测器(Approach Path Monitor)
APR	飞机位置报告(Aircraft Operator Position Report)
APTA	机场可接入性(Airport Accessibility)
APV	垂直引导的进近(Approach with Vertical Guidance)
APW	区域接近警告(Area Proximity Warning)
ARINC	航空无线电公司(Aeronautical Radio Incorporated)
ASAS	机载间隔辅助系统(Airborne Separation Assistance System)
ASBU	航空系统组块升级(Aviation System Block Upgrade)
ASCB	航空标准通信总线(Avionics Standard Communication Bus)
ASCII	美国信息交换标准码(American Standard Code for Information Interchange)
ASEP	机载间隔(Airborne Separation)
ASM	空域管理(Air Space Management)
A-SMGCS	高级场面活动引导与控制系统(Advanced-Surface Movement Guidance and Control System)
ASP	空中交通管理服务商(ATM Service Provider)
ATC	空中交通管制(Air Traffic Control)
ATFCM	空中交通流量和容量管理(Air Traffic Flow and Capacity Management)
ATFM	空中交通流量管理(Air Traffic Flow Management)
ATIS	自动终端情报服务(Automatic Terminal Information Service)

ATM	空中交通管理(Air Traffic Management)/异步传输模式(Asynchronous Transfer Mode)
ATM SDM	ATM 服务管理(ATM Service Delivery Management)
ATN	航空电信网(Aeronautical Telecommunications Network)
ATS	空中交通服务(Air Traffic Services)
ATSA	空中交通情景意识(Air Traffic Situational Awareness)
AU	空域用户(Airspace User)
AUO	空域用户操作(Airspace User Operations)
AWR	机载气象雷达(Airborne Weather Radar)
AXIT	实际滑入时间(Actual Taxi-In Time)
AZ	方位台(Azimuth transmitter)
BARO-VNAV	气压垂直导航(Barometric Vertical Navigation)
BAZ	反方位台(Back Azimuth transmitter)
BDCS	北斗坐标系(BeiDou Coordinate System)
BDS	北斗卫星导航系统(BeiDou Navigation Satellite System)
BDT	北斗时(BDS Timc)
BIS	域间路由器(Border Interior System)
BOC	二进制偏移载波(Binary Offset Carrier)
BPSK	二进制相移键控(Binary Phase Shift Keying)
B-RNAV	基本区域导航(Basic Random Navigation)
CAAC	中国民用航空局(Civil Aviation Administration of China)
CAS	校正空速(Calibrated Airspeed)
CCO	连续爬升运行(Continuous Climb Operations)
CDA	连续下降进近(Continuous Descent Approach)
CDM	协同决策(Collaborative Decision Making)
CDO	连续下降运行(Continuous Descent Operations)
CDR	条件航路(Conditional Route)
CDTI	驾驶舱交通信息显示器(Cockpit Display of Traffic Information)
CFIT	可控飞行撞地(Controlled Flight Into Terrain)
CM	冲突管理(Conflict Management)
CMC	中央维护计算机(Central Maintenance Computer)
CMU(MU)	通信管理组件(Communication Management Unit)
CNOP	协同的网络运营计划(Collaborative Network Operations Plan)

CNS/ATM 通信、导航、监视/空中交通管理(Communication，Navigation and Surveillance/Air Traffic Management)

CPDLC 管制员-飞行员数据链通信(Controller Pilot Data Link Communication)

CPU 中央处理器(Central Processing Unit)

CTA 管制到达时间(Controlled Time of Arrival)

CTOT 计算的起飞时间(Calculated Take-Off Time)

CU 控制部件(Control Unit)

DABS 离散寻址信标系统(Discrete Address Beacon System)

DAIM 数字化航行情报管理(Digital Aeronautical Information Management)

DARPS 动态航路规划系统(Dynamic Aircraft Route Planning System)

DCB 需求与容量平衡(Demand and Capacity Balancing)

dDCB 动态需求与容量平衡(Dynamic Demand and Capacity Balancing)

DFCS 数字式飞行控制系统(Digital Flight Control System)

DFDAU 数字化飞行数据采集单元(Digital Flight Data Acquisition Unit)

DMAN 离场管理(Departure Management)

DME 测距仪(Distance Measuring Equipment)

DPSK 差分相移键控(Differential Phase Shift Keying)

DSP 数据链服务商(Data Link Service Provider)

EBCDIC 扩展的二进制编码的十进制交换码(Extended Binary Coded Decimal Interchange Code)

EFB 电子飞行包(Electronic Flight Bag)

EGNOS 欧洲地球同步导航覆盖服务(European GEO Navigation Overlay Service)

EGPWS 增强型近地告警系统(Enhanced Ground Proximity Warning System)

EIA 美国电子工业协会(Electronic Industries Association)

EL 仰角台(Elevation Transmitter)

ELDT 预计的着陆时间(Estimated Landing Time)

EOBT 预计撤轮挡时间(Estimated Off-Block Time)

ES 终端系统(End System)

ESP 应急服务部门(Emergency Service Provider)

ESVS 增强合成视觉系统(Enhanced and Synthetic Vision Systems)

ETA 预计到达时间(Estimated Time of Arrival)

ETD 预计起飞时间(Estimated Time of Departure)

ETFMS 增强型战术流程管理系统(Enhanced Tactical Flow Management System)

ETO 预计过点时间(Estimated Time Over)

ETOT	预计起飞时间(Estimated Take-Off Time)/最早起飞时间(Earliest Take-Off Time)
EVS	视景增强系统(Enhanced Vision Systems)
EXIT	预计滑入时间(Estimated Taxi-In Time)
EXOT	预计滑出时间(Estimated Taxi-Out Time)
FAA	联邦航空管理局(Federal Aviation Administration)
FAF	最后进近定位点(Final Approach Fix)
FAM	飞行激活监控(Flight Activation Monitoring)
FANS	未来空中航行系统(Future Air Navigation System)
FAS	最后进近航段(Final Approach Segment)
FDMA	频分多址(Frequency Division Multiple Access)
FDPS	飞行数据处理系统(Flight Data Processing System)
FF-ICE	协作环境下的飞行和流量信息(Flight and Flow Information for the Collaborative Environment)
FICM	航班数据概念模型(FIXM Conceptual Model)
FIS	飞行情报服务(Flight Information Service)
FIXM	航班信息交换模型(Flight Information Exchange Model)
FIXM DD	航班信息数据字典(FIXM Data Dictionary)
FIXS	航班信息物理模型(FIXM Physical Model)
FMC	飞行管理计算机(Flight Management Computer)
FMP	流量管理席位(Flow Management Position)
FMS	飞行管理系统(Flight Management System)
FOC	飞行运行中心(Flight Operations Center)
FOD	飞行目标数据(Flight Object Data)
FOM	质量评价因子(Figure of Merit)
FPAP	飞行路径对准点(Flight Path Alignment Point)
FPL	领航计划报(Flight Plan Message)
FRTO	自由航路运行(Free-Route Operations)
FSA	主要系统激活(First System Activation)
FTD	最终目标间隔(Final Target Distance)
FTP	文件传输协议(File Transfer Protocol)/虚拟设定的跑道入口点(Fictitious Threshold Point)
FUA	灵活使用空域(Flexible Use of Airspace)
FUM	航班更新消息(Flight Update Message)

GAGAN	GPS 辅助型静地轨道增强导航(GPS-Aided Geo-Augmented Navigation)
GBAS	地基增强系统(Ground-Based Augmentation System)
GEO	地球静止轨道(Geostationary Orbit)
GIS	地理信息系统(Geographic Information System)
GLONASS	全球轨道导航卫星系统(Global Orbiting Navigation Satellite System)
GLS	卫星着陆系统(GBAS or GNSS Landing System)
GML	地理标记语言(Geographic Markup Language)
GNSS	全球导航卫星系统(Global Navigation Satellite System)
GPA	下滑角(Glide Path Angle)
GPIP	下滑道切入点(Glide Path Intercept Point)
GPS	全球定位系统(Global Positioning System)
GUFI	全球航班唯一标识符(Globally Unique Flight Identifier)
HF	高频(High Frequency)
HFDL	高频数据链(High Frequency Data Link)
HMI	人机界面(Human Machine Interface)
HTTP	超文本传输协议(Hypertext Transfer Protocol)
IAF	起始进近定位点(Initial Approach Fix)
IAS	指示空速(Indicated Air Speed)
IATA	国际航空运输协会(International Air Transport Association)
ICAO	国际民航组织(International Civil Aviation Organization)
IEEE	电气电子工程师学会(Institute of Electrical and Electronics Engineers)
IF	中间进近定位点(Intermediate Approach Fix)
IFPLID	飞行计划标识符(Individual Flight Plan Identifier)
IFPS	初始飞行计划处理系统(Initial Flight Plan Processing System)
IFR	仪表飞行规则(Instrument Flight Rules)
IGSO	倾斜地球同步轨道(Inclined GeoSynchronous Orbit)
ILS	仪表着陆系统(Instrument Landing System)
IM	间隔管理(Interval Management)
INMARSAT	国际海事卫星组织(International Maritime Satellite Organization)
INS	惯性导航系统(Inertial Navigation System)
IP	互联网协议(Internet Protocol)
IRS	惯性参考系统(Inertial Reference System)
IS	域内路由器(Interior Systern，Interior Gateway Router)
ISO	国际标准化组织(International Organization for Standardization)

ITC	跟随爬升(In-Trail Climb)
ITD	跟随下降(In-Trail Descent)/初始目标间隔(Initial Target Distance)
ITP	高度层变更程序(In-Trail-Procedure)
IWXXM	国际气象信息交换模型(International Weather Information Exchange Model)
LAAS	局域增强系统(Local Area Augmentation System)
LC	主导爬升(Leading Climb)
LD	主导下降(Leading Descent)
LES	地面站(Land Earth Station)
LNAV	横向导航(Lateral Navigation)
LORD	最优化跑道尾流间隔管理系统(Leading Optimized Runway Delivery)
LTP	着陆跑道入口点(Landing Threshold Point)
MAPt	复飞点(Missed Approach Point)
MCDU	多功能控制与显示单元(Multi-function Control and Display Unit)
MEO	中圆地球轨道(Medium Earth Orbit)
MLAT	多点定位(Multilateration)
MLS	微波着陆系统(Microwave Landing System)
MMR	多模式接收机(Multi Mode Receiver)
MODEM	调制解调器(Modulator-Demodulator)
MSAS	多功能卫星增强系统(MTSAT Satellite Augmentation System)
MSAW	最低安全高度警告(Minimum Safe Altitude Warning)
MTTT	最小过站时间(Minimum Turn-round Time)
MU	管理单元(Management Unit)
NCP	导航控制面板(Navigation Control Panel)
NDB	无方向性信标(Non-Directional Beacon)
NetBIOS	网络基本输入/输出系统(Network Basic Input Output System)
NM	导航管理(Navigation Manager)/网络管理(Network Manager)
NMDPS	网络管理与数据处理系统(Network Management Data Process System)
NMOC	网络运行管理中心(Network Manager Operations Center)
NMS	导航管理系统(Navigation Management System)
NNSS	海军卫星导航系统(Navy Navigation Satellite System)
NOP	网络运行规划(Network Operations Portal)
NOPS	网络化运行(Network Operations)
NOTAM	航行通告(Notice To Airmen)

NS	网络系统(Network System)
NVRAM	非易失性随机访问存储器(Non-Volatile Random Access Memory)
OCH	超障高度(Obstacle Clearance Height)
OGC	开放地理空间信息联盟(Open Geospatial Consortium)
OPFL	最优飞行高度(Optimum Flight Levels)
OSI	开放系统互连(Open System Interconnect)
PAM	脉冲幅度调制(Pulse Amplitude Modulation)
PANS	空中航行服务程序(Procedures for Air Navigation Services)
PBN	基于性能的导航(Performance-Based Navigation)
PDME	精密测距仪(Precision Distance Measuring Equipment)
PFD	主飞行显示器(Primary Flight Display)
PIC	机长(Pilot In Command)
PMS	性能管理系统(Performance Management System)
POBT	预测撤轮挡时间(Predicted Off-Block Time)
PPM	脉冲相位调制(Pulse Position Modulation)
PPP	点对点协议(Point to Point Protocol)
P-RNAV	精密区域导航(Precision Area Navigation)
PSR	一次监视雷达(Primary Surveillance Radar)
PTOT	计划起飞时间(Planned Take-Off Time)
PTT	即按即通(Push-To-Talk)
QPSK	正交相移键控(Quadrature Phase Shift Keying)
RA	解脱信息(Resolution Advisory)
RAIM	接收机自治完好性监控(Receiver Autonomous Integrity Monitoring)
RAM	随机存取存储器(Random Access Memory)
RATS	远程空中交通服务(Remote ATS)
RCP	所需通信性能(Required Communication Performance)
RECAT	尾流重新分类(Wake Vortex Re-categorisation)
RGS	远端地面站(Remote Ground Station)
RNAV	区域导航(Random Navigation)
RNP	所需导航性能(Required Navigation Performance)
RNP AR	要求特殊授权的所需导航性能(Required Navigation Performance Authorization Required)
ROM	只读存储器(Read-Only Memory)
RPA	远程驾驶航空器(Remotely Piloted Aircraft)

RPAS	远距离驾驶航空系统(Remotely Piloted Aircraft System)
RS-232	推荐标准 232(Recommended Standard-232)
RSEQ	跑道排序(Runway Sequencing)
RSP	所需监视性能(Required Surveillance Performance)
RTA	所需到达时间(Required Time of Arrival)
RTSP	所需总体性能(Required Total System Performance)
RVR	跑道视程(Runway Visual Range)
SARP	标准和建议措施(Standards and Recommended Practices)
SATCOM	卫星通信(Satellite Communications)
SBAS	星基增强系统(Satellite-Based Augmentation System)
SESAR	欧洲天空一体化空中交通管理研究(Single European Sky ATM Research)
SID	标准仪表离场(Standard Instrument Departure)
SITA	国际航空电信协会(Societe Internationale de Telecommunications Aeronautiques)
SMAN	场面管理(Surface Management)
SMGCS	场面活动引导与控制系统(Surface Movement Guidance and Control System)
SMR	场面监视雷达(Surface Movement Radar)
SMTP	简单邮件传输协议(Simple Mail Transfer Protocol)
SNET	安全网(Safety Net)
SNMP	简单网络管理协议(Simple Network Management Protocol)
SOA	面向服务的体系结构(Service-Oriented Architecture)
SQL	结构化查询语言(Structured Query Language)
SR	比功率(Specific Range)
SSR	二次监视雷达(Secondary Surveillance Radar)
STA	计划到达时间(Scheduled Time of Arrival)
STCA	短期冲突告警(Short Term Conflict Alert)
STDMA	自组织时分多址(Self-Organized Time-Division Multiple Access)
SURF	场面运行(Surface Operations)
SVS	综合视景系统(Synthetic Vision System)
SWIM	广域信息管理系统(System Wide Information Management)
TA	交通信息(Traffic Advisory)
TBO	基于航迹的运行(Trajectory-Based Operations)
TBS	基于时间的间隔(Time-Based Separation)

TCAP 预防 TCAS 虚警(TCAS Alert Prevention)
TCAS 交通警戒与冲突避免系统，简称机载避撞系统(Traffic Alert and Collision Avoidance System)
TCH 跑道入口高度(Threshold Crossing Height)
TCP 传输控制协议(Transmission Control Protocol)/跑道入口临界点(Threshold Crossing Point)
TDMA 时分多址(Time Division Multiple Access)
TDOA 到达时间差(Time Difference of Arrival)
TFM 交通流量管理(Traffic Flow Management)
TIA 美国电信工业协会(Telecommunications Industry Association)
TIS 交通信息服务(Traffic Information Service)
TIS-B 交通信息服务广播(Traffic Information Services-Broadcast)
TLDT 目标着陆时间(Target Landing Time)
TMA 终端管制区(Terminal Control Area)
TOBT 目标撤轮挡时刻(Target Off-Block Time)
TOD 下降顶点(Top of Descent)
TS 交通同步(Traffic Synchronization)
TSA 临时隔离空域(Temporary Segregated Area)
TSAT 目标许可开车时刻(Target Start up Approval Time)
TT 滑行时间(Taxi Time)
TTG 目标提前时间(Target Time to Gain)
TTL 目标延迟时间(Target Time to Lose)
TTOT 目标起飞时刻(Target Take-Off Time)
UAS 无人驾驶航空器系统(Unmanned Aircraft System)
UAT 普通无线电收发机(Universal Access Transceiver)
UAV 无人驾驶航空器(Unmanned Air Vehicles)
UDP 用户数据报协议(User Datagram Protocol)
UML 统一建模语言(Unified Modeling Language)
UTC 协调世界时(Universal Time Coordinated)
UTM 无人机交通管理(Unmanned Aircraft Systems Traffic Management)
UTMISS 无人驾驶航空器空中交通管理信息服务系统(Unmanned Aircraft Traffic Management Information Service System)
VDB 甚高频数据广播(VHF Data Broadcast)
VDL 甚高频数据链(VHF Data Link)

VFR	目视飞行规则(Visual Flight Rules)
VHF	甚高频(Very High Frequency)
VNAV	垂直导航(Vertical Navigation)
VoIP	基于 IP 的语音传输(Voice over Internet Protocol)
VOR	甚高频全向信标(VHF Omni-directional Range)
VSA	进近目视间隔(Visual Separation on Approach)
VSAT	小型卫星通信地球站(Very Small Aperture Terminal)
VSI	垂直速度表(Vertical Speed Indicator)
WAAS	广域增强系统(Wide Area Augmentation System)
WMO	世界气象组织(World Meteorological Organization)
WTC	尾流类别(Wake Turbulence Category)
WXXM	国际民航组织的航空气象信息交互模型(ICAO Weather Exchange Model)
XML	可扩展标记语言(Extensible Markup Language)

参 考 文 献

BLAKE R, 2004. 无线通信技术[M]. 周金萍, 唐伶俐, 译. 北京: 科学出版社.

陈志杰, 2012. 空域管理理论与方法[M]. 北京: 科学出版社.

陈忠贵, 武向军, 2020. 北斗三号卫星系统总体设计[J]. 南京航空航天大学学报, 52(6): 835-845.

程健, 洪鼎松, 程季锃, 2010. 以数据为中心的 AIM 基础: AIXM 5[J]. 中国民航飞行学院学报, 21(5): 26-28, 31.

程擎, 朱代武, 李彦冬, 2022. 新一代空中交通管理系统[M]. 2 版. 成都: 西南交通大学出版社.

方忆平, 梁加红, 2003. 新航行系统: 通信、导航、监视/空中交通管理[M]. 北京: 蓝天出版社.

干浩亮, 吴世桂, 陈龙, 等, 2021. A-SMGCS 在机场的应用研究[J]. 现代导航, 12(5): 349-353.

国际民航组织, 2023. 基于性能导航(PBN)手册[EB/OL]. [2023-08-04]. http://www.caac.gov.cn/ZTZL/RDZT/XJSYY/201511/P020151126429469385466.pdf.

韩松臣, 张明, 2004. 依据管制工作负荷的扇区优化新方法[J]. 南京航空航天大学学报, 36(1): 91-96.

韩云祥, 汤新民, 韩松臣, 2012. 基于混杂系统理论的无冲突 4D 航迹预测[J]. 西南交通大学学报, 47(6): 1069-1074.

黄清, 2020. 飞机监视数据融合与 ITP 应用研究[D]. 成都: 电子科技大学.

姜高扬, 王洁宁, 周沅, 2016. 基于 FIXM 的 AFTN 电报数据质量约束模型研究[J]. 计算机应用与软件, 33(10): 122-125, 144.

姜毓琦, 2015. GLS 关键技术研究与系统仿真[D]. 天津: 中国民航大学.

金德琨, 敬忠良, 王国庆, 等, 2011. 民用飞机航空电子系统[M]. 上海: 上海交通大学出版社.

KAPLAN E D, 2002. GPS 原理与应用[M]. 邱致和, 王万义, 译. 北京: 电子工业出版社.

李斯伟, 林修杰, 2022. 民航数据通信与网络技术[M]. 北京: 中国民航出版社.

刘国梁, 荣昆璧, 1994. 卫星通信[M]. 西安: 西安电子科技大学出版社.

刘星, 韩松臣, 2002. 用于自由飞行冲突探测的 Delaunay 方法[J]. 数据采集与处理, 17(4): 446-449.

陆松涛, 袁闻, 2018. 民航广域信息管理气象数据交换模型研究[C]//第一届空中交通管理系统技术学术年会论文集. 北京: 电子工业出版社.

罗喜伶, 王珺珺, 2017. 民航广域信息管理技术[M]. 北京: 电子工业出版社.

孟金双, 2016. 面向机场协同决策的航班滑出时间预测[D]. 天津: 中国民航大学.

任国春, 2020. 现代短波通信[M]. 北京: 机械工业出版社.

山秀明, 1983. 航管二次雷达[M]. 北京: 国防工业出版社.

孙樊荣, 2016. 空域容量流量协同管理关键技术研究[D]. 南京: 南京航空航天大学.

王党卫, 李斌, 原彬, 2012. 卫星导航着陆系统现状及发展趋势[J]. 现代导航, 3(5): 317-323.

王世锦, 王湛, 2010. 机载雷达与通信导航设备[M]. 北京: 科学出版社.

王勇, 刘天华, 罗斌, 等, 2019. 民用飞机无线电通信导航监视系统[M]. 上海: 上海交通大学出版社.

王忠波, 罗喜伶, 齐鸣, 等, 2017. 基于 UML 和 XSD 的航班信息交换模型研究与实现[J]. 计算机技术与发展, 27(4): 139-144.

吴诗其, 李兴, 2002. 卫星通信导论[M]. 北京: 电子工业出版社.

肖瑶, 2019. CCO/CDO 程序在我国的应用[J]. 民航学报, 3(4): 20-23.

徐国标, 林泽龙, 侯明利, 2017. 远程虚拟塔台技术[J]. 中国科技信息(20): 19-21, 13.

徐海文, 2018. 不正常航班计划恢复的可控性研究[D]. 南京: 南京航空航天大学.

尤杰, 韩松臣, 2009. 基于多 Agent 的机场场面最优滑行路径算法[J]. 交通运输工程学报, 9(1): 109-112.

于雷, 2020. 基于 ADS-B 的机场场面多点定位方法研究[D]. 天津: 中国民航大学.

张军, 2005. 现代空中交通管理[M]. 北京: 北京航空航天大学出版社.

张明, 2010. 终端空域扇区规划及运行管理关键问题研究[D]. 南京: 南京航空航天大学.

张明, 韩松臣, 2009. 基于变精度粗集的动态扇区数规划[J]. 西南交通大学学报, 44(3): 410-414.

中国民用航空局, 2023. 民用航空空中交通管制自动化系统 第 2 部分: 技术要求[EB/OL]. [2023-08-04]. http://www.caac.gov.cn/PHONE/HDJL/YJZJ/202303/P020230330577474871864.pdf.

中国民用航空局空管行业管理办公室, 2023. 中国民航航空系统组块升级(ASBU)发展与实施策略(IB-TM-2015-002)[EB/OL]. [2023-08-04]. http://www.caac.gov.cn/XXGK/XXGK/GFXWJ/201511/P020151103347462655101.pdf.

中华人民共和国交通运输部, 2023. 民用航空空中交通管理规则(CCAR-93-R5)[EB/OL]. [2023-08-04]. http://www.caac.gov.cn/XXGK/XXGK/MHGZ/201712/P020171221370496163543.pdf.

朱新平, 汤新民, 韩松臣, 2010. 基于 EHPN 的 A-SMGCS 机场滑行道运行控制建模[J]. 交通运输工程学报, 10(4): 103-108.

BAILEY R E, 2016. The use of enhanced vision systems for see-and-avoid during surface operations[C]// Proceedings of the AIAA infotech @ aerospace. San Diego: 2045.

BILIMORIA K D, GRABBE S R, SHETH K S, et al., 2003. Performance evaluation of airborne separation assurance for free flight[J]. Air traffic control quarterly, 11(2): 85-102.

CAPPELLAZZO V, TREVE V, DE VISSCHER I, et al., 2018. Design principles for a separation support tool allowing optimized runway delivery[C]// Proceedings of the 2018 aviation technology, integration, and operations conference. Atlanta: 4237.

CHENG Y, NIU W S, LIU Z L, et al., 2018. A prototype of enhanced synthetic vision system using short-wave infrared[C]// 2018 IEEE/AIAA 37th digital avionics systems conference(DASC). London: 1-7.

Civil Air Navigation Services Organization, 2023. Airport collaborative decision-making: optimisation through collaboration[EB/OL]. [2023-08-04]. https://www.canso.org/airport-collaborative-decision-making-optimisation-through-collaboration.

DUAN P F, UIJT DE HAAG M, FARRELL J L, 2013. Flight test results of a measurement-based ADS-B system for separation assurance[J]. Journal of the institute of navigation, 60(3): 221-234.

European Organisation for the Safety of Air Navigation, 2023. Aeronautical information exchange model [EB/OL]. [2023-08-04]. https://www.aixm.aero.

European Organisation for the Safety of Air Navigation, 2023. Airport collaborative decision-making(A-CDM) impact assessment[EB/OL]. [2023-08-04]. https://www.eurocontrol.int/publication/airport-collaborative-decision-making-cdm-impact-assessment.

European Organisation for the Safety of Air Navigation, 2023. Airport collaborative decision-making(A-CDM) implementation manual(version 5)[EB/OL]. [2023-08-04]. https://www.eurocontrol.int/archive_download/all/node/10373.

European Organisation for the Safety of Air Navigation, 2023. Airport collaborative decision making(A-CDM) safety case guidance material[EB/OL]. [2023-08-04]. https://www.eurocontrol.int/sites/default/files/publiccation/files/20160204-apt-a-cdm-safety-case-guidance-material-v2.0. pdf.

European Organisation for the Safety of Air Navigation, 2023. ATFCM users manual[EB/OL]. [2023-08-04]. https://www.eurocontrol.int/sites/default/files/2022-04/eurocontrol-atfcm-users-manual-26-0-20222604.pdf.

European Organisation for the Safety of Air Navigation, 2023. Estimated off-block time update services[EB/OL]. [2023-08-04]. https://www.eurocontrol.int/service/estimated-block-time-update-service.

European Organisation for the Safety of Air Navigation, 2023. EUROCONTROL guidelines for approach path monitor - Part Ⅲ - implementation and optimisation examples[EB/OL]. [2023-08-04]. https://www.eurocontrol.int/sites/default/files/2019-09/ectl-guideline-162-apm-part-iii_1.0_0.pdf.

European Organisation for the Safety of Air Navigation, 2023. EUROCONTROL guidelines for area proximity warning - Part Ⅰ - concept and requirements[EB/OL]. [2023-08-04]. https://www.eurocontrol.int/sites/default/files/2019-09/eurocontrol-ectl-guideline-161-apw-part-i_1.0.pdf.

European Organisation for the Safety of Air Navigation, 2023. EUROCONTROL guidelines for minimum safe altitude warning - Part Ⅰ - concept and requirements[EB/OL]. [2023-08-04]. https://www.eurocontrol.int/sites/default/files/2019-09/ectl-guideline-160-msaw-part-i-1.0.pdf.

European Organisation for the Safety of Air Navigation, 2023. EUROCONTROL guidelines for short term conflict alert - Part Ⅰ - concept and requirements[EB/OL]. [2023-08-04]. https://www.eurocontrol.int/sites/default/files/2019-09/eurocontrol-guidelines-159-part-i-1.0.pdf.

European Organisation for the Safety of Air Navigation, 2023. EUROCONTROL specification for advanced-surface movement guidance and control system(A-SMGCS)services[EB/OL]. [2023-08-04]. https://www.eurocontrol.int/sites/default/files/2020-04/eurocontrol-specification-a-smgcs-v-2-0.pdf.

European Organisation for the Safety of Air Navigation, 2023. EUROCONTROL specification for the application of the flexible use of airspace(FUA)[EB/OL]. [2023-08-04]. https://www.eurocontrol.int/sites/default/files/publication/files/20090110-fua-spec-v1.1.pdf.

European Organisation for the Safety of Air Navigation, 2023. European ATM master plan[EB/OL]. [2023-08-04]. https://www.sesarju.eu/sites/default/files/documents/reports/eurocontrol-mpl3-implementation-plan-2020-updated-version.pdf.

European Organisation for the Safety of Air Navigation, 2023. Flight update message(FUM) implementation guide. [2023-08-04]. https://www.eurocontrol.int/publication/flight-update-message-fum-implementation-guide.

European Organisation for the Safety of Air Navigation, 2023. Introducing performance based navigation (PBN) and advanced RNP(A-RNP)[EB/OL]. [2023-08-04]. https://www.eurocontrol.int/sites/default/files/2019-06/2013-introducing-pbn-a-rnp.pdf.

European Organisation for the Safety of Air Navigation, 2023. System-wide information management[EB/OL]. [2023-08-04]. https://www.eurocontrol.int/concept/system-wide-information-management.

FAN K, HAN S C, LIAO W J, et al., 2019. 4D trajectory planning of unmanned aerial vehicle in trajectory based operation airspace[C]// Proceedings of the 2019 2nd international conference on robot systems and applications. Moscow: 51-58.

Federal Aviation Administration, 2019. NexGen implementation plan 2018-19[EB/OL]. [2019-01-04]. https://www.faa.gov/sites/faa.gov/files/2022-06/NextGen_Implementation_Plan_2018-19%20%281%29.pdf.

Federal Aviation Administration, 2023. Concept of (operations(version 2. 0)[EB/OL]. [2023-08-04]. https://www.faa.gov/sites/faa.gov/files/2022-08/UTM_ConOps_v2.pdf.

FOSTER S, CHAN P W, 2012. Improving the wind and temperature measurements of an airborne meteorological measuring system[J]. Journal of Zhejiang University science A, 13(10): 723-746.

FU D Y, HAN S C, LI W, et al., 2023. The pose estimation of the aircraft on the airport surface based on the contour features[J]. IEEE transactions on aerospace and electronic systems, 59(2): 817-826.

GULTEPE I, SHARMAN R, WILLIAMS P D, et al., 2019. A review of high impact weather for aviation meteorology[J]. Pure and applied geophysics, 176(5): 1869-1921.

HAI J, YANG R, YU Y Q, et al., 2022. Combining spatial and frequency information for image deblurring[J]. IEEE signal processing letters, 29: 1679-1683.

HOFFMANN H O, WALTON R O, 2018. Integration of the ground-based augmentation system in continuous descent operations[J]. Navigation, 65(4): 571-580.

International Civil Aviation Organization, 2023. Advances surface movement guidance and control systems(A-SMGCS) manual (Doc 9830-AN/452)[EB/OL]. [2023-08-04]. https://www.icao.int/Meetings/anconf12/Document%20Archive/9830_cons_en[1].pdf.

International Civil Aviation Organization, 2023. Aviation system block upgrades[EB/OL]. [2023-08-04]. https://www.icao.int/Meetings/anconf12/Documents/ASBU.en.Mar.2013.pdf.

International Civil Aviation Organization, 2023. Global TBO concept[EB/OL]. [2023-08-04]. https://www.icao.int/airnavigation/tbo/Pages/Why-Global-TBO-Concept.aspx.

International Civil Aviation Organization, 2023. Manual on air traffic management system requirements(Doc 9882)[EB/OL]. [2023-08-04]. https://www.icao.int/airnavigation/imp/documents/doc 9882-manual on atm requirements.pdf.

International Civil Aviation Organization, 2023. Manual on flight and flow—information for a collaborative environment(FF-ICE)[EB/OL]. [2023-08-04]. https://www.icao.int/Meetings/anconf12/Documents/9965_cons_en.pdf.

International Civil Aviation Organization, 2023. Manual on global performance of the air navigation system(Doc 9883)[EB/OL]. [2023-08-04]. https://store.icao.int/en/manual-on-global-performance-of-the-air-navigation-system-doc-9883.

International Civil Aviation Organization, 2023. Remotely piloted aircraft system(RPAS) concept of operations for international IFR operations[EB/OL]. [2023-08-04]. https://www.icao.int/safety/UA/Documents/ICAO RPAS Concept of Operations.pdf.

International Civil Aviation Organization, 2023. Report of the FANS phase Ⅱ/4 meeting(Doc 9623)[EB/OL]. [2023-08-04]. https://www.icao.int/SAM/Documents/2002/RAAC7/RAAC7_WP07.pdf#search=doc%209623.

International Civil Aviation Organization, 2023. Weather exchange model[EB/OL]. [2023-08-04]. https://www.icao.int/APAC/Meetings/2011metatmseminar/sp07.pdf#search=Weather%20Information%20Exchange%20Model.

JEONG M S, BAE J, JUN H S, et al., 2016. Flight test evaluation of ILS and GBAS performance at Gimpo International Airport[J]. GPS solutions, 20(3): 473-483.

KUMAR N, KASHYAP S, NAIDU V, et al., 2013. Integrated enhanced and synthetic vision system for transport aircraft[J]. Defence science journal, 63(2): 157-163.

LEE K, FERON E, PRITCHETT A, 2009. Describing airspace complexity: airspace response to disturbances[J]. Journal of guidance, control, and dynamics, 32(1): 210-222.

LIANG B B, HAN S C, LI W, et al., 2022. Accurate spatial positioning of target based on the fusion of uncalibrated image and GNSS[J]. Remote sensing, 14(16): 3877.

LIANG D A, NGO T, GARFIELD K, et al., 2016. Information management—FIXM and mini global Ⅱ[C]//2016 IEEE/AIAA 35th digital avionics systems conference(DASC). Sacramento: 1-6.

LIAO W J, HAN S C, LI W, et al., 2020. 4D conflict-free trajectory planning for fixed-wing UAV[J]. Transactions of Nanjing University of aeronautics and astronautics, 37(2): 209-222.

MELGOSA M, PRATS X, XU Y, et al., 2019. Enhanced demand and capacity balancing based on alternative trajectory options and traffic volume hotspot detection[C]// 2019 IEEE/AIAA 38th digital avionics systems conference(DASC). San Diego: 1-7.

MING Z H, ZHANG M, TANG X M, et al., 2015. Structural modelling and deceleration algorithm for a follow aircraft on performance-based navigation airway based on multi-agent technique[J]. Cybernetics and information technologies, 15(6): 46-56.

MU L F, HAN S C, 2021. Satisficing game approach to conflict resolution for cooperative aircraft sharing airspace[J]. Big data, 9(1): 53-62.

MUNOZ C A , SIMINICEANU R I, 2007. In-trail procedure(ITP) algorithm design[R]. Hampton: National Institute of Aerospace(NIA).

MURRAY C C, KARWAN M H, 2010. An extensible modeling framework for dynamic reassignment and rerouting in cooperative airborne operations[J]. Naval research logistics(NRL), 57(7): 634-652.

PÉREZ-CASTÁN J A, GÓMEZ COMENDADOR F, RODRÍGUEZ-SANz Á, et al., 2019. Conflict-risk assessment model for continuous climb operations[J]. Aerospace science and technology, 84: 812-820.

PÉREZ-CASTÁN J A, GÓMEZ COMENDADOR F, RODRÍGUEZ-SANZ Á, et al., 2019. Separation minima for continuous climb operations[J]. Journal of aircraft, 56(1): 262-272.

PIETERSZ F, 2023. The influence of the target start-up approval time on managing the airport system[EB/OL]. [2023-08-04]. https://www.researchgate.net/publication/331477782_The_influence_of_the_Target_Start-up_Approval_Time_on_managing_the_airport_system.

PRINZEL L J , KRAMER L J , 2009. Synthetic vision systems[R]. Hampton: NASA Langley Research Center.

STEPHENS B, 2006. System-wide information management(SWIM) demonstration security architecture[C]// 2006 IEEE/AIAA 25th digital avionics systems conference. Portland : 1-12.

SWARTZENTRUBER L, FOO J L, WINER E, 2010. Multi-objective UAV path planning with refined reconnaissance and threat formulations[C]// Proceedings of the 51st AIAA/ASME/ASCE/AHS/ASC structures, structural dynamics, and materials conference, 18th AIAA/ASME/AHS adaptive structures conference. Orlando: 2758.

TANG X M, CHEN P, ZHANG Y, 2015. 4D trajectory estimation based on nominal flight profile extraction and airway meteorological forecast revision[J]. Aerospace science and technology, 45: 387-397.

TANG X M, ZHANG Y, CHEN P, et al., 2016. Strategic deconfliction of 4D trajectory and perturbation analysis for air traffic control and automation system[J]. Discrete dynamics in nature and society, 2016: 7028305.

TANG Z X, HUANG S, ZHU X P, et al., 2023. Research on the multilayer structure of flight delay in China air traffic network[J]. Physica A: statistical mechanics and its applications, 609: 128309.

United States Federal Aviation Administration, 2023. Flight information exchange model[EB/OL]. [2023-08-04]. https://www.fixm.aero.

WANG X, LIAO R, LI J, et al., 2020. Thunderstorm identification algorithm research based on simulated airborne weather radar reflectivity data[J]. EURASIP journal on wireless communications and networking, (1): 1-18.

WEITZ L A, PENHALLEGON W, LASCARA B, et al., 2015. Communication of target trajectory and wind information to improve airborne interval management spacing performance[C]// Proceedings of the AIAA infotech @ aerospace. Kissimmee: 0799.

XU Y, PRATS X, DELAHAYE D, 2020. Synchronised demand-capacity balancing in collaborative air traffic flow management[J]. Transportation research part C: emerging technologies, 114: 359-376.

ZHANG M, ZHANG T T, HAN S C, 2010. Integrated capacity evaluation method on terminal area capacity based on the controller workload statistics[C]// 2010 international conference on optoelectronics and (image processing. Haikou: 632-636.